环境生态学

主　编　余顺慧
副主编　潘　杰　谢昆平　巍　程　聪

西南交通大学出版社
·成　都·

图书在版编目（ＣＩＰ）数据

环境生态学 / 余顺慧主编． —成都：西南交通大学出版社，2014.7

ISBN 978-7-5643-3167-2

Ⅰ．①环… Ⅱ．①余… Ⅲ．①环境生态学－教材 Ⅳ．①X171

中国版本图书馆 CIP 数据核字（2014）第 142111 号

环境生态学

主编　余顺慧

责 任 编 辑	牛　君
封 面 设 计	何东琳设计工作室
出 版 发 行	西南交通大学出版社
	（四川省成都市金牛区交大路 146 号）
发行部电话	028-87600564　028-87600533
邮 政 编 码	610031
网　　　址	http://www.xnjdcbs.com
印　　　刷	成都蓉军广告印务有限责任公司
成 品 尺 寸	185 mm × 260 mm
印　　　张	12.5
字　　　数	314 千字
版　　　次	2014 年 7 月第 1 版
印　　　次	2014 年 7 月第 1 次
书　　　号	ISBN 978-7-5643-3167-2
定　　　价	28.00 元

前　言

　　生态学既是一门发展成熟的综合性学科，又是目前发展最快的学科之一。伴随着全球环境问题的不断出现，传统意义上的生态学知识已不足以解决日益突出的环境问题。很多新的生态学分支应运而生，这些新型生态学分支的特点之一即是生态学与其他学科的交叉。

　　目前，我国各地高等院校除了生物学科一直将生态学课程作为专业基础课程之外，环境科学、林学、农学、水利、城市规划、景观设计等专业也纷纷开设了生态学课程。由于专业的差别，不同专业涉及的生态学内容有所区别，各个专业关注点也不一样，不可能有一本通用教材可以适应任何专业的需求。

　　对于日益发展与健全的环境科学学科来说，生态学课程已成为不可或缺的基础理论与应用课程。由于各个学校环境科学类专业组建专业的学科基础不同——有的以化学学科为基础、有的以地理学科为基础、有的以林业学科为基础、有的以生态学科为基础、有的以建筑学科为基础；所以采用的教材千差万别，大多是采用生物类专业教材，尚无一本适应环境科学类专业的生态学基础教材。在实际教学中，我们发现由于环境科学类专业学生没有很深的生物学相关基础知识背景，在对生态学课程所学内容的理解和掌握上存在一定的难度；况且，环境科学类专业学生在有些内容上没有必要要求和生物科学类专业学生掌握同等的程度。因此，生物科学类专业的生态学教材在某种程度上就存在适用性和针对性的问题。尽管目前有些学校取消了"基础生态学"而开设了"环境生态学"，但就目前环境生态学作为应用生态学的一个新分支来看，发展尚不成熟，没有统一的学科结构。我们认为，本科生应当在掌握生态学基础理论的基础上适当了解与环境科学领域相关的应用生态学知识。

　　本书旨在为环境科学类专业学生提供一本形式新颖、内容实用、通俗易懂、图文并茂，能突出生态科学与环境科学密切关系的教材。本教材具有以下特色：依据生态学原理，着力于受损生态系统变化机制、变化规律、修复对策等理论及实践问题的阐述。教材中适当整合了生态学基础理论的内容，打破了每个层次分章论述的编写方式，重点突出了生态系统的理论及其实际应用，目的是为学生能正确认识受损生态系统的变化、掌握系统的演替规律、开展生态修复和加强生态系统管理打下坚实的基础。这种教材结构体系更适合于非生态学专业学生的需求，也符合环境科学和生态学等学科发展的趋势。我们按照本教材的体系和内容组织了教学，从总体上看，同学们对此是满意的，对教材的内容很感兴趣。

　　可持续发展理论及其伦理观的提出和不断完善，对于环境科学和生态学等学科的发展都产生了深刻的影响和巨大推动。在近十几年中，生态恢复、生态系统服务、生态系统管理等都有了长足进步，这些新发展和新知识是对环境生态学这一新分支学科的极大丰富，应该及时地反映在教材和教学中。将这些新知识纳入教材中，其系统性和难度需要很好地把握，本教材在这方面做了积极的尝试。

　　本书的编写分工如下：第一章由余顺慧编写，第六章和第八章由潘杰编写，第二章、第三章和第四章由谢昆编写，第五章和第七章由平巍编写，第九章由程聪编写。全书由余顺慧定稿。

　　本书参考了国内外很多生态学领域前辈学者的著作、教材、图表资料以及相关领域的科研成果，在此对相关作者表示诚挚的谢意。

　　由于编者水平有限，在教材结构、内容安排等方面的疏漏与错误在所难免，敬请读者批评指正。

编　者

2013 年 10 月

目　录

第一章 绪 论

20 世纪 70 年代以来，人类通过对环境问题的认真思考，选择了正确的发展观——可持续发展。科学技术的突飞猛进，使社会形态进入了一个新的阶段——信息社会或生态文明社会。正确的发展战略、新的产业结构、文明的生态意识，使人们对新世纪的未来充满了希望。然而，20 世纪产生的许多重大的全球性环境问题并没有因此而消失。人类要生存，经济要发展，环境要保护，三者间仍然存在着诸多矛盾，这是人类在 21 世纪无法回避的挑战。因此，正确处理人类社会发展与环境的关系，回顾人类社会发展与环境问题产生的过程，仍是认识和解决 21 世纪环境问题的基础和依据。

第一节 环境生态学的定义及其形成与发展

一、人类社会的发展与环境问题的产生及演变

人类首先经历了几百万年的原始社会，通常被称为原始文明或渔猎文明。在这个社会阶段，生产能力非常低下，人类靠采集植物性食物和渔猎动物性食物维生。在原始社会的早期，大多数狩猎者和采集者都以小群聚（不超过 50 人）的方式生活。在热带的部落中，妇女采集提供的食物为 50% ~ 80%，这些部落为母系氏族社会，由女人统治；而在寒冷的近极地地区，食物的来源主要是狩猎和捕鱼，这些地区的部落为父系氏族社会，男性占统治地位（蔡运龙，2000）。这个时期的人类，虽然已经能用石头和动物骨头制作原始武器和工具，用以猎杀动物、捕鱼、砍切植物和裁缝兽皮制衣等，但他们对自然资源开发利用的能力非常弱，对环境的影响很小而且是局部性的，解决食物不足的途径是随着季节变动或随被捕杀动物的迁徙而迁移。原始社会的后期，人类制造工具和武器的能力有了提高，大约在 12 000 年前，人类已经能够制造矛、弓和箭，这使人类具有了捕猎大型兽类的能力，人类还学会了使用火和陷阱等捕杀动物的技能。与早期阶段相比，原始社会后期人类对自然环境的影响增大，尤其是使用火焚烧森林和草地，对植被造成的影响较大。对自然的开发、支配能力极其有限和生活的漂泊是原始社会的特征。人类把自然视为神秘的主宰，他们无力与各种自然灾害的肆虐和饥饿、疾病，以及野兽的侵扰、危害抗争。此时人与环境的关系是人类对自然的适应，人类属于"自然界中的人"。

由原始社会（原始文明）进入农业社会（农业文明），这是人类社会发展过程中的一次重

大转折，也是"自然界人化过程"的进一步发展。这次社会形态的转变发生在距今约 10 000 年前。这种转化始于人类对野生动物、植物的驯化。随着人类采集和捕杀能力的提高，在处理捕获动物的方式上有了变化，对捕来的动物不是立即杀死，而是喂养、驯服它们，并让它们繁殖以供长期使用。人们还挑选一些野生植物栽种在居住区附近。这就是最早的农业和牧业。当然，这时的农业方式是"刀耕火种"的游移种植（shifting cultivation），还仅仅是能够养家糊口的生计农业（subsistence agriculture）。真正的农业生产开始于距今约 7 000 年前，它是随着畜力和金属犁的发明而出现的。这意味着，土地的翻耕成为可能，作物的产量得以提高。随着生产力水平的提高，农业生产迅速发展，农业开始向草原区扩展，从而出现了人类文明中心的转移（蔡运龙，2000）。显然，真正农业的发展与科学技术的进步是分不开的，农业社会的代表性成就是青铜器、铁器、陶瓷、文字、造纸及印刷术等科学技术。最早的文字出现在大约 6 000 年前，即新石器时代，青铜器的发明和使用则出现在 3 000 多年前。农业文明的发展对人类社会的进步带来了多方面的影响，首先是食物的供给增多且趋于稳定，进而使人口有了增长；土地的不断开垦，实际上是人类对地球表层的改造和控制能力的增强；城镇的发展，促进了商品交流等贸易中心的形成和发展；最重要的是私有制的形成（大约在 5 500 年前），使资源的争夺加剧。农业的这种发展，对环境也产生了较大的影响，特别是对植被的损害加重。农业社会出现了若干文明中心，城市人口集聚，对粮食、燃料和建筑材料的需求也随之大增。为满足这些需求，不得不砍伐森林，开垦更多的草原，生物的生存环境受到破坏或退化，甚至造成了某些物种的灭绝。许多文明中心也是随着环境的破坏和资源的枯竭而走向衰落，如苏美尔文明、中美洲的玛雅文明、中亚丝绸之路沿线的古文明都是这样消亡的。农业社会与原始社会相比，从本质上说就是人类已由采集者和狩猎者那种"自然界中的人"进化为作物种植的农民、养殖业的牧民和城市居民，成为了有能力"与自然对抗的人"。所以，有的学者认为，农业文明是人类对生物圈的第一次重大冲击（余谋昌，1997）。从对资源的开发利用和环境影响上看，社会、经济和人口、资源及环境协调发展的问题从这时已经开始。当然，此时的环境问题主要是生态破坏问题。

17 世纪中叶，人类社会开始进入工业文明，这是人类社会发展历程中最重大的文明进化之一。其主要标志是：小规模的手工业被大规模的机器生产所取代，以畜力、风能、水能为主的能源动力由以化石燃料为能源动力的机械所取代，这使生产力大大提高，对自然资源的开发利用和对环境的影响发生了转折性变化，所以被视为人类对生物圈的第二次重大冲击。

18 世纪后半叶，蒸汽机得以广泛应用（人们常将这个时期称为蒸汽机时代或第一次产业革命），推动了炼铁业、机器制造业和采矿业的迅速兴起。这些变化，一方面使社会生产力得到空前发展；另一方面，使城市规模迅速扩大，各种资源需求量剧增，城市生态环境日趋恶化——大气、水源遭到污染，垃圾和其他废物堆积如山，而非城市区域的环境退化、资源耗损、景观被破坏。工业污染是这一时期出现的新问题，使人类社会所面临的环境问题开始了生态破坏与环境污染并存的格局。但由于经济发展的不平衡性，从全球角度看，这种格局还是区域性的。

19 世纪 30 年代，随着电机的产生和电力的应用，人类社会又出现了一次重大进步（常被称为第二次产业革命）。电的使用实现了多种形式的能——热、机械运动、电、磁、光之间的相互转化，并能够在工业中加以利用。到 19 世纪 70 年代，电力作为新的能源逐步取代了蒸汽动力而占据了统治地位，这一变化的重要意义不仅是为工业提供了方便和廉价的新能源，更重要的是有力地推动了一系列新兴工业的诞生。各种通信技术的发明和产业化，导致了诸如雷达等高技术的产生，并为 20 世纪科学技术突飞猛进的发展奠定了十分重要的基础。

20 世纪爆发的两次世界大战，一方面给全世界人民带来了深重的灾难，另一方面又刺激了许多工业和科学技术的发展。电力、石油、化学工业及机械制造业等行业在世界经济中逐渐占据了主导地位。这些产业结构的突出特点，就是生产过程需要大量的能源、矿物质和各类自然资源，产品的消耗和使用也需要大量的能源作为保证条件。尤其是化学工业，特别是有机化学工业的崛起，合成了大量的自然界不存在的化学物质，使人类社会与自然环境间发生的大规模的物质交换出现了阻碍，许多化学合成物质自然界无法分解，大量的有毒有害物质又使自然界的分解能力遭到损害，加之对自然资源大规模的开发，严重破坏了生态系统乃至整个生物圈的结构及功能，降低了自然界对这些干扰的净化和缓冲能力。因此，自 20 世纪 30 年代以来，许多震惊世界的环境公害"事件"不断发生，到 20 世纪 60 年代左右，世界各国的大气、水体、土壤、噪声及放射性等污染和生态环境破坏都达到了十分严重的程度。而且，有些全球性环境问题如气候变化、臭氧空洞、酸雨及生物多样性锐减等对人类的生存构成威胁的重大环境问题也是从这个时期开始积累的。环境污染与生态破坏并存的格局也已由区域性扩展为全球性，这一严峻形势引起了世界各国人民的关注，"保护全球环境是全人类的共同责任"成为全人类的共识。如果说，罗马俱乐部的贡献之一，是使世界对环境问题产生了"严肃忧虑"，联合国 1972 年在斯德哥尔摩召开的人类环境会议是人类社会对严峻的全球环境问题的正式挑战；1987 年 WCED 向联合国大会提交的研究报告《我们共同的未来》标志着人类对环境与发展的认识在思想上有了重要飞跃的话，那么，1992 年联合国在巴西里约热内卢召开的环境与发展大会，则标志着人类对环境与发展的观念升华到了一个崭新阶段。

如何认识环境问题？或者说环境问题产生的根源是什么？目前有四种观点：

1. 经济超速增长的结果

这是罗马俱乐部专家们的看法，他们认为，人类社会今天面临的环境问题是经济呈指数增长的结果，据此，提出了关于增长极限和平衡发展的论点。诚然，经济发展与环境问题的产生密不可分，但决不能笼统地说，环境问题根源于经济发展，为了解决环境问题而停止经济的发展是不科学的。无论发达国家还是发展中国家，都不会停止发展经济从而降低生活水平或一直处于不发达的贫困状态。把解决环境问题与发展经济协调起来，才是最现实的。

2. 人口的快速增长

现在，全世界人口已经达到了 62 亿之多，而且仍在持续加速增长。不容置疑，人口增长过快及其造成的各种压力和影响，是引发全球生态危机和环境恶化的主要原因之一。因此，控制人口过快增长是解决环境压力的重要措施。但是，将人口增长引发环境问题的重要性换成唯一性也是不完全正确的，环境问题不是只靠控制人口的增长就可以自动解决的。

3. 科学技术发展的结果

此观点认为，科学技术的进步导致了如今环境问题的产生和发展，即人类享受的全部现代化文明生活，是因为科学技术的进步，而人类面临的全部环境问题和危机，同样也是因为科学技术的进步造成的。

应该承认，现代科学技术的进步，使人类社会进入了现代文明，创造了巨大的财富，推动了社会进步。人类利用科技力量产生巨大创造力的同时，的确对自然环境造成了极大的干扰和破坏，许多环境公害的产生与科技的发展有关，这也是事实。但是，简单地把环境问题归咎于科学技术的进步是片面的。它夸大了科技的负面效应，忽视了环境问题的解决靠的也是科学技术这一事实。

4. 宗教鼓励人口增长和人对自然贪欲的结果

此观点的代表者是美国历史学家林怀特，其代表作是《生态危机的历史根源》。他认为：《圣经》关于人统治自然的训谕被解释为人拥有掠夺地球资源的特权，从而鼓励了人类走向破坏自然和污染环境的道路。

上述关于环境问题产生根源的四种观点，都有其正确性，但同时又都带有很大的片面性，对环境问题的产生和发展没有足够全面的认识。实际上，所谓环境问题，是指人类为其自身生存和发展，在利用和改造自然界的过程中，对自然环境破坏或污染所产生的危害人类生存的各种不利的反馈效应。究其原因，可分为两大类，一是不合理地开发和利用资源而对自然环境的破坏以及由此产生的各种生态效应，即通常所说的生态破坏问题；二是因工农业生产活动和人类生活所排放的废弃物造成的污染，即环境污染问题。在某些地区，环境问题可能以生态破坏或污染某一类问题为主，但在更多的地区却是两类问题并存。所以，环境问题是人类的"伴生"产物，是人类社会进步和发展过程的积累。简单地说，这种"伴生性"是由两方面原因决定的，一是人类的生存需要，二是环境自身功能。

二、环境生态学的定义

环境生态学可定义为，研究人为干扰下，生态系统内在的变化机制、规律和对人类的反效应，寻求受损生态系统恢复、重建和保护对策的科学。即用生态学的理论和方法研究环境问题的科学。

三、环境生态学的形成与发展

环境生态学产生于 20 世纪 60 年代初。美国海洋生物学家蕾切尔·卡逊（Rachel Carson，1962）潜心研究美国使用杀虫剂所产生的种种危害之后，发表了《寂静的春天》这一科普名著。该书的发表，是对人类与环境关系的传统行为和观念的理性反思。

《寂静的春天》一书虽是科普著作，基本素材也仅是杀虫剂大量使用造成的污染危害，但卡逊的科学素养却使这本书成功地论述了生机勃勃的春天"寂静"的主要原因；以大量的事实指出了生态环境问题产生的根源；揭示了人类生产活动与春天"寂静"间的内在联系；阐述了人类同大气、海洋、河流、土壤及生物之间的密切关系；批评了"控制自然"这种妄自尊大的思想。她指出了问题的症结："不是敌人的活动使这个受害世界的生命无法复生，而是人们自己使自己受害。"她告诫人们："地球上生命的历史一直是生物与其周围环境相互作用的历史，只有人类出现后，生命才具有了改造其周围大自然的异常能力。在人对环境的所有袭击中，最令人震惊的，是空气、土地、河流以及大海受到各种致命化学物质的污染。这种污染是难以清除的，因为它们不仅进入了生命赖以生存的世界，而且进入了生物组织内。"她向世人呼吁：我们长期以来行驶的道路，容易被人误认为是一条可以高速前进的平坦、舒适的超级公路，但实际上，这条路的终点却潜伏着灾难，而另外的道路则为我们提供了保护地球的最后唯一的机会。虽然 R.卡逊没有确切告诉我们"另外的道路"究竟是什么样的，但作为环境保护的先行者，R.卡逊的思想在世界范围内较早地引发了人类对自身的传统行为和观念进行比较系统和深入的反思。《寂静的春天》可称之为环境生态学的启蒙之著和学科诞生的标志。

20 世纪 70 年代，《增长的极限》的发表，是环境生态学发展的初期阶段的主要象征。1968 年，来自世界各国的几十位科学家、教育家、经济学家等学者聚会罗马，成立了一个非正式的国际协会——罗马俱乐部。以麻省理工学院梅多斯（Meadows，Dennis L）为首的研究小组，受俱乐部的委托，针对长期流行于西方的高增长理论进行深刻反思，并于 1972 年提交了俱乐部成立后的第一份研究报告《增长的极限》。报告深刻阐明了环境的重要性以及资源与人口之间的基本联系；提出 21 世纪全球经济将会因为粮食短缺和环境破坏出现不可控制的衰退。因此，要避免因地球资源极限而导致世界崩溃的最好办法是限制增长，即零增长。这种观点后来被称为"悲观论"派的典型。很显然，这份研究报告的结论和观点有明显的缺陷，但是，这份报告在表达对人类前途的"严肃的忧虑"中，以全世界范围为空间尺度，以大量的数据和事实提醒世人，产业革命以来的经济增长模式所倡导的"人类征服自然"，其后果是使人与自然处于尖锐的矛盾之中，并不断地受到自然的报复，这条传统工业化的道路，已经导致全球性的人口激增、资源短缺、环境污染和生态破坏，使人类社会面临严重困境，实际上引导人类走上了一条不能持续发展的道路（李宝恒，1997）。对人类发展历程的理性思考，唤起了人类自身的觉醒，这些积极意义是毋庸置疑的。人类社会的发展要与资源的提供能力相适应，要考虑环境问题等限制性因素的作用和人口增长压力等思想，为环境生态学的理论体系奠定了基础。

1972 年，联合国人类环境会议在斯德哥尔摩召开，来自世界 113 个国家和地区的代表参加了这次会议。这是人类第一次将环境问题纳入世界各国政府和国际政治的事务议程。大会通过的《人类环境宣言》向全球呼吁：人类在决定世界各地的行动时，必须更加审慎地考虑它们对环境造成巨大的无法挽回的损失。联合国人类环境大会的意义在于，唤起了各国政府共同对环境问题特别是对环境污染的反思、觉醒和关注，正式吹响了人类共同向环境问题挑战的进军号。《只有一个地球——对一个小小行星的关怀和维护》，是受联合国人类环境会议秘书长委托，为这次大会提供的一份非正式报告。书中论述了环境污染问题，并作为一个整体来讨论。更为重要的是，该书的作者利用相当大的篇幅，系统地论述了"地球是一个整体"的学术思想，回顾了人类社会的发展历程与环境问题的关系，分析了现代繁荣的代价。该书的学术思想和观点丰富了环境生态学的理论，促进了环境生态学理论体系的完善和发展。

20 世纪 80 年代，作为一个分支学科的环境生态学有了突破性的进展。1987 年，B.福尔德曼出版了一本《环境生态学》的教科书，其主要内容包括空气污染、有毒元素、酸化、森林衰减、油污染、淡水富营养化和杀虫剂等。书名的副标题为"污染和其他压力对生态系统结构和功能的影响"。该书的出版对环境生态学的发展起到了积极的推动作用。

同时，世界环境与发展委员会（WCED）于 1987 年向联合国提交了题为《我们共同的未来》的研究报告。报告分为"共同的问题""共同的挑战""共同的努力"三大部分，系统地研究了人类面临的重大经济、社会和环境问题，以"可持续发展"为基本纲领，从保护和发展环境资源、满足当代和后代的需要出发，提出了一系列政策目标和行动建议。报告把环境与发展这两个紧密相关的问题作为一个整体讨论，将人们从单纯考虑环境保护引导到把环境保护与人类发展切实结合起来，实现了人类有关环境与发展思想的重要飞跃。报告还明确指出了人类社会的可持续发展，只能以生态环境和资源的持久、稳定的支承能力为基础，而环境问题也只有在社会和经济的可持续发展中得到解决。尤其是理论上具有创新意义的"可持续发展"理论的提出，促进了"循环经济"、工业生态园的兴起以及工业生态学、生态工程学和工程生态学等新兴学科的发展，使环境生态学的理论基础更加坚实，环境生态学已由学科理论体系的完善和成熟，发展到理论指导下的实际应用的新阶段。

除以上提到的国际会议及其会议报告对环境生态学的形成与发展起到的重要作用外，20世纪60年代以来，许多学者从不同角度和不同的研究领域为环境生态学的形成与发展作出了积极贡献。林恩·怀特（Lynn White）的《我们生态危机的历史根源》，鲍尔廷（Baulding K K，1966）的《未来宇宙飞船的经济》等著作，所表达的一致的观点是，单靠技术并不能解决人口和环境污染问题，只有道德、经济和法律的协同，才是有效的措施。尤其是20世纪70年代后，关于干扰和受损生态系统恢复与重建以及生态工程的几次国际研讨会，就受损生态系统的恢复与重建的理论和实践问题进行了广泛而深入的研讨，对环境生态学的形成和学科的完善起到了积极推动作用。目前，国内外以《环境生态学》为名的专著和教科书还不多，现能见到的中文书籍仅有蒋志学和温世生（1987）翻译的英国学者安德森 J M 所著，副标题为"生物圈生态系统和人"的《环境生态学》以及鲁明中主编，副标题为"中国人口、经济与生态环境关系初探"的《环境生态学》。但是，"环境生态学"作为有明确研究领域和学科任务的分支学科，其地位已得到越来越多学者的认可。金岚等（1991）编著的《环境生态学》是我国第一本系统的"环境生态学"教材，出版十余年来，多次印刷，为我国高等学校的环境生态学教育作出了贡献。

第二节　环境生态学的研究内容与学科任务

一、环境生态学的研究内容

在生态科学的庞大体系中，环境生态学属于生态学与环境科学的交叉学科之一，也是综合性十分明显的新兴学科。根据学科的定义，除了涉及经典生态学的基本理论外，研究内容主要包括以下几个方面：

1. 人为干扰下生态系统内在变化机制和规律研究

自然生态系统受到人为的干扰后，将会产生一系列的反应和变化。干扰的生态学意义是什么？在这一过程中，干扰效应在系统内不同组分间是如何相互作用的？产生了哪些生态效应以及对人类有何影响？有哪些内在规律？各种污染物在各类生态系统中的行为变化规律和危害方式是什么？

2. 生态系统受损程度及危害性的判断研究

受损后的生态系统，在结构和功能上有哪些退化特征，这些退化的生态学效应和性质是什么，危害性程度如何等，都需要作出准确和量化的评价。物理、化学、生态学和系统理论的方法是环境质量评价和预测所常用的四个最基本的手段，科学的评价应该是几种方法的结合，而生态学判断所需的大量信息就是来自生态监测。实际上，生态监测就是利用生态系统生物群落各组分对干扰效应的应答来分析环境变化的效应、程度和范围，包括人为干扰下生物的生理反应、种群动态和群落演替过程等。

3. 各类生态系统的功能和保护措施的研究

各类生态系统在生物圈中执行着不同的功能，被破坏后产生的生态效应亦不同。环境生态学就是要研究各类生态系统受损后的危害效应和方式，以及这些效应对区域生态环境和社会发展的影响，以及各类生态系统的保护对策，包括生物资源的保护和科学管理、受损生态系统的恢复、重建的措施等。

4. 解决环境问题的生态学对策研究

单纯依靠工程技术解决人类面临的环境问题，已被实践证明是行不通的，而采用生态学方法治理环境污染和解决生态破坏问题，尤其在区域环境的综合整治上已经初见成效，前景令人鼓舞。依据生态学的理论，结合环境问题的特点，采取适当的生态学对策并辅之以其他方法或工程技术来改善环境质量。恢复和重建受损的生态系统是环境生态学的研究内容之一，包括各种废物的处理和资源化的生态工程技术，还包括对生态系统实施科学的管理。

综上可以看出，维护生物圈的正常功能，改善人类生存环境，并使两者间得到协调发展，是环境生态学的根本目的。运用生态学理论，保护和合理利用自然资源，治理污染和破坏的生态环境，恢复和重建受损的生态系统，实现保护环境与发展经济的协调，以满足人类生存、发展的需要，是环境生态学研究内容的核心。

二、环境生态学的学科任务及发展趋势

环境生态学是近几十年来逐渐发展起来的一门综合性的交叉学科，其主要任务是研究以人为主体的各种环境系统在人类活动的干扰下，生态系统演变过程、生态环境变化的效应以及相互作用的规律和机制，寻求受损生态环境恢复和重建的各种措施。因此，环境生态学既不同于以研究生物与其生存环境之间相互关系为主的经典生态学，也不同于只研究污染物在生态系统的行为规律和危害的污染生态学。环境生态学也充分认识到了人文精神，特别是人的科学素养、道德伦理观在生态环境保护中的重要作用，但它的学科任务又不同于以研究社会生态系统结构、功能、演化机制以及人的个体和组织与周围自然、社会环境相互作用的社会生态学。

进入 21 世纪后，世界环境问题既有历史的延续，也有些新的变化和发展。因此，环境生态学的研究内容和学科任务也不断丰富，依据目前国内外的研究进展，环境生态学将更加关注以下几方面的问题，并努力取得突破性成果。

1. 人为干扰的方式及强度

正如上面所提到的，人类的干扰已经改变了大陆和所有气候带的生态系统，但人类社会的生存与发展必然还要不断地对生态系统施加各种干扰。环境生态学所研究的干扰主要是社会性压力，即人为干扰。现在，人类活动对生态系统的干扰影响已经成为许多学科研究的热点，并被认为是驱动种群、群落和生态系统退化的主要动因。随着近几十年来人类干扰空间的扩大和强度的加剧，对人为干扰的方式及强度的研究越来越为人们所关注。人类干扰对生态系统产生的效应和表现形式是多样的，人为干扰涉及干扰的类型、损害强度、作用范围和持续时间，以及发生频率、潜在突变、诱因波动等方面。但人为干扰也有破坏和增益的双重性，环境生态学最关注的是人为干扰的方式和强度与生态效应的关系，通过诊断和排除消极干扰，把危害性控制到最低程度，按照符合生态系统健康发展的原则，主动采取措施进行生态恢复甚至使之达到增益的目的。

2. 退化生态系统的特征判定

各种干扰的方式和强度不同，对生态系统危害性和产生的生态效应也不同。如何判定一个生态系统是否受到人为干扰的损害及其程度、受损生态系统的结构和功能变化有何共同特征，目前仍有不同的看法，还没有一个得到公认的判断和评价指标体系。受害生态系统特征判定或生态学诊断的标准、方法问题仍是今后的研究重点之一。

3. 人为干扰下的生态演替规律

受损生态系统恢复与重建最重要的理论基础之一是生态演替理论。自然干扰作用总是使生态系统返回生态演替的早期状态，但人为干扰是否仅仅将生态系统位移到一个早期或更为初级演替阶段？各种人为干扰的演替能否预测？在什么条件下，人为干扰后的生态演替会出现加速、延缓、改变方向甚至向相反方向进行？斑块的大小及形状对生态演替有何影响？生态异质性与干扰过程中生态演替的关系如何？这些重要的理论问题也是未来环境生态学的主要研究任务。

4. 受损生态系统恢复和重建技术

受损生态系统的恢复与重建常因政策、目的不同而产生不同的结果。如何使受害生态系统能尽快地根据人类的需要或愿望得以恢复、改建或重建，这既是个理论问题，也是个实践问题。目前，关于各类受损生态系统恢复与重建的具体原则和方法已有了大量的实践，包括森林、草地、农田、湿地及水域等受损生态系统，都有实际研究的成功事例。然而，这个研究领域仍不能满足实践的需要，一些恢复技术还不能实现生态、社会和经济效益的统一，个别技术还缺乏整体考虑。实际上，成功的生态恢复应包括生态保护、生态支持和生态安全三方面的含义。所以，生态恢复和重建技术的研究仍然是环境生态学中颇具吸引力和最有作为的领域。

5. 生态系统服务功能评价

生态系统服务功能的研究，是 20 世纪 90 年代末兴起的新领域。以 Daily 主编的《生态系统服务：人类社会对自然生态系统的依赖性》为标志，开始了生态系统服务功能研究的热潮。生态系统服务是指生态系统与生态过程所形成及所维持的人类生存环境的各种功能与效用，它是生态系统存在价值的真实和全面体现，也是人类对生态系统整体功能认识的深化。通常，某一种生态系统服务，可以是两种或多种生态系统功能共同产生的。同样，在许多情况下，一种生态功能也可提供两种或多种服务。地球上大大小小的生态系统都是生命支持系统，为人类的生存与发展提供各种形式的服务。但是，由于生态系统的复杂性和不确定性，人们对生态系统服务功能的估价，在方法上仍然很不成熟。有的学者试图用经济价值的方法估算生态系统服务功能。Costanz 等（1997）提出了生态系统服务的估价方法，对全球生态系统服务价值进行了总的估算，这是全球生态系统综合性研究的新成果，是对生态系统服务全面估价的有益尝试。生态系统服务功能的正确评价，能较好地反映生态系统和自然资本的价值，可为一个国家、地区的决策者、计划部门和管理者提供背景资料，也有利于建立环境与经济综合核算新体系和制定合理的自然资源价格体系。因此，生态系统服务功能评价研究，是环境生态学研究的基础，是生态系统受损程度判断和实施恢复的依据。

6. 生态系统管理

生态系统管理的概念是在环境生态学的发展过程中逐渐形成和发展的。在探索人类与自然和谐发展的道路上，生态系统的可持续性已成为生态系统管理的首要目标。生态系统的科学管理是合理利用和保护资源、实现可持续发展的有效途径，实现人类社会的可持续发展，重要的措施就是加强对生物圈各类生态系统的管理。然而，生态系统的复杂性和管理难度远远超出人们的想象。在实践中，由于对生态系统功能及其动态变化规律还缺乏全面认识，往往注重的是短期产出和直接经济效益，而对于生态系统的许多公益性价值，如污染空气的净化、减灾防灾、植物授粉和种子传播、气候调节等功能，以及维护生态系统长期可持续性的研究还重视不够，对于恢复和重建生态系统的科学管理更缺乏经验。因此，加强生态系统管理的研究，也是环境生态学的重要任务。

7. 生态规划和生态效应预测

生态规划（ecological planing）一般是指按照生态学的原理，对某地区的社会、经济、技术和生态环境进行全面综合规划，以便充分有效和科学地利用各种资源条件，促进生态系统的良性循环，使社会经济持续稳定发展（赵景柱，1990）。这是人类解决环境问题的有效途径。生态规划所要解决的中心问题之一就是人类社会生存和持续发展的问题，这是涉及许多领域而又极其复杂的问题。因此，高度综合、从定性描述的分析方法向定量化的综合分析方法过渡，由"软科学"向"软、硬"结合方向发展，始终是生态规划努力的方向。环境生态学之所以关注生态规划问题，因为它是减少生态破坏、设计生态恢复和重建的有效手段，是依据生态学原理实现社会、经济和环境协调发展的途径。全球生态环境变化的现状是已经历的一系列发展变化的新阶段，同时也是即将经历的未来演替的起点，研究发生在生物圈各类生态系统内并受人类活动影响的物理、化学、生物的相互作用过程及其生态效应，提高对全球环境和生态过程重大变化的预测能力，也是环境生态学今后一段时期内必须努力探索的重要课题。

第三节　环境生态学与相关学科

一、生态学

环境生态学是生态学学科体系的组成部分，是依据生态学理论和方法研究环境问题而产生的新兴分支学科。因此，在诸多的相关学科中，环境生态学与生态学的联系最为紧密，生态学是环境生态学的理论基础。

1. 生态学的定义

德国动物学家海克尔（Haeckel，1866）首次将生态学定义为：研究有机体与其周围环境——包括非生物环境和生物环境——相互关系的科学。一些学者曾认为，海克尔的这个定义太宽泛，所以生态学总有新的定义出现，但目前教科书经常使用的还是海克尔的定义。

著名的美国生态学家 Odum E（1956）对生态学的定义为：生态学是研究生态系统结构和功能的科学。1971 年，他编写的著名教材《生态学基础》就是以生态系统为中心构成教材体系的，这本教材对全世界许多大学的生态学教学和研究产生了很大的影响，他因此而荣获了美国生态学的最高荣誉——泰勒生态学奖（1977）。我国著名生态学家马世骏先生对生态学的定义为：生态学是研究生命系统和环境系统相互关系的科学。实际上，生态学的不同定义能够反映生态学不同发展阶段的研究重心。

2. 生态学的研究对象

由于生物是呈等级组织存在的，由生物大分子—基因—细胞—个体—种群—群落—生态系统—景观直到生物圈。过去，生态学主要研究个体以上的层次，被认为是宏观生物学，但近年来除继续向宏观方向发展外，同时还向个体以下的层次渗透。20 世纪 90 年代初期出现了"分子生态学"，并由 Harry Smith 于 1992 年创办了 *Molecular Ecology* 杂志。可见，从分子到生物圈都是生态学研究的对象。生态学涉及的环境也非常复杂，从无机环境（岩石圈、大气圈、水圈）、生物环境（植物、动物、微生物）到人与人类社会，以及由人类活动所导致的环境问题，因此，生态学的研究范围异常广泛。

由于生态学研究对象的复杂性，它已发展成一个庞大的学科体系。根据其研究对象的组织水平、类群、生境以及研究性质等可将其划分如下。

（1）根据研究对象的组织水平划分。上面谈到生物的组织层次从分子到生物圈，与此相应，生态学也分化出分子生态学（molecular ecology）、进化生态学（evolutionary ecology）、个体生态学（autoecology）或生理生态学（physiological ecology）、种群生态学（population ecology）、群落生态学（community ecology）、生态系统生态学（ecosystem ecology）、景观生态学（landscape ecology）与全球生态学（global ecology）。

（2）根据研究对象的分类学类群划分。生态学起源于生物学，生物的一些特定类群（如植物、动物、微生物）以及上述各大类群中的一些小类群（如陆生植物、水生植物、哺乳动物、啮齿动物、鸟类、昆虫、藻类、真菌、细菌等），甚至每一个物种都可从生态学角度进行研究。因此，可分出植物生态学、动物生态学、微生物生态学、陆生植物生态学、哺乳动物生态学、昆虫生态学、地衣生态学，以及各个主要物种的生态学。

（3）根据研究对象的生境类别划分。根据研究对象的生境类别划分有陆地生态学（terrestrial ecology）、海洋生态学（marine ecology）、淡水生态学（freshwater ecology）、岛屿生态学（island ecology 或 island biogeography）等。

（4）根据研究性质划分。根据研究性质划分有理论生态学与应用生态学。理论生态学涉及生态学进程、生态关系的数学推理及生态学建模；应用生态学则是将生态学原理应用于有关部门。例如，应用于各类农业资源的管理，产生了农业生态学、森林生态学、草地生态学、家畜生态学、自然资源生态学等；应用于城市建设则形成了城市生态学（urban ecology）；应用于环境保护与受损资源的恢复则形成了保育生物学、恢复生态学（restoration ecology）、生态工程学（engineering ecology）；应用于人类社会，则产生了人类生态学（human ecology）、生态伦理学（ecological ethics）等。

此外，还有学科间相互渗透而产生的边缘学科，如数量生态学、化学生态学、物理生态学、经济生态学等。

3. 生态学发展简史

从广义上讲，生态学的发展历史与人类同样古老，人类为了生存和发展，早就注意到了生物和季节、气候之间的相互关系，并思考与之有关的各种变化，不断积累生态学方面的知识。生态学思想在我国和古希腊等国的古代著作和歌谣中都有大量记载。作为一门科学，生态学的发展历程可概括为以下四阶段：

（1）奠基阶段。这一阶段始于 16 世纪文艺复兴之后，各学科的学者都为生态学的诞生做了大量的工作。如曾被推许为第一个现代化学家的鲍尔（Boyle），1670 年发表了低气压对动物效应的实验结果，标志着动物生理生态学的开端；法国布丰（Buffon，1749—1769）提出了生物物种的可变性和生物的数量动态概念；马尔萨斯（Molthus，1798）发表了他的《人口论》，阐述了对人口增长和食物关系的观点；汉堡德（Humbodt，1807）发表了《植物地理知识》，描述了物种的分布规律；达尔文（Darwin C，1807）发表的《物种起源》，更系统深化了对生物与环境相互关系的认识；德国生物学家海克尔（Haeckel）于 1866 年对生态学予以定义；德国苗比乌斯（Mobius，1877）创立了生物群落（biocoenose）概念；华尔明 （Warming E，1895）发表的《以生态地理为基础的植物分布》，被认为是植物生态学诞生的标志；德国斯洛德（Sohoter，1896）提出了个体生态学（autoecology）和群体生态学（synecology）两个概念。这些学者以及许多未提及的学者所做的工作，为生态学的建立和发展打下了良好的基础。

（2）建立初期。1990 年，生态学被公认为是生物学的一个独立分支学科。到 20 世纪 20 年代，生态学处于定性描述阶段。在个体、种群或群落的水平上阐述其变化（行为、生理、分布、组成和演替等）与环境的关系。在行为学、耐受生理学、水生生物学和生态演替等方面开展了研究工作。也有少量专著问世，如亚当斯（Adams，1913）的《动物生态学研究指南》，被认为是第一部动物生态学教科书。

（3）发展及成熟期。20 世纪 30 年代起，生态学有了迅速发展，研究重点已经不只是现象的描述，而开始了对生态现象的分析和解释。同时，对种群动态变化的研究颇有进展，如美国皮沃（Peral，1920）和里德（Read，1920）对逻辑斯谛方程（Logistic equation）的再发现，这个方程是描述种群数量变化的最基本方程。描述有竞争关系的两个种群间相互作用的洛特卡-沃尔泰勒方程（Lotka-Voltera equation），也是在这个时期建立的。生态学专著在此时也大量问世，如由伯斯（Pearse，1926）和埃尔顿（Elton，1927）分别著述而被广泛用作教科书的《动物生态学》，谢尔福德（Shelford，1927）的《实验室及野外生态学》。德国的田尼曼（Thieneman，1926）以生产者和消费者为名提出了营养级的概念。

20 世纪 30 年代后，生态学日趋成熟，其标志是大量专著的出版和生态系统概念的提出，如美国查普曼（Chapman，1931）的《动物生态学》、比尤斯（Beus，1935）的《人类生态学》、克列门茨（Clements，1939）和谢尔福德（Shelford，1939）的《生物生态学》、罗利麦（Lorime，

1934）的《种群生态学》。我国第一部生态学著作《动物生态学纲要》也是这个时期由费鸿年（1937）先生撰写的。1935 年英国坦斯利（Tansly）提出了"生态系统"这一重要的科学概念。它的提出是生态学发展历程中一个重要转折的开始。进入 40 年代，林德曼（Lindeman R L，1942）等人对生态系统能流的研究以及一些内容广泛的生态学专著的出版，标志着自作为一门独立的学科开始，经过半个多世纪的发展，生态学已进入了成熟期。

（4）生态科学体系的兴起。20 世纪 60 年代后，世界各国环境问题的加剧，使生态学的发展进入了新的高潮期，故有人将其称为"现代生态学"。与以前相比，生态学自身具有许多鲜明特点，如在研究方法上，采取了野外与室内试验相结合，微宇宙、人工模拟生态实验室、受控生态系统等，实现了在不破坏生物体及环境的情况下进行研究分析；在研究对象上，从自然生态系统转向了受人为干扰的生态系统；在对生态问题的分析上，由于计算机、遥控技术、航天技术和电子等技术的发展以及学科间的渗透和交叉，使生态学克服了过去难以定量的困难，由定性描述转向了定量分析；研究的重点也从个体、种群层次向更宏观的群落、生态系统甚至生物圈等发展。另一方面，相关学科包括社会科学的一些学科也主动与生态学相融合，生态学的新分支不断涌现，诸如社会生态学、污染生态学、工业生态学和经济生态学等，使生态学的基本原理成为解决当今经济、社会和环境协调发展的主要理论基础。生态学发展成为一个庞大的科学体系。

二、环境科学

环境科学是 20 世纪 50 年代后，由于环境问题的出现而诞生和发展的新兴学科。它经过 10 多年奠基性工作的准备，到 70 年代初期便发展成一门研究领域广泛、内容丰富的独立学科。环境科学的发展异常迅速，可以说，它的产生既是社会的需要，也是 20 世纪 70 年代自然科学、技术科学、社会科学相互渗透并向广度和深度发展的一个重要标志。

1. 学科的研究内容

环境科学是研究和指导人类在认识、利用和改造自然中，正确协调人与环境相互关系，寻求人类社会可持续发展途径与方法的科学，是由众多分支学科组成的学科体系的总称。从广义上说，它是研究人类周围空气、大气、土地、水、能源、矿物资源、生物和辐射等各种环境因素及其与人类的关系，以及人类活动对这些环境要素影响的科学。从狭义上讲，它是研究由人类活动所引起的环境质量的变化以及保护和改进环境质量的科学。"可持续发展"理论的提出和不断完善，对环境科学产生了深刻影响，无论是对环境问题的认识，还是研究内容和学科任务等方面都有了许多新的发展。这些新发展集中体现在学科提倡的资源观、价值观和道德观上。它的资源观是，整个环境都是资源，即环境中可以直接进入人类社会生产活动的要素是资源，不能直接进入人类社会生产活动的要素也是资源，而且这些要素的结构方式及其表现于外部的状态，还是资源。因为它们都能在不同程度上满足和服务于人类社会生存发展的需要。它提倡的价值观包含两层含义，一是环境具有价值，人类通过劳动可以提高其价值，也可以降低其价值，因为客体的价值是该客体对主体需要的满足关系；二是发展活动所创造的经济价值必须与其所造成的社会价值和环境价值相统一。它的道德观是，提倡人与自然的和谐相处、协调发展、协同进化，也就是说人类应尊重自然的生存发展权，人对自然的索取也应该与对自然的给予保持一种动态的平衡。否定对自然的征服和主宰，改变以能"做大自然的主人"而自豪的错误的道德原则。具体地说，环境科学的研究内容主要包括以下几方面：

（1）人类与其生存环境的基本关系。

（2）污染物在自然环境中的迁移、转化、循环和积累的过程及规律。

（3）环境污染的危害。

（4）环境质量的调查、评价和预测。

（5）环境污染的控制与防治。

（6）自然资源的保护与合理使用。

（7）环境质量的监测、分析技术和预报。

（8）环境规划。

（9）环境管理。

环境科学的这些研究内容可概括为：研究人类社会经济行为引起的环境污染和生态破坏；研究环境系统在人类干扰（侧重于环境污染）影响下的变化规律；确定当前环境恶化的程度及其与人类社会经济活动的关系；寻求人类社会经济发展与环境协调持续发展的途径和方法，以争取人类社会与自然界的和谐共处。所有这些决定了环境科学的两个明显特征，即整体性和综合性。同时，也决定了环境科学是一门融自然科学、社会科学和技术科学于一体的交叉学科，而且在很多领域，与环境生态学的研究内容有交叉。

2. 环境科学的分支学科

经过几十年的发展，环境科学已形成了一个由环境学、基础环境学和应用环境学三部分组成的较为完整的学科体系（表1-1）。这三部分各自的主要任务是：

（1）环境学。这是环境科学的核心和理论基础，它侧重于环境科学基本理论和方法论的研究。

（2）基础环境学。它由环境科学中许多以基础理论研究为重点的分支学科组成，包括环境数学、环境物理学、环境化学、环境毒理学、环境地理学和环境地质学等。

（3）应用环境学。它是由环境科学中以实践应用为主的许多分支学科组成，包括环境控制学、环境工程学、环境经济学、环境医学、环境管理学和环境法学等。

某些分支学科的主要研究范畴概括如下：

（1）环境地理学：以人-地系统为对象，研究它的发生和发展、组成和结构、调节和控制及改造和利用等，具体内容包括地理环境和地质环境的组成、结构、性质和演化，环境质量调查、评价和预测，以及环境质量变化对人类的影响。

（2）环境化学：鉴定、测量和研究化学污染物在大气圈、水圈、生物圈、岩石圈和土壤中的含量、存在形态、迁移、转化和归宿，探讨污染物的降解和再利用。

（3）环境生物学：研究生物与受人为干扰（主要是污染）的环境之间相互作用的机制及其规律。在宏观方向，研究污染物在生态系统中的迁移、转化、富集和归宿，以及对生态系统结构和功能的影响；在微观方向，研究污染物对生物的毒理作用和遗传变异影响的机制和规律。

（4）环境医学：研究环境污染与人群健康的关系，尤其是环境污染对人群的有害影响及预防措施。探索污染物在人体内的动态和作用机制，查明环境致病因素和致病条件，阐明污染物对健康损害的早期反应和潜在的远期效应，提供制定环境卫生标准和预防措施的科学依据。

表 1-1 环境科学的学科体系

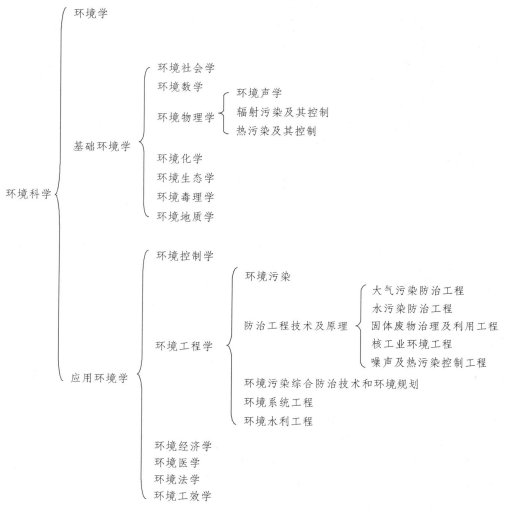

（5）环境物理学：研究物理环境和人类之间的相互作用。主要是一些物理因素如噪声、射线、光、热和电磁场等对人群健康的影响，以及治理或消除的技术。

（6）环境工程学：运用工程技术的原理和方法，防治环境污染，合理利用自然资源，保护和改善环境质量，包括大气、水污染防治工程技术，噪声控制和遗弃物的处理与利用等，以及环境污染的综合防治，从区域环境的整体上寻求解决环境问题的最佳方案。

（7）环境经济学　研究经济发展与环境保护之间的相互关系，探索合理调节人类经济活动和环境之间物质交换的基本规律，使经济活动能取得最佳的经济效益和环境效益，包括环境价值评价及其应用，管理环境的经济手段等。

（8）环境法学：研究关于保护自然资源和防治环境污染的立法体系、法律制度和法律措施，以调整因保护环境而产生的社会关系问题。

三、恢复生态学

20 世纪 90 年代中期开始，一门以研究受损生态恢复为主要内容的新学科——恢复生态学迅速兴起并得到快速发展。恢复生态学是研究生态系统退化原因、退化生态系统恢复与重建技术及方法、生态学过程与机制的科学。很显然，恢复生态学的研究内容与环境生态学有交叉，但又不是完全相同的学科重复。首先，在学科的性质上，恢复生态学更侧重于恢复与重建技术的研究，应属于技术科学的范畴，而环境生态学则更侧重于基本理论的探讨，属于基础学科；其次，是学科的研究内容，在受损生态系统恢复这一重叠领域，环境生态学注重研究受损后生态系统变化过程的机制和产生的生态效应，关注的是"逆向演替"的动态规律；恢复生态学则注重研究生态恢复的可能与方法，更关注恢复与重建后，生态系统"正向演替"的动态变化，以及如何加快这种演替的各种措施；在研究方法上，恢复生态学对生态工程学的理论及其技术的发展十分关注，而环境生态学更注意生态监测与评价，以及有关生态模拟研究方法和技术的发展。有关恢复生态学的知识将在以后章节中详细论述。总之，就两个独立的学科关系而言，环境生态学与恢复生态学是最紧密的。

四、其他相关学科

1. 生态经济学

生态经济学是生态学和经济学相互交叉、渗透、有机结合形成的新兴边缘学科，也是一门跨自然科学和社会科学的交叉学科。生态经济学是研究生态经济系统运行机制和系统各要素间相互作用规律的科学。它产生于 20 世纪 60 年代末期，之后得以迅速发展并显示出旺盛的生命力，得到了世界各国政府、社会团体、学术界和企业界的高度重视。近 20 多年来，由于生态学家与经济学家的积极合作，生态经济学发展迅速。其中特别值得注意的是，生态经济学根据生物物理学的理论，依据物理学中的能量学定律，采用"能值"（energy）作为基准，把不同种类、不可比较的能量转换成同一标准的能值进行分析，在研究方法上，实现了生态系统各种服务功能价值评价中无法统一比较标准的突破。这对环境生态学的研究，无疑是非常重要的。

经典生态学只限于研究生物与其生存环境的相互关系，几乎不涉及经济社会问题。20 世纪 20 年代中期，美国科学家麦肯齐首先把植物生态学与动物生态学的概念运用到对人类群落和社会的研究中，主张经济分析不能不考虑生态学过程。但真正把经济社会问题结合生态学基本原理进行阐述的，还是美国海洋生物学家蕾切尔·卡逊（Rachel Carson）的《寂静的春天》这本著作，书中对美国大量使用杀虫剂所造成的生态环境问题作了符合生态学规律的描述，揭示了现代社会的生产活动对自然环境和人类自身影响的生态学过程。此后，生态学与社会经济问题密切结合，又有大批论述生态经济学的著作问世，促进了诸如污染经济学、环境经济学、资源经济学等新兴分支学科的产生。20 世纪 60 年代后期，美国经济学家肯尼斯·鲍尔廷在他所著的《一门科学——生态经济学》中正式提出了"生态经济学"的概念。作者对利用市场机制控制人口和调节消费品的分配、资源的合理利用、环境污染，以及用国民生产总值衡量人类福利的缺陷等作了有创见性的论述。继鲍尔廷的著作问世之后，论述生态经济问题的许多专著相继出现，其内容已远远超出了经典经济学和生态学的范围。

从生态经济学的发展过程中，可以看出它与环境生态学之间存在的渊源关系。环境生态学的主要研究内容是人为干扰下受损生态系统的内在变化规律、变化机制和产生的生态效应，所以它首先需要界定生态系统受到损害的程度，评价其功能和结构的变化。从本质上看这属于生态资源的评价问题，是生态系统各种服务功能的维护与管理问题，这也是生态经济学研究的主要范畴。因此，除生态学和环境科学外，生态经济学与环境生态学的关系也是很密切的。

2. 其他学科

除以上重点论述的几个相关学科外，环境生态学还与许多新兴的分支学科有着密切联系。其中，人类生态学、环境经济学和污染生态学的研究范畴，在很大程度上都与环境生态学有交叉。从广义上讲，人类生态学是研究人与生物圈相互作用，人与环境、人与自然协调发展的科学（周鸿，2001）。从狭义上讲，主要是以人类生态系统为研究对象。在人类已改变了大部分自然生态系统的今天，人类生态学所研究的主体和对象对于自然生态环境有着重要的影响，而这些正是环境生态学所要研究的"人为干扰问题"。环境经济学主要研究环境与经济的相互作用关系、环境资源价值评估及其作用、管理环境的经济手段、环境保护与可持续发展和国际环境问题等内容（马中，1999）。其中，环境资源价值评估和环境管理的经济手段等研究内容，对环境生态学所要研究的受损生态系统的判断、生态恢复等具有很强的互补性。污染生态学是以生态系统理论为基础，用生物学、化学、数学分析等方法研究污染条件下生物与环境之间相互关系规律的科学，而研究生物受污染后的生活状态、受害程度、污染物在生态系统中的转移及富集和降解规律等内容，可为环境生态学分析受污染生态系统的变化过程和机制，提供科学的依据。

总之，现代科学的发展及其相互渗透，已使各学科之间都有着直接或间接的联系，新兴的综合性交叉学科更是如此。可以形象地说，现代科学的各学科之间已构成了一张"科学之网"，每个学科都是这张网上的一个结节并与整个网的所有"学科节"紧密联系着，它们各自的不断发展，推动着科学技术整体水平的不断进步。

思考题

1. 当今世界面临的环境问题是如何产生的？
2. 环境生态学的主要研究内容和学科任务是什么？
3. 你认为环境生态学与哪些学科的关系最为紧密？

第二章　生物与环境

第一节　地球上的生物

一、生命的产生与进化

（一）生命的起源

地球上到处都有生命。恩格斯在《自然辩证法》中指出："生命是蛋白质存在的方式，这个存在方式的基本因素在于它和周围外部自然界的不断新陈代谢。"随着科学的发展，人们逐渐认识到，生命是高度组织化的物质结构，其分子基础是具有自我复制和负载遗传信息功能的核酸等生物大分子，通过生物膜实现内部及内外的分隔，形成形形色色的细胞、组织与生物体，并借助外界能量的输入，通过一系列相互关联的生物化学过程而实现内外物质交换和自身的复制。

关于生命的起源问题一直是悬而未决的热点问题。但经过几十年对地球早期环境、早期生命形态和地化循环的研究，人类在这一问题达成了一定程度上的共识——地球生命起源于地球上的化学进化过程。

地球形成于 46 亿年前，当时地表为还原性气体，有水蒸气、H_2S、N_2、CH_4、NH_3 及 H_2 等，没有氧气，大气层也很薄，更没有臭氧层。紫外线照射强烈，昼夜以及季节的温差很大。正是这种环境为原始生命的形成提供了条件。1953 年，Miller S L 在实验室中让混有氨、甲烷和氢的水流经一个电弧（模拟太阳紫外辐射），最后得到了甘氨酸、丙氨酸等氨基酸。这就为无机环境有机化提供了理论依据：在还原性大气中形成的各种有机物随着时间的推移越聚越多，有的会形成较为复杂的化合物，最后形成蛋白质和能够自我复制的核酸分子，也就是具有生命活性的大分子，这就是生命的开始。这一过程大约发生在 35 亿年以前。原始生命形态只能依靠分解复杂化合物时所释放的能量来维持自身的生存。生命靠这种化学反应得到发生和发展，称为化学进化阶段。

从具有生命活性的大分子到细胞，是生命进化中的关键所在。细胞出现后，生命就从化学进化过渡到生物学进化，进化过程就由变异、遗传、选择等因素所驱动。但进化的具体过程还不十分清楚，仍然是假说阶段。需特别指出的是，微生物化石证明，约在 30 亿年之前地球上就已形成光合自养生物（Awramik, 1983, 1991）。这种光合自养生物以蓝藻门（Cyanophyta）为主，它们在原始海洋里逐渐繁殖、蔓延，消耗 CO_2，产生分子氧，这一过程几乎进行了 28

亿年。它的出现，改变了大气的组成成分，使气体由还原性逐渐变为氧化性。氧化大气的形成为绿色植物的登陆创造了条件；高空臭氧层的出现，使陆生生物的生命有了保障。大约在 4 亿年前，绿色植物登陆成功，此后，陆地上出现了一片繁荣景象。

（二）生物种的概念

一般情况下，生物以个体的形式存在，如一头牛、一只鸟、一棵树等，自然界的生物个体几乎是无穷的。有些生物个体之间很相似，而有些个体之间则性状迥异，为了便于识别，分类学家常把自然界中同形的生物个体归为一种。但对于什么是物种，却存在不同的认识。早在 17 世纪，Ray 在其《植物史》一书中把种定义为"形态相似的个体之集合"，并认为种具有通过繁殖而永远延续的特点。1753 年，瑞典植物学家 Linna C 出版了《植物种志》，继承了 Ray 的观点，认为种是形态相似的个体的集合，并指出同种个体可自由交配，能产生可育的后代，而不同种之间的杂交则不育，并创立了种的双命名法。

美国现代生物学家 Mayr E（1963）从种群遗传学的角度把种定义为"能实际地或潜在地彼此杂交的种群的集合构成一个种"，而"种群是某一地区具有实际或潜在杂交能力的个体的集群"。但有人提出，以可杂交性对种进行分类在理论上讲是十分重要的，但应用于野外操作的可行性较差，因为在野外识别其可杂交性有很大困难。此外，生物间的杂交能力很少达到100%。如果 A 和 B 两个种群杂交能力达 55%，那么两个种群算不算一个种？由此可见，这种划分也有一定的局限性。总之，不同分类学家对物种的划分标准是不同的。

总结：物种是由内在因素（特殊、遗传、生理、生态及行为）联系起来的个体的集合，是自然界中的一个基本进化单位和功能单位。

（三）生物的协同进化

1. 生物的进化

原因：生物生存离不开环境，环境变化，生物适应变化的环境。生物的进化通过自然选择实现。

2. 生物的协同进化

协同进化是指生物之间在长期进化过程中，通过自然选择，适者生存而形成的在形态、生理和生态上的相互适应。如捕食者与被食者、寄生者与寄主，存在着对立统一的关系，这种关系是在长期进化过程中协同进化的结果。

（1）昆虫与植物间的协同进化。昆虫与植物间的相互作用同捕食者与猎物间的相互作用非常相似。植食昆虫可给植物造成严重的损害，这对植物来说可能是个最大的选择压力。作为对这种压力作出的反应，植物会发展自身的防卫能力。对于在演替早期阶段定居的一年生植物来说，主要靠植物体小、分散分布和短命来逃避取食；对多年生植物来说，由于更容易受到昆虫攻击，它们必须发展其他的防卫方法，很多植物靠物理防卫阻止具有刺吸式口器昆虫的攻击，如表皮加厚变得坚韧、多毛和生有棘刺等；还有一些植物则发展了化学防卫，所有植物都含有许多化学物质，这些物质对植物的主要代谢途径（如呼吸和光合作用）没有明显的作用，但其中很多都具有防卫功能。即使有大量的昆虫以它们为食物，植物也总是显示出对某些昆虫有毒性。例如，甘蓝的次生化学物质使它具有特殊的气味，这些化合物对于那些不适应于吃这类植物的昆虫是有毒的。植物获得化学防卫力，就会对植食动物形成一种选择压力，动物会逐渐适应并克服这种防卫手段，并反过来对植物形成一种新的压力，迫使植物产生新的适应性变化。

（2）大型草食动物与植物的协同进化。大型草食动物的取食活动可对植物造成严重的损害，这无疑对植物也是一个强大的选择压力。在这种压力下，很多植物都采取了储存的生长方式或者长得很高大。几乎所有的植物都靠增强再生力和增加对营养生殖的依赖来适应草食动物的啃食，其生长点都不在植物顶尖而是在基部，这样草食动物啃食就不会影响它们的生长。大型草食动物（如各种有蹄类动物）的存在对整个植物群落的结构有显著影响。通过啃食活动，它们淘汰了那些对啃食敏感的植物；通过啃食，它们还能抑制抗性较强植物的营养生长，从而减弱种间竞争。当某些植物得以在此定居，这在一定程度上保持了物种的多样性。大型草食动物均存在可影响植物群落的结构和物种组成，就像捕食动物的存在可影响猎物群落的物种多样性一样。

二、生物多样性

自从地球上生命产生以来，经过大约 30 亿年的生物进化过程，到目前为止，大约有 1 000 万种，正是这些形形色色的生物，构成了地球环境的主体——生物圈。生物多样性作为生物圈的最大特点，也是地球生命经过几十亿年进化发展的结果，是生物支持系统的核心组成成分，是人类社会赖以生存和发展的基础。

生物多样性也就是"生物中的多样化和变异性以及物种生境的生态复杂性。"生物多样性一般有四个水平：遗传多样性、物种多样性、生态系统多样性和景观多样性。

（1）遗传多样性。又称为基因多样性，指广泛存在于生物体内、物种内以及物种间的基因多样性。任何一个特定个体的物种都保持着并占有大量的遗传类型。每个物种都有自己独特的基因库，使一个物种区别于其他物种。遗传多样性主要包括分子、细胞和个体三个方面的遗传变异的多样性。

（2）物种多样性。是指物种水平的生物多样性，在一个地区内物种的多样化，可以从分类学、生物地理学角度对一个区域内物种状况进行研究。

（3）生态系统多样性。是指生境的多样性、生物群落多样性和生态过程的多样性。生境的多样性主要指无机环境，如地形、地貌、气候及水文等。生境的多样性是生物群落多样性的基础。生物群落的多样性主要是群落的组成、结构和功能的多样性。生态过程的多样性是指生态系统组成、结构和功能在时间、空间上的变化，主要包括物种流、能量流、水分循环、营养物质循环、生物间的竞争、捕食和寄生等。

（4）景观多样性。是指不同类型的景观在空间结构、功能机制和时间动态方面的多样化和变异性。

在生物多样性的四个层次中，遗传多样性是基础，物种多样性、生态系统多样性是保证，而景观多样性又以生态系统多样性为基础。

第二节 环境的概念及其类型

一、环境的概念

环境是指特定生物周围一切事物的总和。

通常我们所说的环境（global environment）是指地球环境，包括大气圈中的对流层、水圈、土壤圈、岩石圈和生物圈，也有人称之为地理环境（geoenvironment）。

（1）大气圈对流层：平均约 10 km 厚，对流层中含有动植物生存所需的 O_2 和 CO_2，以及水气、粉尘和化学物质等，风、雨、霜、露和冰雹等均在此层产生。

（2）水圈（hydrosphere）：包括海洋、江河、湖泊、沼泽、冰川及地下水等，是一个连续而不规则的圈层。液体溶有各种化学物质、溶盐和矿质营养、有机营养物质等，为生物的生活尤其植物的生存提供了不可缺少的物质条件。

（3）岩石圈（lithosphere）：是地球表面坚硬的外壳，表面凹凸不平。它又可分为两部分：大陆型（平均33 km 厚）和海洋型（平均4.3 km 厚）。岩石圈是大气圈、水圈、土壤圈及生物圈存在的牢固基础，没有岩石圈就没有地球表面的一切。

（4）土壤圈（pedosphere）：是覆盖在岩石圈表面并能生长植物的疏松层。它具有自己的结构和化学性质，且含有土壤生物群落，和其他圈层的性质完全不同。

（5）生物圈：是经过万年的历史演变形成的最大的生态系统，故称为"全球生态系统"。地球上有生命的圈层，对整个地球而言都是核心的主要的部分。其中绿色植物能在生命活动过程中，截取太阳的辐射能量，吸收土壤中的水分和养料，扎根在岩面上，吸收大气中的 CO_2 和释放 O_2 等，使地球各个圈层之间发生相互联系，实现各种物质循环和能量转换。它对整个地球的进化发展都起着举足轻重的作用，对其他圈层的影响也是最大的。

环境有大小之别，大到整个宇宙，小至基本粒子。同一事物，既是主体又是环境，例如，对太阳系中的地球而言，整个太阳系就是地球生存和运动的环境；对栖息于地球表面的动植物而言，整个地球表面就是它们生存和发展的环境。对某个具体生物群落来讲，环境是指所在地段上影响该群落发生、发展的全部无机因素（光、热、水、土壤、大气及地形等）和有机因素（动物、植物、微生物及人类）的总和。总之，环境这个概念既是具体的，又是相对的。讨论环境时，要包含特定的主体，离开了主体的环境是没有内容的，同时也是毫无意义的。

二、环境的类型

环境是一个非常复杂的体系，至今未形成统一的分类系统。一般按环境的主体、环境性质、环境的范围等进行分类。

按环境的主体分，目前有两种体系：一是以人为主体，其他的生命物质和非生命物质都被视为环境要素。这类环境称为人类环境。在环境科学中，多数学者都采用这种分类方法。另一类是以生物为主体，生物体以外的所有自然条件称为环境，这是一般生态学书刊上所采用的分类方法。

按环境的性质，可分成自然环境、半自然环境（被人类破坏后的自然环境或人工环境）

和社会环境三类。

按环境的范围大小，可分为宇宙环境（或称星际环境）、地球环境、区域环境、微环境和内环境。

（1）宇宙环境（space environment）是指大气层以外的宇宙空间。它由广阔的宇宙空间和存在其中的各种天体及弥漫物质组成，对地球环境产生深刻的影响。太阳是地球的主要光源和热源，为地球生物有机体带来了生机，推动了生物圈的正常运转。太阳辐射能的变化影响着地球环境，如太阳黑子出现的数量同地球上的降雨量有明显的相关关系。月球和太阳对地球的引力作用产生潮汐现象，并可引起风暴等自然灾害。太阳紫外辐射对有机体的细胞质有伤害作用，而大气层对紫外辐射有遮蔽作用。

（2）地球环境（global environment）是指大气圈中的对流层、水圈、土壤圈、岩石圈和生物圈，又称为全球环境，也有人称为地理环境（geoenvironment）。

（3）区域环境（regional environment）是指占有某一特定地域空间的自然环境，它是由地球表面的不同地区，五个自然圈层相互配合而形成的。不同地区，由于其组合不同产生了很大差异，从而形成各不相同的区域环境特点，分布着不同的生物群落。

（4）微环境（micro-environment）是指区域环境中，由于某一个（或几个）圈层的细微变化而导致的环境差异所形成的小环境，如生物群落的镶嵌性就是微环境作用的结果。

（5）内环境（inner environment）是指生物体内组织或细胞间的环境。对生物体的生长发育具有直接的影响。如叶片内部，直接和叶肉细胞接触的气腔、气室、通气系统，都是形成内环境的场所，对植物有直接的影响，且不能为外环境所代替。

三、环境因子的分类

环境因子：从环境中分析出来的事物单位。

美国生态学家 Daubenmire R F（1947）根据环境因子的特点，将其分为 3 大类：气候类、土壤类和生物类；7 个并列的项目：土壤、水分、温度、光照、大气、火和生物因子。

Dajoz（1972）依据生物有机体对环境的反应和适应性进行分类，将环境因子分为第一性周期因子、次生性周期因子及非周期性因子。

Gill（1975）将非生物的环境因子分为 3 个层次：第一层，植物生长所必需的环境因子（如温、光、水等）；第二层，不以植被是否存在而发生的对植物有影响的环境因子（如风暴、火山爆发、洪涝等）；第三层，存在与发生受植被影响，反过来又直接或间接影响植被的环境因子（如放牧、火烧地等）。

第三节　主要环境因子的生态作用

一、光因子的生态作用

光是地球上所有生物得以生存和繁衍的最基本的能量源泉，地球上生物生活所必需的全部能量，都直接或间接地来源于太阳光。生态系统内部的平衡状态是建立在能量基础上的，绿色植物的光合作用是太阳能以化学能的形式进入生态系统的唯一通路，也是食物链的起点。光本身又是一个十分复杂的环境因子，太阳辐射强度、光质及光的周期性变化对生物的生长发育和地理分布都产生着深刻的影响，而生物本身对这些变化的光因子也有着极其多样的反应。

（一）光照强度的生态作用与生物的适应

1. 光照强度对生物的生长发育和形态建成有重要的作用

光照强度对植物细胞的增长和分化、体积的增长和重量的增加关系密切；光还能促进组织和器官的分化，制约器官的生长发育速度，使植物各器官和组织保持发育上的正常比例。

蛙卵、鲑鱼卵在有光情况下孵化快，发育也快；而贻贝（*Mytilus*）和生活在海洋深处的浮游生物则在黑暗情况下长得较快。

2. 植物对光照强度的适应类型

（1）光补偿点和光饱和点。其概念是：

光补偿点：光合作用制造有机物和呼吸作用消耗有机物量相等时的光照强度。

光饱和点：使植物光合作用达最大值时的光照强度，即植物同化 CO_2 能力最大。

（2）阳性植物和阴性植物。其概念是：

阳性（地）植物：在较强光照下生长好的植物。这类植物光补偿点的位置较高[图 2-1（a）]，光合速率和代谢率都比较高，常见种类有蒲公英、蓟、杨、柳、桦、松、杉和栓皮栎等。

阴性（地）植物：在较弱光照条件下生长好的植物。这类植物的光补偿点位置较低[图 2-1（b）]，其光合速率和呼吸速度都比较低。阴性植物多生长在潮湿背阴的地方或密林内，常见种类有山酢浆草、连钱草、观音座莲、铁杉、紫果云杉和红豆杉等，很多药用植物如人参、三七、半夏和细辛等也属于阴性植物。

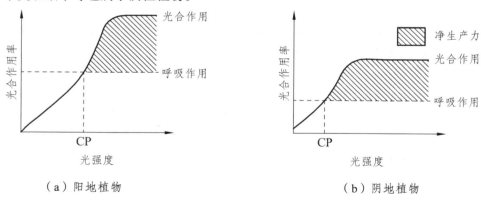

（a）阳地植物　　　　　　　　　　　　（b）阴地植物

图 2-1　阳地植物和阴地植物的光补偿点位置示意图（Emberlin，1983）

CP— 光补偿点

（二）光质的生态作用

1. 光质的变化

光质随空间发生变化的一般规律是随纬度增加而减少，随海拔升高而增加。在时间变化上，冬季长波光增多，夏季短波光增多；一天之中，中午短波最多，早晚长波光较多。

2. 光质的生态作用

（1）不同波长的光对生物有不同的作用。

（2）红黄光和蓝紫光为生理有效光，绿光为生理无效光。

（3）长波光促进植物分裂和伸长，短波光抑制植物的伸长，促进花青素形成，故高山植物多莲座状，花鲜艳。

有文献报道，日本等国已经利用彩色薄膜对蔬菜等作物进行试验，发现紫色薄膜对茄子有增产作用；蓝色薄膜对草莓产量有提高，可是对洋葱生长不利；红光下栽培甜瓜可以加速植株发育，果实成熟提前 20 天，果肉的糖分和维生素含量也有增加。近年来，我国也有一些学者在进行不同波长的光对组织培养，以及塑料大棚对栽培作物的影响等方面的研究。

（三）生物对光周期的适应

地球不停地公转和自转，造成太阳高度和角度发生变化，因而也带来了地球上日照长短的变化。虽然地球上不同纬度地区的日照长短各不相同，但它都是周期性变化的。光照长度超过 12～14 h 叫长日照，每天日照不足 8～10 h 称短日照。日照长度的变化对动植物都有重要的生态作用，由于分布在地球各地的动植物长期生活在具有一定昼夜变化格局的环境中，借助于自然选择和进化形成了各类生物所特有的对日照长度变化的反应方式，这就是在生物中普遍存在的光周期现象。

1. 植物的光周期

根据对日照长度的反应类型可把植物分为长日照植物和短日照植物。长日照植物通常是在日照时间超过一定数值才开花，否则便只进行营养生长，不能形成花芽。较常见的长日照植物有牛蒡、紫菀、凤仙花和除虫菊等，作物中有冬小麦、大麦、油菜、菠菜、甜菜、甘蓝和萝卜等。人为延长光照时间可促使这些植物提前开花。

短日照植物通常是在日照时间短于一定数值才开花，否则就只进行营养生长而不开花，这类植物通常是在早春或深秋开花。常见种类有牵牛、苍耳和菊类，作物中则有水稻、玉米、大豆、烟草、麻和棉等。

还有一类植物只要其他条件合适，在什么日照条件下都能开花，如黄瓜、番茄、番薯、四季豆和蒲公英等，这类植物可称为中间性植物。

植物在发育上要求不同的日照长度，这种特征主要与其原产地生长季节中的自然日照长短密切相关，一般地说短日照植物起源于南方，长日照植物起源于北方。了解植物的光周期现象对植物的引种驯化工作非常重要，引种前必须特别注意植物开花对光周期的需要。在园艺工作中也常利用光周期现象人为控制开花时间，以便满足观赏需要。

2. 动物的光周期

在脊椎动物中，鸟类的光周期现象最为明显，很多鸟类的迁移都是由日照长度的变化所引起。

同样，各种鸟类每年开始生殖的时间也是由日照长度的变化决定的。

鱼类的生殖和迁移也有光周期现象，特别是那些光照充足的表层水鱼类。实验证明，光可以影响鱼类的生殖器官，人为的延长光照时间可以提高鲑鱼的生殖能力，这一点已在实践中得到了应用。

昆虫通过滞育以增强对恶劣气候的适应和度过食物短缺的季节，秋季的短日照是诱发马铃薯甲虫在土壤中冬眠的主要因素。

日照长度的变化对哺乳动物的生殖和换毛也具有十分明显的影响。

二、温度因子的生态作用及生物的适应

太阳辐射使地表受热，产生气温、水温和土温的变化，温度因子和光因子一样存在周期性变化，称节律性变温。不仅节律性变温对生物有影响，而且极端温度对生物的生长发育也有十分重要的意义。

（一）温度因子的生态作用

1. 温度与生物生长

任何一种生物，它生命活动的每一生理生化过程都有酶系统的参与。然而，每一种酶的活性都有它的最低温度、最适温度、最高温度，相应的则是生物生长的"三基点"。

在一定的温度范围内，生物的生长速率与温度成正比，在多年生木本植物茎的横断面上大多可以看到明显的年轮，这就是植物生长快慢与温度高低关系的真实写照。同样，动物的鳞片、耳石等，也有这样的"记录"。

2. 温度与生物发育

（1）发育起点温度/生物学零度：植物和变温动物的生长发育需要一定的温度范围，低于某一温度，生物的生长发育停止，高于这一温度，生物才开始生长发育，这个温度阈值叫发育起点温度。

（2）有效积温法则：指植物和变温动物在生长发育过程中，需从环境中摄取一定的热量才能完成某一阶段的发育，而且对某一特定植物类别，这个发育阶段所需要的热量是一个常数，称为总积温或有效积温。

$$K=N(t-t_0) \qquad\qquad (2.1)$$

式中　　K——生物所需的有效积温，是一个常数；

　　　　t——发育期间的平均环境温度；

　　　　t_0——生物生长活动所需最低临界温度（生物学零度，℃或发育起点温度）；

　　　　N——完成某一发育阶段所需的时间，d。

植物在一定温度下便可开始生长，但生长期间的温度有时是无效的，只有在高于一定数值的温度时，在发育上才能起到积极的效应。产生积极效应的最低温度称为生物学零度，即发育起点温度。不同种类的植物，其生物学零度是不同的。

图 2-2 是地中海果蝇发育历程、发育速度与温度的关系。它表示在发育的温度内，温度与发育历程呈双曲线关系。有效积温及双曲线关系在农业生产中有很重要的意义，全年的农作物岔口安排必须根据当地的平均温度和每一作物所需的总有效积温，否则将是十分盲目的。

一种可能是土地不能得到充分利用，另一种可能是作物尚未成熟而低温已经降临，甚至可能颗粒无收。同样在植物保护、病虫害防治中，也是根据当地的平均温度以及某害虫的有效总积温进行预测预报的。

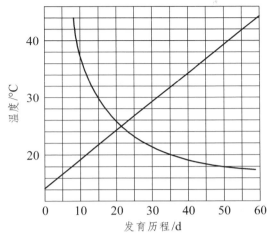

图 2-2　地中海果蝇发育历程、发育速度与温度的关系

（二）极端温度对生物的影响及生物对极端温度的适应

1. 低温对生物的影响和生物对低温环境的适应

　　长期生活在低温环境中的生物通过自然选择，在形态、生理和行为方面表现出很多明显的适应。在形态方面，北极和高山植物的芽和叶片常受到油脂类物质的保护，芽具鳞片，植物体表面生有蜡粉和密毛，植物矮小并常成匍匐状、垫状或莲座状等。这种形态有利于保持较高的温度，减轻严寒的影响。生活在高纬度地区的恒温动物，其身体往往比生活在低纬度地区的同类个体大。因为个体大的动物，其单位体重散热量相对较少，这就是贝格曼（Bergman）规律。另外，恒温动物身体的突出部分如四肢、尾巴和外耳等在低温环境中有变小变短的趋势，这也是减少散热的一种形态适应，这一适应常被称为阿伦（Allen）规律。例如，北极狐的外耳明显短于温带的赤狐，赤狐的外耳又明显短于热带的大耳狐（图 2-3）。恒温动物的另一形态适应是在寒冷地区和寒冷季节增加毛或羽毛的数量和质量，或增加皮下脂肪的厚度，从而提高身体的隔热性能。在繁殖方式上，一年生草本植物多以种子越冬，而多年生草本植物则以块茎、鲜茎、根块茎越冬，木本植物则以落叶相适应。

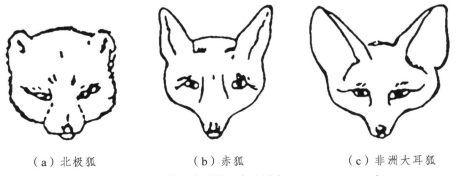

　　（a）北极狐　　　　　　　（b）赤狐　　　　　　（c）非洲大耳狐

图 2-3　不同温度带几种狐的耳壳（引自 P. Dreux，1974）

在生理方面，生活在低温环境中的植物常通过减少细胞中的水分和增加细胞中的糖类、脂肪和色素等物质来降低植物的冰点，增加抗寒能力。在冬季叶片变红，能吸收更多的红外线。例如，鹿蹄草（*pirola*）就是通过在叶细胞中大量储存五碳糖、黏液等物质来降低冰点的，这可使其结冰温度下降到-31 ℃。动物则靠增加体内产热量来增强御寒能力和保持恒定的体温，但寒带动物由于有隔热性能良好的毛皮，往往能在少增加甚至不增加代谢产热的情况下保持恒定的体温。

2. 生物对高温环境的适应

生物对高温环境的适应也表现在形态、生理和行为三个方面。就植物来说，有些植物生有密绒毛和鳞片，能过滤一部分阳光；有些植物体呈白色、银白色，叶片革质发亮，能反射一大部分阳光，使植物体免受热伤害；有些植物叶片垂直排列，使叶缘向光或在高温条件下叶片折叠，减少光的吸收面积；还有些植物的树干和根茎生有很厚的木栓层，具有绝热和保护作用。植物对高温的生理适应主要是降低细胞含水量，增加糖或盐的浓度，这有利于减缓代谢速率和增加原生质的抗凝结力。其次，是靠旺盛的蒸腾作用避免植物体因过热受害。还有一些植物具有反射红外线的能力，夏季反射的红外线比冬季多，这也是避免植物体受到高温伤害的一种适应。

动物对高温环境的一个重要适应就是适当放松恒温性，使体温有较大的变幅，这样在高温炎热的时刻身体就能暂时吸收和储存大量的热并使体温升高，然后在环境条件改善时或躲到阴凉处时再把体内热量释放出去，体温也会随之下降。沙漠中的啮齿动物对高温环境常常采取行为上的适应对策，即夏眠、穴居和白天躲入洞内夜晚出来活动。有些黄鼠（*citellus*）不仅在冬季进行冬眠，还要在炎热干旱的夏季进行夏眠。昼伏夜出是躲避高温的有效行为适应，因为夜晚温度低，可大大减少蒸发散热失水，特别是在地下巢穴中，这就是所谓夜出加穴居的适应对策。

3. 温度与生物的地理分布

温度因子包括节律性变温和绝对温度，制约着生物的生长发育，而每个地区又都生长繁衍着适应该地区气候特点，特别是极端温度的生物。极端温度（最高温度、最低温度）是限制生物分布的最重要条件。例如，苹果和某些品种的梨不能在热带地区栽培，就是由于高温的限制；相反，橡胶、椰子、可可等只能在热带分布，是由于受低温的限制。

温度对动物的分布，有时可起到直接的限制作用。例如，各种昆虫的发育需要一定的热总量，若生存地区有效积温少于发育所需的积温，这种昆虫就不能完成生活史。就北半球而言，动物分布的北界受低温限制，南界受高温限制。例如，喜热的珊瑚和管水母只分布在热带水域中，在水温低于 20 ℃的地方，它们是无法生存的。

一般地说，温度暖和的地区生物种类多，寒冷地区生物的种类较少。例如，我国两栖类动物，广西有 57 种，福建有 41 种，浙江有 40 种，江苏有 21 种，山东、河北各有 9 种，内蒙古只有 8 种。爬行动物的情况也是如此，植物的情况也不例外，我国高等植物有 3 万多种，巴西有 4 万多种，苏联虽然国土总面积居于世界第一，但是由于温度低，它的植物种类只有 1 万 6 千多种。

4. 变温对生物的影响

一般地，变温处理将有助于种子有效的萌发，特别是药用植物以及芹菜、烟草等。变温能提高种子萌发率，是由于降温后可增加氧在细胞中的溶解度，从而改善了萌发中的通气条件；变温通过改变植物的生理现象，如呼吸、蒸腾等，结果可以造成糖分在体内的大量聚集，如新疆的哈密瓜特别甜，就是这个道理。

三、水因子的生态作用及生物的适应

（一）水因子的生态作用

1．水是生物生存的重要条件

首先，水是生物体的组成成分。植物体一般含水量达 60%～80%，而动物体含水量比植物更高。例如，水母含水量高达95%，软体动物80%～92%，鱼类达80%～85%，鸟类和兽类达 70%～75%。水是很好的溶剂，许多化学元素都是在水溶液的状态下为生物吸收和运转的。水是生物新陈代谢的直接参与者，是光合作用的原料。水是生命现象的基础，没有水就没有原生质的生命活动。水比热大，可以调节和缓和环境中温度的剧烈变化，维持恒温。水能维持细胞和组织的紧张度，使生物保持一定的状态，维持正常的生活。

2．水对动植物生长发育的影响

就植物而言，水分对植物的生长也有一个最高、最适和最低的"三基点"。低于最低点，植物萎蔫、生长停止；高于最高点，根系缺氧、窒息、烂根；只有处于最适范围内，才能维持植物的水分平衡，以保证植物有最优的水分生长条件。

在水分不足时，可以引起动物的滞育或休眠。水分不足可能是直接由于空气湿度的降低引起的，也可能是由于食物中水分减少引起的。许多在地衣和苔藓上栖居的动物，如线虫、蜗牛等，在旱季中多次进入麻痹状态。但水生昆虫等雨季一过，就进入滞育期。许多动物的周期性繁殖与降水季节相一致，如澳洲鹦鹉遇到干旱年份就停止繁殖。羚羊幼兽的出生时间，正好是降水和植被茂盛的时期。因为降水对植被的影响是十分巨大的，而动物的食物来源和隐蔽场所都与植被有着密切的关系。

3．水对动植物数量和分布的影响

降水在地球的分布是不均匀的，这主要因地理纬度、海陆位置、海拔的不同所致。我国从东南至西北，可以分为三个等雨量区，因而植被类型也可分为三个区，即湿润森林区、干旱草原区及荒漠区。即使是同一山体，迎风坡和背风坡，因降水的差异而各自生长着不同的植物，随即分布着不同区系的动物。水分与动植物的种类和数量存在着密切的关系。在降水量最大的赤道热带雨林中每 100 m² 达 52 种植物，而降水量较少的大兴安岭红松林群落中，每 100 m² 仅有 10 种植物存在。在荒漠地区，单位面积物种数更少。

（二）生物对水因子的适应

1．植物对水因子的适应

根据植物对水分的需求量和依赖程度，可把植物划分为水生植物和陆生植物。植物对于水的适应，由于对水的依赖程度的不同而面临着不同的问题。对于陆生植物而言，面临着如何解决失水的问题。而对于水生植物，则是如何呼吸和生存的问题。

（1）陆生植物对水因子的适应。陆生植物不需要利用水来排泄盐分和含氮废物，但在正常的气体交换过程中所损失的水却很多。如何保持根系吸收水和叶蒸腾水之间的平衡，是保证植物正常生活所必需的。要维持水分平衡就必须增加根的吸收和减少叶的蒸腾，植物在这方面具有一系列的适应性。例如，气孔能够自动开关，当水分充足时气孔便张开以保证气体交换，但当缺水干旱时气孔便关闭以减少水分的散失。当植物吸收阳光时，植物体就会升温，但植物体表面浓密的细毛和棘刺则可增加散热面积，防止植物表面受到阳光的直射和避免植物体过热。植物体表生有一层厚厚的蜡纸表皮，可减少水分的蒸发，因为这层表皮是不透水的。有些植物的气孔深陷在植物叶内，有利于减少失水。此外，有许多植物靠光合作用的生化途径适应快速地摄取 CO_2 并以改变的化学形式储存起来，以便在晚上进行气体交换，温度很低，蒸发失水的压力较小。

一般地，在低温地区和低温季节，植物的吸水量和蒸腾量小，生长缓慢；反之，在高温地区和高温季节，植物的吸水量和蒸腾量大，生产量大，但对水分的需求也是相当大的。当然了，植物的需水量还和其他生态因子有直接关系，如光照强度、温度、风速和土壤含水量等。植物的不同发育阶段吸水量也不同。

（2）水生植物对环境的适应。水生环境与陆生环境有很大的差异，水体的主要特点在于：弱光、缺氧、密度大，黏性高、湿度变化平缓，以及能溶解各种无机盐类。因此，水生植物具有与陆生植物本质的区别：首先，水生植物具有发达的通气组织，以保证各器官组织对氧的需要，减轻体重、增大体积，如荷花，从叶片气孔进入的空气通过叶柄、茎进入地下茎和根部的气室，形成了一个完整的通气组织，以保证植物体各部分对氧气的需要。其次，机械组织不发达或退化，以增强植物的弹性和抗扭曲能力，适应于水体流动。同时，水生植物在水下的叶片多分裂成带状、线状，而且很薄，以增加吸收阳光、无机盐和 CO_2 的面积。最典型的是伊乐藻属植物，叶片只有一层细胞。又如，有的水生植物出现异型叶，毛茛在同一植株上有两种不同形状的叶片，在水面上呈片状，而在水下则丝裂成带状。

（3）植物的分类。

① 水生植物。根据生长环境中水的深浅不同，可划分为沉水植物、浮水植物和挺水植物三类。

a. 沉水植物。整株植物沉没在水下，为典型的水生植物。根退化或消失，表皮细胞可直接吸收水中气体、营养物和水分，叶绿体大而多，适应水中的弱光环境，无性繁殖比有性繁殖发达。如狸藻、金鱼藻和黑藻等。

b. 浮水植物。叶片漂浮水面，气孔多分布在叶的表面，无性繁殖速度快，生产力高。如凤眼莲、浮萍、睡莲等。

c. 挺水植物。植物体大部分挺出水面，如芦苇、香蒲等。

② 陆生植物。指生长在陆地上的植物。包括湿生、中生和旱生三种类型。

a. 湿生植物。指在潮湿环境中生长，不能忍受较长时间的水分不足，即为抗旱能力最弱的陆生植物。根据其环境特点，还可以再分为阴性湿生植物和阳性湿生植物两个亚类。

b. 中生植物。指生长在水湿条件适中的生境中的植物。该类植物具有一套完整的保持水分平衡的结构和功能，其根系和输导组织均比湿生植物发达。

c. 旱生植物。生长在干旱环境中，能耐受较长时间的干旱环境，且能维护水分平衡和正常的生长发育，多分布在干热草原和荒漠区。一般在形态结构上，旱生植物有发达的根系，如沙漠地区的骆驼刺，地面部分只有几厘米，而地下部分可以深达 15 m，扩展的范围达 623 m，可以更多地吸收水分；叶面积很小，如仙人掌科许多植物，叶特化成刺状；许多单子叶植物，具有扇状的运动细胞，在缺水的情况下，它可以收缩，使叶面卷曲，相同点是尽量减少水分的散失。另一类旱生植物，它们具有发达的储水组织，如美洲沙漠中的仙人掌树，高达 15~20 m，可储水 2 t 左右；南美的瓶子树、西非的猴狲面包树，可储水 4 t 以上，这类植物能储备大量水分，同样适应干旱条件下的生活；此外，还有的从生理上适应，它们的原生质的渗透压特别高，能够使植物根系从干旱的土壤中吸收水分，同时不至于反渗透现象发生，使植物失水。

2. 动物对水因子的适应

动物按栖息地划分同样可以分水生和陆生两大类。水生动物的媒质是水，而陆生动物的媒质是大气，它们的主要矛盾也就不同。

（1）水生动物的渗透压调节。水生动物生活在水的包围之中，似乎不存在缺水问题。其实不然，因为水是很好的溶剂，溶解有不同种类和数量的盐类，在水交换中伴随着溶质的交换。水生动物需要面对如何调节渗透压和水平衡的问题。

不同类群的水生动物，有着各自不同的适应能力和调节机制。水生动物的分布、种群形成和数量变动都与水体中含盐量的情况和特点密切相关。渗透压调节可以通过限制外表对盐类和水的通透性，改变所排出的尿和粪便的浓度与体积，逆浓度梯度地主动吸收或主动排出盐类和水等的方法来实现。如淡水动物体液的浓度对环境是高渗性的，体内的部分盐类既能通过体表组织弥散，又能随粪便、尿排出体外，因此体内的盐类有降低的危险。那么它们是如何保持水盐代谢平衡的？一是使排出体外的盐分降低到最低限度；二是通过食物和鳃从水中主动吸收盐类；三是不断将过剩水排出体外，而丢失溶质的补充通过从食物中获得或动物的鳃或上皮组织主动地从环境中吸收溶质，如钠等。

海洋生活的大多数生物体内的盐量和海水是等渗的（如无脊椎动物和盲鳗），有些具有低渗性，如七鳃鳗和真骨鱼类，容易脱水。在摄水的同时又将盐吸入，它们对吸入的多余盐类排出的办法是将其尿液量减少到最低限度，有时甚至达到以固体的形式排泄，同时鱼鳃上的泌盐细胞可以逆浓度梯度向外分泌盐类。海产真骨鱼的时间转化非常快，每小时大约转换其所含氯化物总量的 10%~20%，淡水真骨鱼每小时只转换 0.5%~1%。

洄游鱼类，如溯河的鲑鱼和降海的鳗鱼以及广盐性鱼类的罗非鱼、赤鲈、刺鱼等，在生活史的不同时期分别在淡水和海水中生活，它们的渗透压又是如何调节以保持生物水平衡的？一般地说，其体表对水分和盐类渗透性较低，有利于在浓度不同的海水和淡水中生活。当它们从淡水中转移到海水中时，虽然有一段时间体重因失水而减轻，体液浓度增加，但 48 h 内，一般都能进行渗透压调节，使体重和体液浓度恢复正常。反之，当它们由海水中进入淡水中时，也会出现短时间的体内水分增多，而盐分减少，然后通过提高排尿量来维持体内的水平衡。例如，一些鱼类进入海水时，肾脏的排泄功能就自动减弱，有的鱼类如赤鲈、美洲鳗鲡的鳃细胞能改变功能，在咸水中能排泄盐类，而在淡水中能吸收水分。

（2）陆生动物对环境湿度的适应。影响陆生动物水平衡更多的是环境的湿度，动物也有其各种各样的适应。

①　形态结构上的适应。不论是低等的无脊椎动物还是高等的脊椎动物，它们各自以不同的形态结构来适应环境湿度，保持生物体的水平衡。昆虫具有几丁质的体壁，防止水分过量蒸发；生活在高山干旱环境中的烟管螺可以产生膜以封闭壳口来对低湿条件适应；两栖类动物体表分泌黏液以保持湿润；爬行动物具有很厚的角质层，鸟类具有羽毛和尾脂腺，哺乳动物有皮脂腺和毛，都能防止体内水分过多蒸发，以保持体内水的平衡。

②　行为的适应。沙漠地区夏季昼夜地表温度相差很大，因此，地面和地下的相对湿度和蒸发力相差也很大。一般的沙漠动物，如昆虫、爬行类、啮齿类等白天躲在洞内，夜里出来活动，更格卢鼠能将洞口封住，表现了动物的行为适应。另外，一些动物白天躲藏在潮湿的地方或水中，以避开干燥的空气，而在夜间出来活动。

干旱地区的许多鸟类和兽类在水分缺乏、食物不足的时候，迁移到别处去，以避开不良的环境条件。在非洲大草原旱季到来时，往往是大型草食动物开始迁徙之时。干旱还会引起暴发性迁徙，例如，蝗虫有趋水喜洼特性，常由干旱地带成群迁飞至低洼易涝地方。

③　生理适应。许多动物在干旱的情况下具有生理上适应的特点。如荒漠鸟兽具有良好的重吸收水分的肾脏。爬行动物和鸟类以尿酸的形式向外排泄含氮废物，甚至有的以结晶状态排出。其实，变温也是对减少失水的适应。"沙漠之舟"骆驼，可以 17 天不喝水，身体中的水量达体重的 27%，仍然照常行走。它不仅有储水的胃，驼峰中藏有丰富的脂肪，消耗的过程中产生大量水分，血液中具有特殊的脂肪和蛋白质，不易脱水。另外，还发现骆驼的血细胞具有变型功能，能提高抗旱能力。

第四节　生态因子作用的一般规律

一、生态因子的概念

（1）生态因子：对生物有影响的事物要素。
（2）分类：按性质分为 5 类：气候因子、土壤因子、地形因子、生物因子、人为因子。
（3）生境：特定生物周围直接或间接影响生物生存的一切事物的总和。

二、生态因子作用的一般特征

1. 综合性

环境中各种生态因子不是孤立存在的，而是彼此联系、互相促进、互相制约，任何一个单因子的变化，必将引起其他因子不同程度的变化及其反作用。生态因子所发生的作用虽然有直接和间接作用、主要和次要作用、重要和不重要作用之分，但它们在一定条件下又可以互相转化。如光和温度的关系密不可分，温度的高低不仅影响空气的温度和湿度，同时也会影响土壤的温度、湿度的变化。这是由于生物对某一个极限因子的耐受限度，会因其他因子的改变而改变，所以生态因子对生物的作用不是单一的而是综合的。

2. 非等价性

对生物起作用的诸多因子是非等价的，其中必有 1~2 个起决定性作用，称为主导因子。如光周期中的日照长度和植物春化阶段的低温因子等都是主导因子。

3. 直接作用和间接作用

环境中的地形因子，其起伏、坡向、坡度、海拔及经纬度等对生物的作用不是直接的，而是通过影响光照、温度、雨水等对生物生长、分布以及类型起间接作用。

4. 阶段性

生物生长发育的不同阶段对生态因子的要求不同，因此某一因子对生物的作用只限于生物生长、发育某一特定阶段。如光照长短，在植物的春化阶段并不起作用，但在光周期阶段则是很重要的。

5. 不可代替性和补偿性

环境中各种生态因子的存在都有其必要性，尤其是作为主导作用的因子，如果缺少便会影响生物的正常生长发育，甚至生病或死亡。所以说生态因子是不能代替，但却是可局部补偿的。如在一定条件下，多个生态因子的综合作用过程中，某一因子在量上的不足，可以由其他因子来补偿，同样可以获得相似的生态效应。以植物进行光合作用来说，如果光照不足，可以增加二氧化碳的量来补足。

三、生态因子的限制性作用

1. 限制因子

限制生物生存和繁殖的关键性因子，就是限制因子。任何一种生态因子只要接近或超过生物的耐受范围，就会成为这种生物的限制因子。

如果一种生物对某一生态因子的耐受范围很广，而且这种因子又非常稳定，那么这种因子就不太可能成为限制因子；相反，如果一种生物对某一生态因子的耐受范围很窄，而且这种因子又易于变化，那么这种因子很可能就是一种限制因子。例如，氧气对陆生动物来说，数量多、含量稳定而且容易得到，因此一般不会成为限制因子（寄生生物、土壤生物和高山生物除外），但是氧气在水体中的含量是有限的，而且经常发生波动，因此常常成为水生生物的限制因子，这就是为什么水生生物学家经常要携带测氧仪的原因。限制因子概念的主要价值是使生态学家掌握了一把研究生物与环境复杂关系的钥匙，因为各种生态因子对生物来说并非同等重要，生态学家一旦找到了限制因子，就意味着找到了影响生物生存和发展的关键性因子。

2. Liebig 最小因子定律（Liebig's law of minimum）

19 世纪，德国有机化学家 Liebig 在研究谷物的产量时，发现谷类植物常常并不是由于需要大量营养物质所限制（如 CO_2 和 H_2O，它们在周围生活环境中的储量是很丰富的），而是取决于那些在土壤中极为稀少、且为植物所必需的元素（如硼、镁、铁等）。他认为：植物的生长取决于那些处于最少量状态的营养成分，基本思想是，每种植物都需要一定种类和一定数量的营养物质，如果其中一种营养物质完全缺乏，植物就不能生存，如果这种营养物质数量极微小，植物的生长就会受到不良影响。人们把这种思想称为"Liebig 最小因子定律"。

但是后人认为，最小因子法则的概念应该有两点作为补充：

（1）该法则只能用于稳定状态下，也就是说，如果在一个生态系统中，物质和能量的输入和输出不是处于平衡状态，那么植物对于各种营养物质的需求量就会不断变化，在这种情况下，该法则就不能应用。

（2）应用该法则时，必须考虑各种因子之间的关系。如果有一种营养物质的数量很多或容易吸收，它就会影响到数量短缺的其他营养物质的利用率。另外，生物也可以利用生物代替元素，如果两种元素是近亲，常常可以由一种元素取代另一种元素来实行功能。它不但适用于营养物质，也适用于其他的生态因子。

3. Shelford 耐受性定律（Shelford's law of tolerance）

1913 年，美国生态学家 Shelford V E 在最小因子定律的基础上又提出了耐受性定律，并试图用这个定律来解释生物的自然分布现象。他认为生物不仅受生态因子最低量的限制，而且也受生态因子最高量的限制。这就是说，生物对每一种生态因子都有其耐受的上限和下限，上下限之间就是生物对这种生态因子的耐受范围，称生态幅。任何一个生态因子在数量或质量上的不足或过多，即当其接近或达到某种生物的耐受性限度时，就会使该生物衰减或不能生存。Shelford 的耐受性定律可以形象地用一个钟形耐受曲线来表示（图 2-4）。

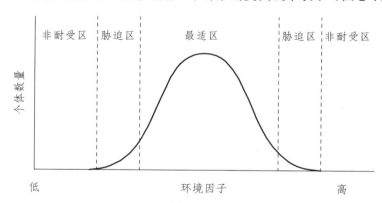

图 2-4　生物对生态因子的耐受曲线

对同一生态因子，不同种类的生物耐受范围是很不相同的。例如，鲑鱼对温度这一生态因子的耐受范围是 0 ~ 12 ℃，最适温度为 4 ℃，豹蛙对温度的耐受范围是 0 ~ 30 ℃，最适温度为 22 ℃，斑鳟的耐受范围是 10 ~ 40 ℃，而南极鳕所能耐受的温度范围最窄，只有-2 ~ 2 ℃。上述几种生物对温度的耐受范围差异很大，有的可耐受很广的温度范围（如豹蛙、斑鳟），称广温性生物，有的只能耐受很窄的温度范围（如鲑鱼、南极鳕），称狭温性生物。对其他的生态因子也是一样，有广湿性、狭湿性，广盐性、狭盐性等。

自然界的动物和植物很少能够生活在对它们来说是最适宜的地方，常常由于其他生物的竞争而把它们从最适宜的生境中排挤出去，结果是只能生活在它们占有更大竞争优势的地方。例如，很多沙漠植物在潮湿的气候条件下能够生长得更茂盛，但是它们却只分布在沙漠中，因为只有在那里它们才占有最大的竞争优势。

　　耐受性定律和最小因子定律的关系，可从以下三方面进行理解：首先，最小因子定律只考虑了因子量的过少，而耐受性定律既考虑了因子量的过少，也考虑了因子量的过多；其次，耐受性定律不仅估计了限制因子量的变化，而且估计了生物本身的耐受性问题。生物耐受性不仅随种类不同而不同，且在同一种内，耐受性也因年龄、季节、栖息地的不同而有差异；同时，耐受性定律允许生态因子之间的相互作用，如因子替换作用和因子补偿作用。

思考题

1．什么是生物的协同进化？举例说明。

2．简述生物多样性及其影响因素。

3．简述光的生态作用及生物的适应。

4．温度对生物作用的"三基点"和积温在农业生产和虫害上有何意义？

5．水分对生物的影响有哪些？生物如何适应不同的水环境？

6．简述生态因子作用的一般规律。

第三章　生物圈中的生命系统

第一节　生命系统的层次

　　生命的种类多种多样，不同生命形式的生物，所处的环境不同。只有进行生命活动的层次性分析和相应环境条件的层次性分析，才能真正认识生物生命活动的本质。生命系统具有层次性，生态学的研究也相应地划分成若干层次。生态学可划分为三个层次，即宏观生态学（macroecology）、微生态学（microecology）和分子生态学（molecular ecology）。宏观生态学是以个体和群体为中心与环境关系的生态学；微生态学是以单细胞为中心与环境关系的生态学；分子生态学是以生物活性分子特别是核酸分子为中心与分子环境关系的生态学。图 3-1是生态学研究的生物圈中的生命系统层次划分。

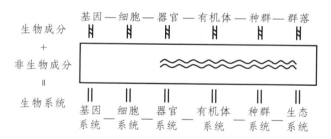

图3-1　生物圈中的生命系统层次划分（参考 Odum，1971）

一、分　子

　　物质可分为有机物质和无机物质，有生命活动的和无生命活动的物质。物质是由分子、原子、电子等基本粒子和夸克组成的，这是指物质的层次。而生态学研究的分子，必然同生命活动有联系，生态学中的研究对象——分子是指生物活性分子。

　　在生命体内，不论有机、无机分子，还是大、小分子，只要是生命体组成成分，在生命活动中起着一定作用的分子，就是生物活性分子，它包括 DNA、蛋白酶类、RNA、激素等。生态学家认为有些分子如 H_2O、Ca^{2+}等也是与生命活动有关的生命活性分子，这就扩大了分子生态学的研究领域。

　　分子生态学是新诞生的一门分支学科，它是以生物活性分子特别是核酸分子为中心与其分子环境关系的生态学，主要研究内容在于阐明生命体和相关细胞的各种生物活性分子及其分子环境与网络相互作用的生理平衡态和病理失调态的分子机制，从而提出促进生理平衡、防止与治疗病理失调的措施及方法。

二、基　因

基因是所有生物表现生命活动的根本结构，也是所有生物用来维持其种属遗传性的关键。一切生物的所有遗传信息都存在于这种组成基因或基因组的核苷酸序列，即核酸中。自 1944 年报告肺炎球菌变异同 DNA 有关及 1953 年提出 DNA 双螺旋结构以来，科学家又提出了基因表达和蛋白质合成的中心法则，其他多种 RNA 的转录（遗传性表达的关键步骤）和蛋白质的翻译合成（决定生物的形态构架和生命活动的生理功能），是生命活动的基本规律和生物种类的构型基础，是当前条件下生物圈所有生物种系生命活动规律的共同分子机制。

基因隶属于分子生态学的研究范畴。在基因层次上研究的是生命体的基因结构组成。人类目前正在进行的人类基因组计划，就是为了绘制人类基因图谱，从分子水平上理解机体器官，以操纵分子结构，服务于人类。

三、细　胞

细胞是构成生物体的基本单位。有机体除了少数类型（病毒等）外，都是由细胞构成的。单细胞有机体的个体就是一个细胞，一切生命活动都是由这个细胞来承担；多细胞有机体是由许多形态和功能不同的细胞组成的，在整体中，各个细胞有分工，各自行使特定的功能；同时，细胞间又存在结构和功能上的密切关系，它们相互依存、彼此协作，共同保证整个有机体正常生活的进行。

克隆技术是指用高等动物的体细胞借代母体克隆成个体。新个体具有和亲代完全相同的生理学上的特征。这一技术可以用于医疗目的，利用此技术可以培育治疗疾病所需的人体组织和器官，来解决目前疾病治疗中的问题，如移植器官的缺乏。

四、组　织

细胞的分化导致生物体中形成多种类型的细胞，即细胞分化导致了组织的形成。人们把在个体发育中具有相同来源的（即由同一个或同一群分生细胞生长、分化而来的）同一类型，或不同类型的细胞群组成的结构和功能单位，称为组织（tissue）。组织是具有功能分工的细胞的集合体，不同的相互联系的组织构成了器官。高等生物的个体是由各种组织和器官组成的。

五、个　体

一般情况下，生物是以个体的形式存在的。有生命的个体具有新陈代谢、自我复制繁殖、生长发育、遗传变异、感应性和适应性等生命现象。生物个体对于生存的基本需要是摄取食物获得能量、占据一定空间和繁殖后代。生物的种类繁多，形形色色，千姿百态，目前已鉴定的有约 200 万种，有人估计，还有约 2 000 万种生物有待发现和命名。

个体是种群的基本组成单位，正是生物种的多样性才构成了全球生态系统的稳定。然而目前物种正面临严重的危机，由于人类的影响，世界上的物种每天都在减少，而且速度越来越快。物种是人类的基因宝库，我们应该积极研究物种的生活习性，如珍贵的野生动植物等，研究有效的保护方法，最大限度地保留这些珍贵动植物，维持生物圈的稳定。

六、种　群

种群是指在一定空间中同种个体的组合。种群是由相同的个体组成的，具有共同的基因库，是种族生存的前提。自然界中任何物种的个体都不可能单一地生存，生物个体必然在某一时期与同种其他种类的许多个体联系成一个相互依赖、相互制约的群体才能生存。不同的种群相互有机地组合，复合成了群落。

种群生态学研究种群的数量、分布以及种群与其栖息环境中的非生物因素和其他生物种群（如捕食者与猎物、寄生物和宿主等）的相互作用。种群生态学的核心内容是种群动态研究即种群数量在时间上和空间上的变动规律及其变动原因（调节机制）。

七、生物群落

种群是个体的集合体，而群落是种群的集合体。一个自然群落是在一定空间内生活在一起的各种动物、植物和微生物种群的集合体。许多种群集合在一起，彼此相互作用，具有独特的成分、结构和功能。一片树林、一片草原、一片荒漠，都可以看作是一个群落。群落内的各种生物由于彼此间的相互影响、紧密联系和对环境的共同反应，而构成一个具有内在联系和共同规律的有机整体。没有一种生物能够脱离周围环境（包括生物环境和非生物环境）而孤立地生存，每一种生物都是复杂的生物群落的一个组成部分。

生物群落可以从植物群落、动物群落和微生物群落这三个不同的角度来研究。大多数植物是绿色植物，是群落或生态系统营养结构中的生产者，动物以消费者的身份出现在更高的营养级上，各个营养级相互作用，组成了复杂的食物网，微生物是分解者，在物质循环中扮演了重要的角色。群落生态学研究的是动物、植物和微生物的有机结合。

八、生态系统

生态系统是生态学中最重要的概念，也是自然界最重要的功能单位。生态系统可用一个简单的公式概括为：生态系统=生物群落+非生物环境。群落不是孤立存在的，总是和环境密切地相互作用。非生物环境中的能量和物质，参与到群落内部的循环中，又返回环境，这种能量流动和物质循环的现象是生态系统的典型行为。

生态系统由英国生态学家 Tansley A 于 1935 年首次提出，生态系统主要强调一定地域中各种生物相互之间、它们与环境之间功能上的统一性。生态系统主要是功能上的单位，而不是生物学中分类学单位。

地球上大部分自然生态系统有维持稳定、持久、物种间协调共存等特点，这是长期进化的结果。向自然生态系统寻找这些建立持续性的机制，是研究生态系统规律的主要目的。

为了解决人类与环境日益紧张的关系，要解决现代人类社会的环境污染问题、人口暴涨与自然资源的合理利用问题，都有赖于对生态系统的结构和功能、生态系统的稳定性及其对干扰的忍受和恢复能力的研究。

第二节 生物种群的特征及动态

一、种群概念及特征

1. 种群的概念

种群（population）是指在一定空间中同种生物个体的组合。Population 这个术语从拉丁语派生，含人或人民的意思，一般译为人口。以前，有人在昆虫学中译为虫口、鱼口、鸟口等，后来我国生态学工作者统一译为种群，但也有译为"居群""繁群"的，我国台湾地区译为"族群"，日语中译为"个体群"。种群的分界线是人为划定的，生态学研究者往往根据研究的方便，划定出种群的分界线，例如，实验室饲养的一群小家鼠，可称为一个实验种群。如果种群的栖息地具有天然的分界线，则这个天然的分界线就是该种群的分界线，如岛屿上的种群，水体就是该种群与其他种群的分界线。

一般认为，种群是物种在自然界中存在的基本单位。在自然界中，门纲目科属等分类单元是学者按物种的特征及其在进化中的亲缘关系来划分的，唯有种（species）才是真实存在的。因为组成种群的个体是随着时间的推移而死亡和消失的，又不断通过新生个体的补充而持续，所以进化过程也就是种群中个体基因组成和频率从一个世代到另一个世代的变化过程。因此，从进化论的观点看，种群是一个演化单位。从生态学观点来看，种群又是生物群落的基本组成单位。

2. 种群的特征

种群的主要特征表现在三方面：① 数量特征（密度或大小）。这是所有种群都具备的基本特征。种群的数量越多、密度越高，种群就越大，种群对生态系统功能的作用也就越大。种群的数量大小受四个种群基本参数（出生率、死亡率、迁入率和迁出率）的影响，这些参数同时受种群的年龄结构、性别比率、内分布格局和遗传组成的影响。了解种群的特征有助于理解种群的结构，分析种群动态。② 空间分布特征。它包括内分布格局（即种群内部的个体是聚群分布、随机分布还是均匀分布）和地理分布格局（即种群分布在什么地理范围内）。③ 遗传特征。种群具有一定的遗传组成，是一个基因库。种群的遗传特征是种群遗传学和进化生态学的主要研究内容。

二、种群的增长

（一）种群的群体特征

种群具有个体所不具备的群体特征，这些特征大体分为三类：① 种群密度。② 初级种群参数，包括出生率（natality）、死亡率（motality）、迁入率和迁出率。出生和迁入是使种群增加的因素，死亡和迁出是使种群减少的因素。出生率泛指任何生物产生新个体的能力，迁出是指种群内个体由于种种原因离开领地，迁入则是别的种群进入领地。③ 次级种群参数。包括性别比（sex ratio）、年龄分布（age distribution）和种群增长率等。

1. 种群密度

研究种群的变化规律，往往要进行种群数量的统计。在数量统计中，种群大小的最常用指标是密度。密度通常表示单位面积（或空间）上的个体数目，但也有用每片叶子、每个植株、每个宿主为单位的。由于生物的多样性，具体数量统计方法随生物种类或栖息地条件而异。密度大体分为绝对密度统计和相对密度统计两类。绝对密度是指单位面积或空间的实有个体数，而相对密度则只能获得表示数量高低的相对指标。

2. 种群年龄结构和性别比

（1）种群的年龄结构是指不同年龄组的个体在种群内的比例或配置情况。种群的年龄结构通常用年龄锥体即年龄金字塔表示。年龄锥体：以从幼到老的年龄排列为纵坐标，个体数量或百分比为横坐标绘制成图（图 3-2）。

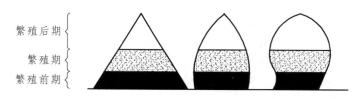

繁殖后期
繁殖期
繁殖前期

（a）增长型种群 （b）稳定型种群 （c）下降型种群

图 3-2 年龄锥体的三种基本类型（Kormondy，1976）

按锥体形状，年龄锥体可分为三种基本类型：

（1）增长型种群。锥体呈典型金字塔形，基部宽、顶部窄。表示种群有大量幼体，老年个体较少，种群的出生率大于死亡率，是迅速增长的种群。

（2）稳定型种群。锥体形状和老、中、幼比例介于增长型和下降型种群之间。出生率与死亡率大致相平衡，种群稳定。

（3）下降型种群。锥体基部比较窄、顶部比较宽。种群中幼体比例减少而老年个体比例增大，种群的死亡率大于出生率。

性别比是种群中雄性个体和雌性个体数目的比例。性别比对种群的配偶关系及繁殖潜力有很大影响。在野生种群中，因性别比的变化会发生配偶关系及交配行为的变化，这是种群自然调节的方式之一。

研究种群的年龄结构和性别比对深入分析种群动态和进行预测预报具有重要价值。

3. 生命表

生命表是展示种群存活和死亡过程的一览表，是研究种群动态的有用工具。

Conell（1970）对某岛固着在岩石上的所有藤壶（*Balanus glandula*）进行逐年的存活观察，并编制了藤壶生命表（表 3-1）。表中 x 为按年龄的分段；n_x 为 x 期开始时的存活数；l_x 为 x 期开始时的存活率；d_x 为从 x 到 $x+1$ 的死亡数；q_x 为从 x 到 $x+1$ 的死亡率；e_x 为 x 期开始时的生命期望或平均余年；L_x 是从 x 到 $x+1$ 期的平均存活数，即 $L_x = (n_x + n_{x+1})/2$；T_x 则是进入 x 龄期的全部个体在进入 x 期以后的存活个体总年数，即 $T_x = \sum L_x$。例如，$T_0 = L_0 + L_1 + L_2 + L_3 + \cdots$，$T_1 = L_1 + L_2 + L_3 + \cdots$，$T_x$ 和 L_x 栏一般可不列入表中。

表 3-1　藤壶的生命表

年龄 x	存活数 n_x	存活率 l_x	死亡数 d_x	死亡率 q_x	L_x	t_x	生命期望 e_x
0	142.0	1.000	80.0	0.563	102	224	1.58
1	62.0	0.437	28.0	0.452	48	122	1.97
2	34.0	0.239	14.0	0.412	27	74	2.18
3	20.0	0.141	4.5	0.225	17.75	47	2.35
4	15.5	0.109	4.5	0.290	13.25	29.25	1.89
5	11.0	0.077	4.5	0.409	8.75	16	1.45
6	6.5	0.046	4.5	0.692	4.25	7.25	1.12
7	2.0	0.014	0	0.000	2	3	1.50
8	2.0	0.014	2.0	1.000	1	1	0.50
9	0	0	—	—	0	0	—

注：① 引自 Krebs，1978；② $L_x = n_x/n_0$，$d_x = n_x - n_{x+1}$，$q_x = d_x/n_x$，$e_x = T_x/n_x$。

从以上生命表可以获得三方面信息：

（1）存活曲线（survivorship curve）。以 $\lg n_x$ 栏对 x 栏作图可得存活曲线。存活曲线直观地表达了同生群（cohort）的存活过程。Deevey（1947）曾将存活曲线分为三个类型（图 3-3）：

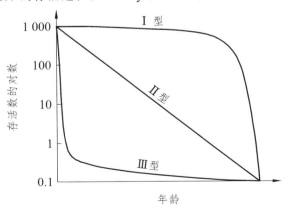

图 3-3　存活曲线的类型（Kreb，1985）

Ⅰ 型：曲线凸型，表示在接近生理寿命前只有少数个体死亡。

Ⅱ型：曲线呈对角线，各年龄组死亡率相等。

Ⅲ型：曲线凹型，幼年期死亡率很高。

藤壶的存活曲线接近Ⅰ型。

（2）死亡率曲线。以 q_x 对 x 栏作图。藤壶在第一年死亡率很高，以后逐渐降低，接近老龄时死亡率迅速上升。

（3）生命期望。e_x 表示该年龄期开始时的平均存活年限。e_0 为种群的平均寿命。

藤壶生命表是根据对同年出生的所有个体进行存活数动态监察而编制的表。这类生命表称为同生群生命表，或称动态生命表。另一类为静态生命表，是根据某一特定时间对种群年龄结构调查资料编制的表。动态生命表中个体经历了同样的环境条件，而静态生命表中个体出生于不同年（或其他时间单位），经历了不同的环境条件。因此，编制静态生命表等于假定种群所经历的环境是没有变化的。

除此之外还有综合生命表。综合生命表与简单生命表的不同之处在于除 l_x 栏外，增加了 m_x 栏。m_x 栏描述各年龄的出生率。综合生命表同时包括存活率和出生率数据，将两者相乘，并累加起来（$R_0 = \sum l_x m_x$），即得净生殖率（net reproductive rate）。R_0 还代表该种群（在生命表所包括特定时间中的）世代净增殖率。

由于各种生物的平均世代时间不相等，作种间比较时世代净增殖率（R_0）的可比性并不强，此时，种群增长率（r）显得更有应用价值。r 可按下式计算：

$$r = \ln R_0 / T \qquad (3.1)$$

式中　T——世代时间，它是指种群中子代从母体出生到子代再产子的平均时间。

自然界的环境条件在不断变化，当条件有利时，r 可能是正值，条件不利时可能变为负值。从式（3.1）看，r 值的大小随 R_0 增大而增大，随 T 增大而变小。例如，计划生育的目的是使 r 值变小，据此式有两条途径：① 降低 R_0 值，即使世代增殖率降低，这就要限制每对夫妇的子女数；② 使 T 值增大，即可以通过推迟首次生殖时间或晚婚来达到。

（二）种群增长模型

种群动态模型研究在近几十年来有较大发展，它是理论生态学的主要内容，对种群生态学的研究已作出了重要贡献。本章主要介绍以下几个经典模型。

1. 与密度无关的种群增长模型

本模型是建立在下列假设基础上的：环境中空间、食物等资源是无限的。因而其增长率不受种群密度影响，这类增长通常呈指数式增长。与密度无关的增长又可分为两类，如果种群的各个世代彼此不相重叠，如一年生植物和许多一年生殖一次的昆虫，其种群增长是不连续的、分步的，称为离散增长，一般用差分方程描述；如果种群的各个世代彼此重叠（如人和多数兽类），其种群增长是连续的，可用微分方程描述。

（1）种群离散增长模型。最简单的单种种群增长的数学模型，通常是把世代 $t+1$ 的种群 N_{t+1} 与世代 t 的种群 N_t 联系起来的差分方程：

$$N_{t+1} = \lambda N_t \qquad (3.2)$$

或

$$N_t = N_0 \lambda^t \qquad\qquad (3.3)$$

式中　N——种群大小；

　　　t——时间；

　　　λ——种群的周限增长率。

如果 $\lambda>1$，种群上升，$\lambda=1$，种群稳定，$0<\lambda<1$，种群下降，$\lambda=0$，雌体没有繁殖，种群在下一代灭亡。

（2）种群连续增长模型。在世代重叠的情况下，种群以连续方式变化。把种群变化率 dN/dt 与任何时间的种群大小联系起来，最简单的情况是有一恒定的每员增长率（per capita growth rate），即单位时间内种群的变化率，它与密度无关，即 $dN/dt=rN$，其积分式为

$$N_t = N_0 e^{rt}$$

式中　e——自然对数的底；

　　　r——种群瞬时增长率；

　　　dN/dt——种群数量的瞬时变化。

以种群大小 N_t 对时间 t 作图（图 3-4）说明种群增长曲线呈"J"字形，但如以 $\lg N_t$ 对 t 作图，则变为直线。

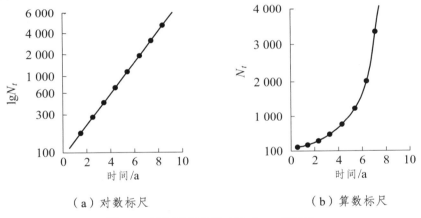

（a）对数标尺　　　　　　　（b）算数标尺

图 3-4　种群增长曲线（Krebs，1978）

$N_0=100, r=0.5$

2. 与密度有关的种群增长模型

本模型比无密度效应的模型增加了两点假设：① 存在环境容纳量（通常以 K 表示），当 $N_t=K$ 时，种群为零增长，即 $dN/dt=0$；② 增长率随密度上升而降低的变化，是按比例的。最简单的是每增加一个个体，就产生 $1/K$ 的抑制影响。例如，$K=100$，每增加一个个体，产生 0.01 影响，或者说，每一个个体利用了 $1/K$ 的"空间"，N 个个体利用了 N/K 的"空间"，而可供种群继续增长的"剩余空间"只有（$1-N/K$）。按此两点假设，种群增长将不再是"J"字形，而是"S"形。"S"形曲线有两个特点：① 曲线渐近于 K 值，即平衡密度；② 曲线上升是平滑的。

产生"S"形曲线的最简单数学模型是前述指数增长方程（$dN/dt=rN$）上增加一个新的项（$1-N/K$），得

$$\frac{dN}{dt} = rN\left(1 - \frac{N}{K}\right) = rN\left(\frac{K-N}{K}\right)$$ （3.4）

此即生态学发展史中著名的逻辑斯谛方程（Logistic equation，或译阻滞方程）。其积分式为

$$N_t = \frac{K}{1 + e^{a-rt}}$$ （3.5）

式中　　a——参数，其值取决于 N_0，表示曲线对原点的相对位置。

逻辑斯谛曲线可划分为 5 个时期：① 开始期，也称潜伏期，由于种群个体数很少，密度增长缓慢；② 加速期，随个体数增加，密度增长逐渐加快；③ 转折期，当个体数达到饱和密度的一半（即 $K/2$）时，密度增长最快；④ 减速期，个体数超过 $K/2$ 以后，密度增长逐渐变慢；⑤ 饱和期，种群个体数达到 K 值而饱和。

逻辑斯谛方程的两个参数 r 和 K，均具有重要的生物学意义。如前所述 r 表示物种的潜在增殖能力，而 K 则表示环境容纳量，即物种在特定环境中的平均密度。虽然模型中的 K 值是一最大值，但作为生物学含义，它应该并可以随环境（资源量）改变而改变。

逻辑斯谛方程的重要意义是：① 它是两个相互作用种群增长模型的基础；② 它也是渔捞、林业、农业等实践领域中，确定最大持续产量（maximum sustained yield）的主要模型；③ 模型中两个参数 r、K，已成为生物进化对策理论中的重要概念。

三、生态对策

生态对策（ecological strategy）或生活史对策（life-history strategy）：生物在生存斗争中获得生存的对策。

生物的繁殖问题一直是进化生态学的核心问题之一。Darwin C（1859）在他的"物种起源"中就已经详细描述了繁殖与死亡现象的相互作用，认为繁殖力是维持物种延续的一个重要因子。Wunder（1934）首先注意到并回顾了不同类型生物的繁殖差异，提出了不同类群生物繁殖力的演化方向。Lack D（1954）发现了动物繁殖的生态趋势，提出动物总是面对两种对立的进化选择：一种是高生育力但无亲代抚育，一种是低生育力但有亲代抚育。这一理论得到广泛认同，被称为 Lack D 法则。Cody M（1966）通过鸟类在繁殖中以及在种内、种间竞争中能量消耗的测定，提出了物种在竞争中取胜的最适能量分配。MacArthur R（1962）发展了以上各种理论，提出了 r-K 选择的自然选择理论，从而推动了生活史策略研究从定性描述走向定量分析的新阶段。

r 选择和 K 选择理论根据生物的进化环境和生态对策把生物分为 r 对策者和 K 对策者两大类。r 对策者适应于不可预测的多变环境（如干旱地区和寒带），是新生境的开拓者，但存活要靠机会，所以在一定意义上，它们是机会主义者（opportunist），很容易出现"突然的暴发和猛烈的破产"。r 对策者具有能够将种群增长最大化的各种生物学特性，即高生育力、快速发育、早熟、成年个体小及寿命短且单次生殖多而小的后代，一旦环境条件好转，就能以其高增长率 r 迅速恢复种群，使物种得以生存。K 对策者适应于可预测的稳定的环境。在一定意义上，它们是保守主义者（conservatism），当生存环境发生灾变时很难迅速恢复，如果再有竞争者抑制，就可能趋向灭绝。在稳定的环境（如热带雨林）中由于种群数量经常保持在环境

容纳量 K 水平上，因而竞争较为激烈。K 对策者具有成年个体大、发育慢、迟生殖、产仔（卵）少而大但多次生殖、寿命长、存活率高的生物学特性，以高竞争能力使自己能够在高密度条件下得以生存。因此，在生存竞争中，K 对策者是以"质"取胜，而 r 对策者则是以"量"取用；K 对策者将大部分能量用于提高存活，而 r 对策者则是将大部分能量用于繁殖。

在大分类单元中，大部分昆虫和一年生植物可以看作是 r 对策者。昆虫的快速进化是在二叠纪和三叠纪，当时的气候条件非常多变。大部分脊椎动物和乔木可以看作是 K 对策者。脊椎动物进化过程中的盛发期是侏罗纪、下白垩纪、始新世和渐新世，正是温暖潮湿气候的稳定地质期。在同一分类单元中，同样可作生态对策比较，如哺乳类、啮齿类大部分是 r 对策者，而象、虎、熊猫则是 K 对策者。

r 对策者和 K 对策者具有不同的生物学特征，因此它们的种群增长曲线也有差别（图 3-5）。图中 45°的对角虚线，表示从 N_{t+1}/N_t，种群数量处于平衡状态；对角线上方表示种群增长；下方表示种群下降。在增长线上，r 对策者和 K 对策者都有一个平衡点 S，种群数量的变化都趋向于平衡点，但 r 对策者的数量变化幅度较大。对于 K 对策者，其种群增长曲线上还有一个灭绝点 X（the extinction point）。当 K 对策者的种群数量大于灭绝点，则种群增长；如果低于灭绝点，种群就会发生灭绝。

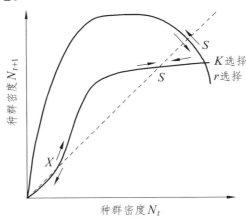

图 3-5　r 对策者和 K 对策者种群增长曲线（李振基，2000）

r 对策者和 K 对策者是 r-K 对策连续系统的两个极端。除了一些例外，大部分生物都能适合 r-K 对策连续系统的某一位置。r 选择和 K 选择理论在生产实际中具有重要的指导意义。在有害动物防治方面，由于大部分有害动物属于 r 对策者，因此，仅靠一两次灭杀只能暂时控制其数量，一旦灭杀停止，由于其高增长，能迅速增殖，种群数量将很快恢复到原有水平；在濒危野生动物的保护方面，由于大部分珍稀动物属于 K 对策者，繁殖能力低，一旦种群数量下降到一定的下限——灭绝点，则难以自然地恢复增长，因此应当不断给予保护。

第三节　种群关系

生物在自然界长期发育与进化的过程中，出现了以食物、资源和空间关系为主的种内与种间关系。我们把存在于各个生物种群内部的个体与个体之间的关系称为种内关系（intraspecific relationship），而将生活于同一生境中的所有不同物种之间的关系称为种间关系（interspecific relationship）。大量的事实表明，生物的种内与种间关系除竞争作用外，还包括多种作用类型，是认识生物群落结构与功能的重要特性。

一、种内关系

1. 集　群

集群（aggregation 或 society、colony）现象普遍存在于自然种群当中。同一种生物的不同个体，或多或少都会在一定的时期内生活在一起，从而保证种群的生存和正常繁殖，因此集群是一种重要的适应性特征。

根据集群后群体持续时间的长短，可以把集群分为临时性（temporary）和永久性（permanent）两种类型。永久性集群存在于社会动物当中。所谓社会动物是指具有分工协作等社会性特征的集群动物，主要包括一些昆虫（如蜜蜂、蚂蚁、白蚁等）和高等动物（如包括人类在内的灵长类等）。

生物产生集群的原因复杂多样。这些原因包括：① 对栖息地的食物、光照、温度、水等生态因子的共同需要。如潮湿的生境使一些蜗牛在一起聚集成群。② 对昼夜天气或季节气候的共同反应，如过夜、迁徙、冬眠等群体。③ 繁殖的结果。由于亲代对某环境有共同的反应，将后代（卵或仔）产于同一环境，后代由此一起形成群体。④ 被动运送的结果。例如强风、急流可以把一些蚊子、小鱼运送到某一风速或流速较为缓慢的地方，形成群体。⑤ 由于个体之间社会吸引力（social attraction）相互吸引的结果。

2. 种内竞争

生物为了利用有限的共同资源，相互之间所产生的不利或有害的影响，这种现象称为竞争（competition）。某一种生物的资源是指对该生物有益的任何客观实体，包括栖息地、食物、配偶，以及光、温度、水等各种生态因子。

竞争的主要方式有两类：资源利用性竞争（exploitation competition）和相互干涉性竞争（interference competition）。在资源利用性竞争中，生物之间并没有直接的行为干涉，而是双方各自消耗利用共同的资源，由于共同资源可获得量减少从而间接影响竞争对手的存活、生长和生殖，因此资源利用性竞争也称为间接竞争（indirect competition）。相互干涉性竞争又称为直接竞争（direct competition）。直接竞争中，竞争者相互之间直接发生作用，如动物之间为争夺食物、配偶、栖息地所发生的争斗。竞争者也可以通过分泌有毒物质来对对方产生干涉。如某些植物能够分泌一些有害化学物质，阻止其他植物在其周围生长，这种现象称为化感作用或异种化感（allelopathy）。茧蜂产卵寄生于蚜虫卵当中，茧蜂幼虫在蚜虫卵中孵化出的时候，会分泌有毒化学物质以杀死其他的茧蜂寄生卵。

竞争可以分为种内竞争（intraspecific competition）和种间竞争（interspecific competition）。种内竞争是发生在同一物种个体之间的竞争，而种间竞争则是发生在不同物种的个体之间。竞争效应的不对称性（asymmetry）是种内竞争和种间竞争的共同特点。不对称性是指竞争者各方受竞争影响所产生的不等同后果，如一方所付出的代价可能远远超过对方。竞争往往导致失败者的死亡。死亡的原因或者由于资源利用性竞争所产生的资源短缺，或者来自相互干涉性竞争所导致的伤害或毒害。在自然界，不对称性竞争的实例远远多于对称性竞争。种内竞争与种间竞争都受密度制约。随着种群密度的增加，竞争者的数量增多，个体之间的竞争就越激烈，竞争的效应也就越大。由于竞争与密度紧密相关，竞争加剧，就可能导致一些竞争者得不到资源而死亡，或者一部分个体就会被迫迁移到其他地方，从而使当地的种群密度维持在一定的水平。在某些情况下，种内竞争可以导致物种分化、物种形成。竞争迫使种群的一部分个体分布到另一地方，或者改变其食性等生态习性，利用其他资源，经过长期的适应进化，在形态、生理、行为特征上与原有的物种产生稳定的差别，从而导致物种的分化，形成新的亚种或物种。

二、种间关系

（一）种间竞争

1. 高斯假说与竞争排斥原理及生态位

生态位：物种在生物群落中或生态系统中的地位或角色。

高斯假说或竞争排斥原理：两个在生态位上完全相同的物种不可能同时同地生活在一起，其中一个物种必将另一个物种排出。

苏联生态学家 Gause G F（1934）首先用实验方法观察两个物种之间的竞争现象，他用草履虫为材料，研究两个物种之间直接竞争的结果。他选择两种在分类和生态习性上很接近的双小核草履虫（*paramecium aurelia*）和大草履虫（*P. caudatum*）进行试验。取两个种相等数目的个体，用一种杆菌为饲料，放在基本上恒定的环境里培养。开始时两个种都有增长，随后 *P. aurelia* 的个体数增加，而 *P. caudatum* 的个体下降，16 d 后只有 *P.aurelia* 生存，而 *P.caudatum* 趋于灭亡（图 3-6）。

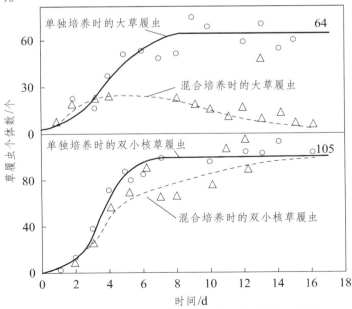

图 3-6　两种草履虫单独和混合培养时的种群动态（引自李博等，1993）

这两种草履虫之间没有分泌有害物质，其中一种增长得快，而另一种增长得慢，因为竞争食物，增长快的种排挤了增长慢的种。当两个物种利用同一种资源和空间时产生的种间竞争现象，两个物种越相似，它们的生态位重叠就越多，竞争也就越激烈。这种种间竞争情况后来被英国生态学家称之为高斯假说。

2. 种间竞争模型

美国学者 Lotka（1925）和意大利学者 Volterra（1926）分别独立地提出了描述种间竞争的模型，也称为 Lotka-Volterra 模型，它们是逻辑斯谛模型的引申。现假定有两个物种，当它们单独生长时其增长形式符合逻辑斯谛模型，其增长方程是

物种 1：$\mathrm{d}N_1/\mathrm{d}t = r_1 N_1(1 - N_1/K_1)$ （3.6）

物种 2：$\mathrm{d}N_2/\mathrm{d}t = r_2 N_2(1 - N_2/K_2)$ （3.7）

式中　N_1，N_2——两个物种的种群数量；

　　　K_1，K_2——两个物种种群的环境容纳量；

　　　r_1，r_2——两个物种种群瞬时增长率。

如果将这两个物种放置在一起，则它们就要发生竞争，从而影响种群的增长。设物种 1 和 2 的竞争系数为 α 和 β（α 表示物种 2 的个体对物种 1 的竞争系数，β 表示物种 1 的个体对物种 2 的竞争系数），并假定两种竞争者之间的竞争系数保持稳定，则物种 1 在竞争中的种群增长方程为

$$\mathrm{d}N_1/\mathrm{d}t = r_1 N_1 \left(\frac{K_1 - N_1 - \alpha N_2}{K_1} \right)$$ （3.8）

物种 2 在竞争中的种群增长方程为

$$\mathrm{d}N_2/\mathrm{d}t = r_2 N_2 \left(\frac{K_2 - N_2 - \beta N_1}{K_2} \right)$$ （3.9）

从理论上讲，两个种的竞争结果是由两个种的竞争系数 α、β 与 K_1、K_2 比值的关系决定的，可能有以下 4 种结果：

（1）$\alpha > K_1/K_2$ 或 $\beta > K_2/K_1$，两个种都可能获胜。

（2）$\alpha > K_1/K_2$ 或 $\beta < K_2/K_1$，物种 1 将被排斥，物种 2 取胜。

（3）$\alpha < K_1/K_2$ 或 $\beta > K_2/K_1$，物种 2 将被排斥，物种 1 取胜。

（4）$\alpha < K_1/K_2$ 或 $\beta < K_2/K_1$，两个种共存，达到某种平衡。

（二）捕　食

生物种群之间除竞争食物和空间等资源外，还有一种直接的对抗性关系，即一种生物吃掉或杀死另一种生物的作用（predation）。生态学中常用捕食者（predator）与猎物或被食者（prey）的概念来描述。

这种捕食者与猎物的关系，往往在对猎物种群的数量和质量的调节上具有重要的生态学意义。例如，1905 年以前，美国亚利桑那州 Kaibab 草原的黑尾鹿群保持在 4 000 头左右的水

平，这可能是美洲狮和狼的捕食作用造成的平衡，因为食物不形成限制因素。为了发展鹿群，政府有组织地捕猎美洲狮和狼，鹿群数量开始上升，到 1918 年约为 40 000 头；1925 年，鹿群数量达到最高峰，约有 10 万头。但由于连续 7 年的过度利用，草场极度退化，鹿群的食物短缺，结果使鹿群数量猛降。这个例子说明，捕食者对猎物的种群数量起到了重要的调节作用。

在自然环境中，有许多因素影响着捕食者与猎物的关系，而且经常是多种捕食者和多种猎物交叉着发生联系。多食性的捕食者可以选择多种不同的食物，给自身带来更多的生存机会，也具有阻止被食者种群数量进一步下降的重要作用。相反，就被食者而言，当它的密度上升较高时，可能会引来更多的捕食者，从而阻止其数量继续上升。例如，在草原上，鼠类多的年份，以鼠为主要食物的黄鼠狼、狐狸、鹰等，有效地阻止鼠类种群数目的持续上升。

（三）寄生与共生

1. 寄　生

寄生是指一个种（寄生者）寄居于另一个种（寄主）的体内或体表，从而摄取寄主养分以维持生活的现象。寄生可分为体外寄生（寄生在寄主体表）与体内寄生（寄生在寄主体内）两类。在植物之间的相互关系中，寄生是一个重要方面。寄生物以寄主的身体为定居的空间，并完全靠吸收寄主的营养而生活。因而寄生物使寄主植物的生长减弱，生物量和生产量降低，最后使寄主植物的养分耗竭，并使组织破坏而致死。因此，寄生物对寄主植物的生长有抑制作用，而寄主植物对寄生物则有加速生长的作用。

2. 共　生

分为两种情况：

（1）偏利共生。共生中仅对一方有利称为偏利共生。附生植物与被附生植物是一种典型的偏利共生，如地衣、某些菌类以及很多高等的附生植物（加兰花）附生在树皮上，借助于被附生植物支撑自己，获取更多的光照和空间资源。

（2）互利共生。互利共生是两物种相互有利的共居关系，彼此间有直接的营养物质的交流，相互依赖、相互依存、双方获利。菌根、根瘤（固氮菌和豆科植物等根系的共生）都是互利共生的典型例子。

第四节　生物群落

一、生物群落的定义及特征

1. 生物群落的定义

生物群落是指在特定空间或特定生境下，生物种群有规律的组合，它们之间以及它们与环境之间彼此影响、相互作用，具有一定的外貌及结构，执行一定的功能。一个生态系统中具有生命的部分即生物群落。

不同学者对生物群落的定义不同。以上是目前比较完整的生物群落的定义。

2. 生物群落的基本特征

（1）具有一定的物种组成。正如种群是个体的集合体一样，群落是种群的集合体。一定的植物、动物、微生物种群组成了群落。物种的组成是区别不同群落的首要特征。一个群落中物种的多少及每一物种的个体数量，决定了群落的多样性。

（2）具有一定的外貌及内部结构。生物群落是生态系统的一个结构单位，它本身除具有一定的物种组成外，还具有外貌和一系列的结构特点，包括形态结构、生态结构与营养结构，如生活型组成、种的分布格局、成层性、季相、捕食者和被捕食者的关系等。但其结构常常是松散的，不像一个有机体结构那样清晰，有人称之为松散结构。

（3）形成群落环境。生物群落对其居住环境产生重大影响，并形成群落环境。如草原群落的环境与裸地就有很大的不同，包括光照、温度、湿度与土壤等都经过了生物群落的改造。即使生物非常稀疏的荒漠群落，对土壤等环境条件也有明显改变。

（4）不同物种之间的相互影响。群落中的物种有规律地共处，即在有序状态下生存。在某种程度上，作为分类等级群落与生态系统有一个大小的问题，即个体聚集成种群，种群集合成群落，群落与其物理环境联合构成生态系统。我们可以看到，各分类等级由小到大，其复杂性在增加，群落不是种群的简单集合。各分类等级的整体复杂性大大超过其组成部分成分总和的复杂性，并成为一种新的具有其本身特征和特性的完整实体。这样看来，群落中的各种生物并非简单地共存，完全不顾彼此存在而过着其独立的生活，它们是相互作用的，群落是按某种生物关系的完全联合和彼此相互作用的种的集合，使群落成为功能的统一体。哪些种群能够组合在一起构成群落，取决于两个条件：第一，必须共同适应它们所处的无机环境；第二，它们内部的相互关系必须取得协调、平衡。

（5）具有一定的动态特征。群落的组成部分是具有生命特征的种群，群落不是静止的存在，物种不断地消失和被取代，群落的面貌也不断地发生变化。由于环境因素的影响，群落时刻发生着动态的变化，其运动形式包括季节动态、年际动态、演替与演化。

（6）具有一定的分布范围。由于组成群落的物种不同，其所适应的环境因子也不同，所以特定的群落分布在特定地段或特定生境上，不同群落的生境和分布范围不同。从各种角度看，如全球尺度或者区域的尺度，不同生物群落都是按照一定的规律分布。

（7）群落的边界特征。在自然条件下，有些群落具有明显的边界，可以清楚地加以区分，如环境梯度变化较陡，或者环境梯度突然中断的情形。例如，地势较陡的山地的垂直带，陆地环境和水生环境的边界带（池塘、湖泊、岛屿等）。但两栖类（如蛙）常常在水生群落与陆地群落之间移动，使原来清晰的边界变得复杂。此外，火烧、虫害或人为干扰都可造成群落的边界。有的不具有明显边界，而处于连续变化中，见于环境梯度连续缓慢变化的情形。大范围的变化如草甸草原和典型草原的过渡带，典型草原和荒漠草原的过渡带等；小范围的变化如沿一缓坡而渐次出现的群落替代等。但在多数情况下，不同群落之间都存在过渡带，称为群落交错区，并导致明显的边缘效应。

二、生物群落的种类组成

（一）物种组成的性质分析

物种组成是决定群落性质最重要的因素，也是鉴别不同群落类型的基本特征。群落学研究一般都从分析物种组成开始。

首先要选择样地来登记群落的物种组成。样地即能代表所研究群落基本特征的一定地段或一定空间。样地要具有代表性，最好位于群落的中央地段，面积大小要以能够反映出群落的物种组成为准。一般来讲，组成群落的物种越丰富，对其进行研究的最小表现面积也越大，如我国云南西双版纳的热带雨林，最小表现面积约为 2 500 m²，亚热带常绿阔叶林约为 1 200 m²，寒温带针叶林约为 400 m²，灌丛 25 ~ 100 m²，草原 1 ~ 4 m²。

对群落的物种组成进行逐一登记后，得到一份研究群落的生物物种名录（一般是高等植物名录或动物名录，视研究目的而定，但很少能包括全部生物区系）。群落的物种组成情况在一定程度上能反映出群落的性质。然后，可以根据各个种在群落中的作用来划分群落成员型。下面是植物群落研究中常见的群落成员型分类。

1. 优势种和建群种

对群落的结构和群落环境的形成起主要作用的植物称为优势种（dominant species），它们通常是那些个体数量多、投影盖度大、生物量高、体积较大及生活能力较强，即优势度较高的种。群落的不同层次可以有各自的优势种，以马尾松林为例，分布在南亚热带的马尾松林，其乔木层可能以马尾松占优势，灌木层可能以桃金娘占优势，草本层可能以芒萁占优势，层间植物可能以断肠草占优势。各层有各自的优势种，其中乔木层的优势种起着构建群落的作用，常称为建群种（Constructive species），在上述例子中马尾松即是该群落的建群种。

2. 亚优势种（subdominant species）

亚优势种是指个体数量与作用都次于优势种，但在决定群落性质和控制群落环境方面仍起着一定作用的植物种。在复层群落中，它通常居于较低的亚层，如南亚热带雨林中的红鳞蒲桃和大针茅草原中的小半灌木冷蒿在有些情况下成为亚优势种。

3. 伴生种（companion species or common species）

伴生种为群落的常见物种，它与优势种相伴存在，但不起主要作用，如马尾松林中的乌饭树、米饭花等。

4. 偶见种或罕见种（rare species）

偶见种是那些在群落中出现频率很低的物种，多半数量稀少，如常绿阔叶林或南亚热带雨林中分布的观光木，这些物种随着生境的缩小濒临灭绝，应加强保护。

（二）物种组成的数量特征和综合特征

1. 种群的数量特征

（1）密度（density）。指单位面积或单位空间内的个体数。一般对乔木、灌木和丛生草本以植株或株丛计数，根茎植物以地上枝条计数。样地内某一物种的个体数占全部物种个体数之和的百分比称为相对密度（relative density）或相对多度（relative abundance）。

（2）多度（abundance）。多度是对物种个体数目多少的一种估测指标，多用于群落内草本植物的调查。国内多采用 Drude 的七级制多度，即

Soc（socials）	极多，植物地上部分郁闭，形成背景
Cop3（Copiosae）	数量很多
Cop2	数量多
Cop1	数量尚多
Sp（Sparsal）	数量不多而分散
Sol（Solitariae）	数量很少而稀疏
Un（Unicurn）	个别或单株

（3）盖度（cover degree or coverage）。盖度是植物地上部分垂直投影面积占样地面积的百分比，即投影盖度。后来又出现了"基盖度"的概念，既植物基部的覆盖面积。对于草原群落，常以离地面 2.54 cm（1 英寸）高度的断面积计算；对森林群落，则以树木胸高 1.3 m 处的断面积计算。

（4）频度（frequency）。频度即某个物种在调查范围内出现的频率，指包含该种个体的样方占全部样方数的百分比。群落中某一物种的频度占所有物种频度之和的百分比，即为相对频度。

（5）高度（height）或长度（length）。高度或长度常作为测量植物体的一个指标。测量时取其自然高度或绝对高度，藤本植物则测其长度。

（6）重量（weight）。重量是用来衡量种群生物量（biomass）或现存量（standing crop）多少的指标，可分干重与鲜重。在生态系统的能量流动与物质循环研究中，这一指标特别重要。

（7）体积（volume）。生物所占空间大小的度量。在森林植被研究中，这一指标特别重要。草本植物或灌木体积的测定，可用排水法进行。

2. 综合特征

（1）优势度（dominance）。优势度用以表示一个种在群落中的地位与作用，但其具体定义和计算方法各家意见不一。Brawn Blanquet 主张以盖度、所占空间大小或重量来表示优势度，并指出在不同群落中应采用不同指标。苏卡乔夫（1938）提出，多度、体积或所占据的空间、利用和影响环境的特性、物候动态应作为某个种的优势度指标。

（2）重要值（important value，IV）。重要值也是用来表示某个种在群落中的地位和作用的综合数量指标，因为简单、明确，所以在近年来得到普遍采用。

计算的公式如下：

$$重要值 IV = 相对密度 RA + 相对频度 RF + 相对优势度（相对基盖度）RD$$

（3）综合优势比（summed dominance ratio，SDR）。综合优势比是由日本学者提出的一种综合数量指标。包括以下两因素、三因素、四因素和五因素等四类。常用的为两因素的总优势比（SDR_2），即在密度比、盖度比、频度比、高度比和重量比这五项指标中取任意两项求其平均值再乘以 100%，如 $SDR_2 = （密度比 + 盖度比）/2 \times 100\%$。

（三）物种多样性

物种多样性，指地球上生物种类的多样化；生态系统多样性，指的是生物圈中生物群落、生境与生态过程的多样化。

1. 物种多样性（species diversity）的定义

通常，物种多样性具有下面两方面含义：

（1）种的数目（numbers）或丰富度（species richness）。丰富度指一个群落或生境中物种数目的多寡。Poole（1974）认为只有这个指标才是唯一真正客观的多样性指标。

（2）种的均匀度（species evenness or equitability）。均匀度指一个群落或生境中全部物种个体数目的分配状况，它反映的是各物种个体数目分配的均匀程度。

2. 物种多样性的测定

物种多样性测定的公式很多，这里仅选取其中几种有代表性的作一说明。

（1）丰富度指数（richness index）。由于群落中物种的总数与样本含量有关，所以这类指数应限定为可比较的。生态学上用过的丰富度指数很多，现举两例。

①Gleason（1922）指数。

$$d_{GL}=(S-1)/\ln A \tag{3.10}$$

式中　A——单位面积；

　　　S——群落中物种数目。

物种丰富度是最简单、最古老的物种多样性测定方法，至今仍为许多生态学家所应用，它可以表明一定面积的生境内生物种类的数目。

②Margalef（1951，1957，1958）指数。

$$d_M=(S-1)\ln N \tag{3.11}$$

式中　S——同式（3.10）；

　　　N——样方中观察到的个体总数（随样本大小而增减）。

（2）多样性指数（diversity index）。多样性指数是丰富度和均匀性的综合指标。应指出的是，应用多样性指数时，具低丰富度和高均匀度的群落与具高丰富度和低均匀度的群落，可能得到相同的多样性指数。下边是两个最著名的计算公式。

① 辛普森多样性指数（Simpson's diversity index）。辛普森多样性指数=随机取样的两个个体属于不同种的概率=1-随机取样的两个个体属于同种的概率。其计算公式为

$$D=1-\sum_{i=1}^{s}\frac{N_i(N_i-1)}{N(N-1)} \tag{3.12}$$

式中　S——取样种数（样方数）；

　　　N_i——第 i 种的个体数；

　　　N——总个体数。

② 香农-威纳指数（Shannon-Weiner index）。息论中熵的公式原来是表示信息的紊乱和不确定程度的，我们也可以用来描述物种个体出现的紊乱和不确定性，这就是物种多样性。香

农-威纳指数即是按此原理设计的，其计算公式为

$$H = 3.3219(\lg N - \frac{1}{N}\sum_{i=1}^{s} N_i \lg N_i)$$ （3.13）

式中　　N_i—— 第 i 种的个体数；
　　　　N——所有种的个体数。

三、生物群落的结构

生物的每一组织水平都有其特定的结构，结构对功能有很大影响，生物群落也是如此。群落结构包括物理结构和生物结构两方面。这里着重介绍群落的物理结构及其生态内涵。

1. 生活型或生长型

生活型是生物对外界环境适应的外部表现形式，同一生活型的物种，不但体态相似，而且其适应特点也是相似的。1903 年，丹麦生态学家 Raunkiaer C 提出了生活型分类系统，对植物进行分类。他选择休眠芽在不良季节的着生位置作为划分生活型的标准。因为这一标准既反映了植物对环境（主要是气候）的适应特点，又简单明确，所以该系统被广泛应用。根据这一标准，Raunkiaer C 把陆生植物划分为 5 类生活型。

（1）高位芽植物。休眠芽位于距地面 25 cm 以上。

（2）地上芽植物。更新芽位于土壤表面之上、25 cm 之下，多半为灌木、半灌木或草本植物。

（3）地面芽植物。更新芽位于近地面上层内，冬季地上部分全部枯死，即多年生草本植物。

（4）隐芽植物。又称地下芽植物，更新芽位于较深土层中或水中，多为鳞茎类、块茎类和根茎类多年生草本植物或水生植物。

（5）一年生植物。以种子越冬。

上述 Raunkiaer 生活型被认为是植物在其进化过程中对气候条件适应的结果。因此，它们可作为某地区生物气候的标志。

植物可以根据它们之间的亲缘关系分类，也可以根据它们之间的生长型进行分类。例如，树木是一种生长型，草也是一种生长型。植物的很多形态特征都可以用于区分植物的生长型，如植物的高大和矮小、木本和非木本、常绿和落叶等。植物的生长型也可以进一步根据叶片的形状、茎的形态和根系特点加以细分。

生长型也反映植物生活的环境条件，相同的环境条件具有相似的生长型。生长在世界各大洲环境相似地区（如草原或荒漠），由于趋同进化而具有相同生长型的植物，可以称为生态等值种。例如，生活于北美、澳洲和亚洲的许多荒漠植物，都有叶子细小等特征，虽然它们可能属于不同的科。细叶是一种减少热负荷和蒸腾失水量的适应。

生活型或生长型决定群落的外貌（physiognomy），而外貌是群落分类的重要指标之一。

动物生态学家也研究动物的生活型。兽类中有飞行的（如蝙蝠）、滑翔的（如鼯鼠）、游泳的（如鲸、海豹）、地下穴居的（如鼹）、地面奔跑的（如鹿、马）等，它们各有各的形态、生理、行为和生态特征，适应于各种生活方式。但动物生活型并不能决定陆地群落的外貌和结构。

2. 垂直结构

植物的垂直结构也就是群落的层次性，大多数群落都具有清楚的层次性，群落的层次主要是由植物的生长型或生活型所决定的。群落的成层性包括地上成层与地下成层，层（layer）的分化主要决定于植物的生活型，因生活型决定了该种处于地面以上不同的高度和地面以下不同的深度。换句话说，陆生群落的成层结构是不同高度的植物或不同生活型的植物在空间上垂直排列的结果，水生群落则在水面以下不同深度分层排列。

成层结构是自然选择的结果，它显著提高了植物利用环境资源的能力。如在发育成熟的森林中，阳光是决定森林分层的一个重要因素，森林群落的林冠层吸收了大部分光辐射。上层乔木可以充分利用阳光，而林冠下为那些能有效地利用弱光的下木所占据。随着光照强度渐减，依次发展为林冠层、下木层、灌木层、草本层和地被层等层次。

生物群落中动物的分层现象也很普遍。动物之所以有分层现象，主要与食物有关，因为群落的不同层次提供不同的食物；其次还与不同层次的微气候条件有关。水域中，某些水生动物也有分层现象。比如，湖泊和海洋的浮游动物都有垂直迁移现象。影响浮游动物垂直分布的原因主要是阳光、温度、食物和含氧量等。多数浮游动物一般是趋向弱光的。因此，它们白天多分布在较深的水层，而在夜间则上升到表层活动。

3. 水平结构

群落的水平结构是指群落的配置状况或水平格局，有人称之为群落的二维结构。植物群落中某个物种或不同物种的水平配置不一致。多数群落中的各个物种常形成斑块状镶嵌，也可能均匀分布。导致水平结构的复杂性有三方面的原因。

（1）亲代的扩散分布习性。种子能够随风、生物等媒介传播扩散的植物，分布广泛，而种子较重或进行无性繁殖的植物，往往在母株周围呈群聚状。动物传布植物受到昆虫、两栖类动物产卵的选择性的影响，幼体经常集中在一些适宜于生长的环境。

（2）环境异质性。由于成土母质、土壤质地和结构、水分条件的异质性导致动植物形成各自的水平分布格局（pattern）。

（3）种间相互作用的结果。植食动物明显地依赖于它所取食植物的分布。此外还存在竞争、互利共生、偏利共生等不同物种之间相互作用的结果。

第五节　生物群落的演替

一、群落演替的概念

演替：某一地段上一种生物群落被另一种生物群落所取代的过程。

二、群落演替的过程

（1）先锋群落阶段：是演替的初期，最初出现的群落被称为先锋群落。

（2）竞争平衡阶段：是演替发展阶段。特点：有的物种定居下来，有的物种被排斥，这些群落被称为演替系列群落。

（3）相对平衡阶段：是演替的后期，达到稳定时的群落，称为顶极群落。

三、生物群落演替类型

生物群落演替类型的划分可以按照不同的原则进行，因而存在各种各样的演替名称。

（一）按照演替的延续时间划分（Ramensky G，1938）

1. 世纪演替

延续时间相当长久，一般以地质年代计算。常伴随气候的历史变迁或地貌的大规模塑造而发生，即群落的演化。

2. 长期演替

延续达几十年，有时达几百年，森林被采伐后的恢复演替可作为长期演替的实例。

3. 快速演替

延续几年或十几年。草原弃耕地的恢复演替可以作为快速演替的例子，但这以弃耕面积不大和种子传播来源就近为条件；否则弃耕地的恢复过程就可能延续几十年。

（二）按演替的起始条件划分（Clements F E，1916；Weaver J E and Clements F E，1938）

1. 原生演替

原生演替开始于原生裸地或原生荒原（完全没有植被并且也没有任何植物繁殖体存在的裸露地段）的群落演替。

2. 次生演替

次生演替开始于次生裸地（如森林砍伐迹地、弃耕地）上的群落演替。

（三）按基质的性质划分（Cooper C F，1913）

1. 水生演替

水生演替开始于水生环境中，但一般都发展到陆地群落。例如，淡水或池塘中水生群落向中生群落的转变过程。

2. 旱生演替

旱生演替从干旱缺水的基质上开始，如裸露的岩石表面上生物群落的形成过程。

（四）按控制演替的主导因素划分（Sukachev V N，1942，1945）

1. 内因性演替

内因性演替的一个显著特点是，群落中生物的生命活动结果首先使它的生境发生改变，然后被改造了的生境又反作用于群落本身，如此相互促进，使演替不断向前发展。一切源于外围的演替最终都是通过内因生态演替来实现的。因此可以说，内因性生态演替是群落演替的最基本和最普遍的形式。

2. 外因性演替

外因性演替是由于外界环境因素的作用所引起的群落变化。其中包括气候发生演替（由气候的变动所致）、地貌发生演替（由地貌变化所引起）、土壤发生演替（起因于土壤的演变）、火成演替（以火的发生作为先导原因）和人为发生演替（由人类的生产及其他活动所导致）。

（五）按群落代谢特征划分

1. 自养性演替

自养性演替中，光合作用所固定的生物量积累越来越多，如由裸岩—地衣—草本—灌木—乔木的演替过程。

2. 异养性演替

异养性演替如果出现在有机污染的水体，由于细菌和真菌分解作用特强，有机物质是随演替而减少的。

四、生物群落演替的顶极理论

顶极群落：群落演替过程中，最后出现的相对成熟稳定的群落，代表了演替的顶极。演替顶级学说是英美学派提出的，经过不断地修正、补充和发展，目前有3种理论。

1. 单元顶极论

该理论由美国克列门茨创立，认为：在同一气候区域内，只有一个顶极群落，其他一切群落都向这唯一的顶极群落发展，即气候顶极。

如亚热带顶极群落：常绿阔叶林；温带顶极群落：落叶阔叶林。

2. 多元顶极论

该理论由英国坦斯利提出，认为：一个气候区域，除气候外，其他因子如土壤、火、动物、人类干扰等均能造成顶极，因此任何一个地区的顶极群落都是多个的。

3. 顶极格局假说

怀梯克认为：任何一个区域内，环境因子的不断变化，导致各种类型的顶极群落连续变化，形成连续的顶极类型，构成一个顶极群落连续变化的格局。

思考题

1. 如何理解生命系统的层次性？

2．什么是种群？与个体相比，种群具有哪些重要的群体特征？

3．试比较指数增长模型和逻辑斯谛增长模型。

4．什么是生态对策？r 选择和 K 选择理论的主要特征是什么？

5．什么是生物群落？简述群落种类组成及其研究意义。

6．影响群落结构的因素有哪些？

第四章　生态系统生态学

第一节　生态系统的结构

一、生态系统的概念和特征

生态系统（ecosystem）是英国植物生态学家 A. G. Tansley 1935 年提出的，以后苏联植物学家 V. N. Sucacher 又提出了生物地理群落的概念。1965 年在丹麦哥本哈根会议上，决定两概念为同义词，目前生态系统一词已被广泛应用。

1. 生态系统的定义

在一定空间内生物成分和非生物成分通过物质循环和能量流动的相互作用、相互依存而构成的一个生态功能单位。

2. 生态系统的特征

（1）生态系统是生态学上的一个重要结构和功能单位，属于生态学研究的最高层次。

（2）生态系统内部具有自我调节、自我恢复的能力，其能力与结构的复杂性、物种多样性呈正相关，但有限度。

（3）能量流动、物质循环和信息传递是生态系统的三大功能。

（4）生态系统中营养级数目受限于生产者所固定的最大能量，能量在流动过程中损失巨大，因此生态系统中营养级一般不超过 6 级。

（5）生态系统是一个动态系统，有一个发育过程，即经历了一个从简单到复杂、从不成熟到成熟的过程。

二、生态系统的组成要素及功能

生态系统的成分，不论是陆地还是水域，或大或小，都可概括为非生物和生物两大部分，或者分为非生物环境、生产者、消费者和分解者四种基本成分（图 4-1）。

作为一个生态系统，非生物成分和生物成分缺一不可，如果没有非生物环境，生物就没有生存的场所和空间，也就得不到物质和能量，因而也难以生存下去；仅有环境而没有生物成分也谈不上生态系统。

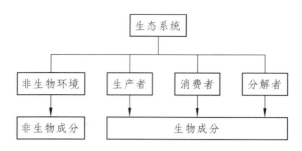

图 4-1　生态系统的组成成分

多种多样的生物在生态系统中扮演着重要的角色。根据生物在生态系统中发挥的作用和地位，可将其划分为三大功能类群：生产者、消费者和分解者。

（一）生产者（producer）

生产者是能用简单的无机物制造有机物的自养生物（autotroph），包括所有的绿色植物和某些细菌，是生态系统中最基础的成分。

植物在地球上广泛分布，利用空间和时间资源上的差异，从而保证了资源的充分利用。绿色植物通过光合作用制造成初级产品——糖类，糖类可进一步合成脂肪和蛋白质，用来建造自身。这些有机物也成为地球上包括人类在内的其他一切异养生物的食物资源。生产者通过光合作用不仅为自身的生存、生长和繁殖提供营养物质和能量，而且它所制造的有机物也是消费者和分解者唯一的能量来源。生态系统中的消费者和分解者是直接或间接依赖于生产者而生的，没有生产者也就不会有消费者和分解者。生产者是生态系统中最基本和最关键的成分。太阳能只能通过生产者的光合作用才能源源不断地输入生态系统，然后再被其他生物所利用。

（二）消费者（consumer）

消费者是不能用无机物制造有机物的生物。它们直接或间接地依赖于生产者所制造的有机物质，是异养生物（heterotroph）。根据食性的不同，消费者可分为以下几类：

（1）草食动物（herbivore）。是以植物为营养的动物，又称植食动物，是初级消费者（primary consumer），如昆虫、啮齿类、马、牛、羊等。

（2）肉食动物（carnivore）。是以草食动物或其他肉食动物为食的动物。又可分为：

① 一级肉食动物，又称二级消费者（secondary consumer），是以草食动物为食的捕食性动物，如池塘中某些以浮游动物为食的鱼类，在草地上也有以食草动物为食的捕食性鸟兽。

② 二级肉食动物，又称三级消费者（third consumer），是以一级肉食动物为食的动物，如池塘中的黑鱼或鳜鱼、草地上的鹰隼等猛禽。

将生物按营养阶层或营养级（trophic level）进行划分，生产者属于第一营养级，草食动物是第二营养级，以草食动物为食的动物是第三营养级，以此类推，还有第四营养级、第五营养级等。有许多消费者是杂食动物（omnivore），如狐狸，既食浆果，又捕食鼠类，还食动物尸体等，它们占有好几个营养级。

消费者在生态系统中起着重要的作用，它不仅对初级生产物起着加工、再生产的作用，而且对其他生物的生存、繁衍起着积极作用。H. Remment（1980）指出，植食性甲虫实际上并不造成落叶林生产的下降，相反，对落叶林的生长发育还有一定的益处。甲虫的分泌物及其尸体常含有氮、磷等多种营养物质，落入土壤为土壤微生物繁殖提供了宝贵的营养物质，从而加速了落叶层的分解。如果没有这些甲虫，落叶层的分解迟缓，常会造成营养元素积压和生物地理化学循环的阻滞。蚜虫与甲虫不同，蚜虫从寄主植物上吸取了大量具有糖分的液体，除了合成自身代谢的部分外，还有蜜露排出体外，饲喂了许多蚂蚁。蜜露进入土壤后能刺激固氮细菌，大大提高其固氮效率。表明寄主植物-蚜虫-固氮细菌是一个优化了的协同进化系统。

此外，由动物进行授粉已有大约 2.25 亿年的协同进化史。显花植物中约有 85% 为虫媒植物，苹果有 70% 以上是靠蜜蜂授粉的。还有一个常见的例子，较大的摄食压力使双子叶植物群落被禾本科植物群落所代替，禾本科植物生长速度快，短期内形成高密度种群，有效地巩固着沙性土壤向有利于植物生长的土壤类型方向转化，这正是植食性动物的摄食促进了植物群落类型的变化。

许多土壤动物通过以细菌为食控制着土壤微生物种群的大小，如果没有它们的吞食，微生物种群高速繁殖后，维持高密度水平，往往处于增长速率很低的状态，这时微生物种群的分解作用就会大大降低。土壤动物的不断取食可促使微生物种群保持指数增长，保持微生物种群具有强大的活动功能。

（三）分解者（decomposer）

分解者属于异养生物，这些异养生物在生态系统中连续地进行分解作用，把复杂的有机物质逐步分解为简单的无机物，最终以无机物的形式回归到环境中。因此，这些异养生物又常称为还原者（reductor）。

分解者在生态系统中的作用是极为重要的，如果没有它们，动植物尸体将会堆积成灾，物质不能循环，生态系统将毁灭。分解作用不是一类生物所能完成的，往往有一系列复杂的过程，各个阶段由不同的生物完成。池塘中的分解者有两类：一类是细菌和真菌；另一类是蟹、软体动物和蠕虫等无脊椎动物。草地中也有生活在枯枝落叶和土壤上层的细菌和真菌，还有蚯蚓、螨等无脊椎动物，它们也在进行着分解作用。

三、生态系统的物种结构

（一）物种结构

生态系统中，除了在生物群落中介绍的优势种、建群种、伴生种及偶见种以外，关键种和冗余种也对系统结构和功能的稳定具有重要意义。

1. 关键种（keystone-species）

不同的物种在生态系统中所处的地位不同，一些珍稀、特有、庞大的、对其他物种具有不成比例（disproportionately）影响的物种，在维护生物多样性和生态系统稳定方面起着重要作用；如果它们消失或削弱，整个生态系统就可能发生根本性的变化，这样的物种称为关键种。

Paine（1966，1969）指出，关键种的丢失和消除可以导致一些物种的丧失，或者一些物种被另一些物种所替代。群落的改变既可能是由于关键种对其他物种的直接作用（如被捕食），也可能是间接的影响。关键种数目可能是稀少的，也可能很多；对功能而言，可能只有专一功能，也可能具有多种功能。

根据关键种的不同作用方式，可有以下一些关键种的类型：① 关键捕食者（keystone predator）；② 关键被捕食者（keystone prey）；③ 关键植食动物（keystone herbivore）；④ 关键竞争者（keystone competitor）；⑤ 关键互惠共生种（keystone mutualist）；⑥ 关键病原体/寄生物（keystone pathogen/parasite）；⑦ 关键改造者（keystone modifier）。

2. 冗余种（species redundancy 或 ecological redundancy）

冗余种的概念近年来被广泛地应用在生态系统、群落和保护生物学中。冗余意味着相对于需求有过多的剩余。在一些群落中有些种是冗余的，这些种的去除不会引起生态系统内其他物种的丢失，同时，对整个群落和生态系统的结构和功能不会造成太大的影响。Gitary 等（1996）指出，在生态系统中，有许多物种成群地结合在一起，扮演着相同的角色，这些物种中必然有几个是冗余种。冗余种的去除并不会使群落发生改变。

需要指出的是，同一个植物种在不同的群落中可以不同的群落成员型出现。如在内蒙古高原中部排水良好的壤质栗钙土上，*Stipa grandis* 是建群种，而 *Aneurolepidium chinense* 是亚优势种或伴生种，但在地形略为低凹，有地表径流补给的地方，*A.chinense* 则是建群种，*S.grandis* 退居次要。同理，当强度放牧时，*Artemisia frigida* 则为建群种，*A.chinense* 和 *S.grandis* 成为次要成分。

（二）物种在生态系统中的作用

关于生态系统内物种在系统中所起的作用，目前较为公认的有两种假说。

1. 铆钉假说

Ehrlich（1981）提出了铆钉假说（river-popper hypothesis）。他将生态系统中的每个物种比做一架精制飞机上的每颗铆钉。任何一个物种丢失，同样会使生态过程发生改变。该假说认为生态系统中每个物种都具有同样重要的功能。一个铆钉或一个关键种的丢失或灭绝都会导致严重事故或系统的变故。

2. 冗余假说

Walker（1992）首次提出了冗余假说（redundancy hypothesis）。Walker（1992，1995）指出，生态系统中物种作用有显著的不同，某些物种在生态功能上有相当程度的重叠。从物种的角度看，一个生态系统中物种的作用是不同的：一种是起主导作用的，比做公共汽车的"司机"，而另外一个是那些被称为"乘客"的物种。若丢失前者，将引起生态系统的灾变或停摆；而丢失后者则对生态系统造成很小的影响。那些高冗余的物种对于保护生物学工作来说，则有较低的优先权。这并不意味着冗余种是不必要的，在一个生态系统中，短时间看，冗余种似乎是多余的，但经过在不断变化的环境中长期发展，那些次要种和冗余种就可能在新的环境下变为优势种或关键种，从而改变和充实了原来的整个生态系统。冗余种是对生态系统功能丧失的一种保险。

四、生态系统的营养结构

（一）食物链

1. 食物链的概念

生态系统中各种生物按其摄食关系而排列的顺序，称为食物链。

一般食物链由 4～5 个环节组成，最少 3 个环节，如草→兔→狐狸。

特点：生态系统中食物链不是固定不变的，它随个体发育的不同阶段、食物的季节变化和环境变化而改变。

2. 食物链的类型

（1）捕食食物链（牧食食物链）：以活的动、植物为起点的食物链。

（2）碎屑食物链：以死的生物或碎屑为起点的食物链。

不同类型食物链在生态系统中作用不同，如海洋生态系统中，捕食食物链起重要作用；森林生态系统中，碎屑食物链起重要作用。

3. 营养级

处于食物链某一环节上的所有生物种的总和，称为营养级。营养级之间的关系不是一种生物与另一种生物的关系，而是一类生物与另一类生物的关系。

特点：生态系统中能量沿捕食食物链传递过程中，每从低一营养级到高一营养级，能量大约损失 90%，即能量转化率大约只有 10%。因此食物链中高一营养级的生物总比低一营养级的生物少，越是处在食物链顶端的动物数量越少。因此营养级一般只有 4～5 级，很少超过 6 级。

（二）食物网

1. 食物网的概念

复杂而繁多的食物链彼此交错联结，形成复杂的营养网络，称为食物网（图 4-2）。

2. 食物网与食物链的关系

生态系统中食物链越长，食物网就越复杂，生态系统越稳定。

3. 生态系统的营养结构

食物链、食物网和营养级组成了生态系统的营养结构。

4. 食物网的控制机理

在食物网的控制机理问题上出现了争论，到底是"自上而下"（top-down）还是"自下而上（bottom-top）"。"自上而下"是指较低营养阶层的种群结构（多度、生物量、物种多样性等）依赖于较高营养阶层物种（捕食者控制）的影响，称为下行效应（top-down effect）；而"自下而上"则是指较低营养阶层的密度、生物量等（由资源限制）决定较高营养阶层的种群结构，称为上行效应（bottom-up effect）。下行效应和上行效应是相对应的。这场争论的结果似乎是两种效应都控制着生态系统的动态，有时资源的影响可能是最主要的，有时较高的营养阶层控制系统动态，有时二者都决定系统的动态，要根据不同群落的具体情况而定。

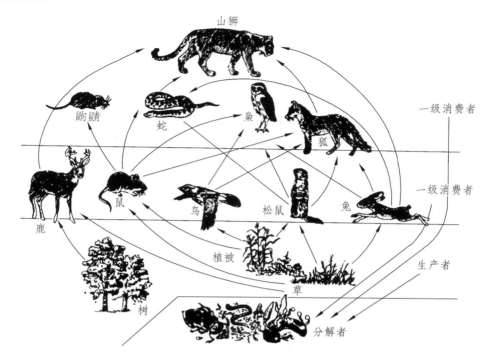

图 4-2　一个陆地生态系统的部分食物链

淡水生态系统具有较高的封闭性，物种入侵和迁出都很困难，易受到人为干扰影响，是较脆弱的生态系统。研究表明，淡水生态系统中多是高营养阶层的生物类群对系统起控制作用，这充分反映了淡水生态系统的特点。从资源的持续利用和生物多样性保护的角度看，更应注意水生生态系统中的下行效应，做好系统中高营养阶层生物类群的保护工作。

五、生态系统的空间与时间结构

（一）空间结构

自然生态系统一般都有分层现象（stratification）。例如，草地生态系统是成片的绿草，高高矮矮，参差不齐，上层绿草稀疏，而且喜阳光；下层绿草稠密，较耐阴；最下层有的就匍匐在地面上。森林群落的林冠层吸收了大部分光辐射，往下光照强度渐减，并依次发展为林冠层、灌木层、草本层和地被层等层次。

成层结构是自然选择的结果，它显著提高了植物利用环境资源的能力。例如，在发育成熟的森林中，上层乔木可以充分利用阳光，而林冠下为那些能有效地利用弱光的下木所占据。穿过乔木层的光，有时仅占到达树冠的全光照的 1/10，但林下灌木层却能利用这些微弱的、并且光谱组成已被改变了的光。在灌木层下的草本层能够利用更微弱的光，草本层往下还有更耐阴的苔藓层。

动物在空间中的分布也有明显的分层现象。最上层是能飞行的鸟类和昆虫，下层是兔和田鼠的活动场所，最下层是蚂蚁等在土层上活动，土层下还有蚯蚓和蝼蛄等。动物之所以有分层现象，主要与食物有关，生态系统不同的层次提供不同的食物；其次还与不同层次的微气候条件有关。例如，在欧亚大陆北方针叶林区，在地被层和草本层中，栖息着两栖类、爬行类、鸟类（丘鹬、榛鸡）、兽类（黄鼬）和啮齿类；在森林的灌木层和幼树层中，栖息着莺、苇莺和花鼠等；在森林的中层栖息着山雀、啄木鸟、松鼠和貂等；而在树冠层则栖息着柳莺、交嘴和戴菊等。也有许多动物可同时利用几个不同层次，但总有一个最喜好的层次。

水域生态系统分层现象也很清楚。大量的浮游植物聚集于水的表层，浮游动物和鱼、虾等多生活在水中，在底层沉积的污泥层中有大量的细菌等微生物。水域中某些水生生物也有分层现象，如湖泊和海洋的浮游动物即表现出明显的垂直分层现象。影响浮游动物垂直分布的原因主要是阳光、温度、食物和含氧量等。多数浮游动物是趋向弱光的，因此，它们白天多分布在较深的水层，而在夜间则上升到表层活动。此外，在不同季节也会因光照条件的不同而引起垂直分布的变化。

各类生态系统在结构的布局上有一致性，即上层阳光充足，集中分布着绿色植物的树冠或藻类，有利于光合作用，故上层又称为绿带（green belt）或光合作用层；在绿带以下为异养层或分解层，又常称为褐带（brown belt）。生态系统中的分层有利于生物充分利用阳光、水分、养料和空间。

（二）时间结构

生态系统的结构和外貌也会随时间不同而变化，这反映出生态系统在时间上的动态。一般可用三个时间段来量度，一是长时间量度，以生态系统进化为主要内容；二是中等时间量度，以群落演替为主要内容；三是以昼夜、季节和年份等短时间量度的周期性变化。短时间周期性变化在生态系统中是较为普遍的现象。绿色植物一般在白天阳光下进行光合作用，在夜晚只进行呼吸作用。海洋潮间带无脊椎动物组成具有明显的昼夜节律。生态系统短时间结构的变化，反映了植物、动物等为适应环境因素的周期性变化，从而引起整个生态系统外貌上的变化。这种生态系统结构的短时间变化往往反映了环境质量高低的变化，因此，对生态系统结构时间变化的研究具有重要的实践意义。

第二节　生态系统的基本功能

一、生态系统的生物生产

（一）初级生产

1. 初级生产量的计算

生态系统中的能量流动开始于绿色植物通过光合作用对太阳能的固定。因为这是生态系统中第一次能量固定，所以植物所固定的太阳能或所制造的有机物质称为初级生产或第一性生产（primary production），其量称为初级生产量。其测定方法主要有收割量测定法、氧气测定法、二氧化碳测定法、放射性标记物测定法和叶绿素测定法。

在初级生产过程中，植物固定的能量有一部分被植物自己的呼吸消耗掉，剩下的可用于植物的生长和生殖，这部分生产量称为净初级生产量（net primary production）；而包括消耗在内的全部生产量，称为总初级生产量（gross primary production）。三者之间的关系是

$$P_g = P_n + P \tag{4.1}$$

式中　P_g——总初级生产量，$J/(m^2 \cdot a)$；

　　　P_n——净初级生产量，$J/(m^2 \cdot a)$；

　　　P——呼吸所消耗的能量，$J/(m^2 \cdot a)$。

净初级生产量是可供生态系统中其他生物（主要是各种动物和人）利用的能量。生产量通常是用每年每平方米所生产的有机物质干质量$[g/(m^2 \cdot a)]$或每年每平方米所固定能量$[J/(m^2 \cdot a)]$表示。所以初级生产量也可称为初级生产力，它们的计算单位是完全一样的，但在强调"率"的概念时，应当使用生产力。生产量和生物量（biomass）是两个不同的概念，生产量含有速率的概念，是指单位时间、单位面积上的有机物质生产量；而生物量是指在某一定时刻调查时单位面积上积存的有机物质，单位 g/m^2 或 J/m^2。

2. 初级生产量的变化

水体和陆地生态系统的生产量都有垂直变化。例如森林，一般乔木层最高，灌木层次之，草被层更低。水体也有类似的规律，不过水面由于阳光直射，生产量不是最高，生产量在水深数米左右达到最高，并随水的清晰度而变化。

生态系统的初级生产量还随群落的演替而变化。群落演替的早期由于植物生物量很低，初级生产量不高；随时间推移，生物量渐渐增加，生产量也提高。一般森林在叶面积指数达到 4 时，净初级生产量最高。但当生态系统发育成熟或演替达到顶极时，虽然生物量接近最大，由于系统保持在动态平衡中，净生产量反而最小。由此可见，从经济效益考虑，利用再生资源的生产量，让生态系统保持在"青壮年期"是最有利的，不过从可持续发展和保护生态环境着眼，人类还需从多目标之间做合理的权衡。

（二）次级生产

动物和其他异养生物的生产称为次级生产，其生产量称为次级生产量。

从理论上讲，初级生产量都可被异养生物转化为次级生产量，但实际上因很多因素无法被利用，或没有同化，或呼吸消耗不能转化为次级生产量。次级生产量的一般生产过程概括如图 4.3：

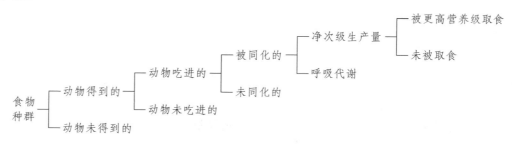

图 4-3　次级生产量的一般生产过程

上述图解是一个普适模型，它可应用于任何一种动物，包括草食动物和肉食动物。肉食动物捕到猎物后往往不是全部吃掉，而是剩下毛皮、骨头和内脏等。所以能量从一个营养级传递到另一个营养级时往往损失很大。

二、生态系统的能量流动

（一）研究能量传递规律的热力学定律

能量是生态系统的动力，是一切生命活动的基础。一切生命活动都伴随能量的变化，没有能量的转化，也就没有生命和生态系统。生态系统的重要功能之一就是能量流动，而热力学就是研究能量传递规律和能量形式转换规律的科学。能量在生态系统内的传递和转化规律服从热力学的两个定律，即热力学第一定律和热力学第二定律。

热力学第一定律可以表述如下："在自然界发生的所有现象中，能量既不能消失也不能凭空产生，它只能以严格的当量比例由一种形式转变为另一种形式。"因此热力学第一定律又称为能量守恒定律。依据这个定律可知，一个体系的能量发生变化，环境的能量也必定发生相应的变化，如果体系的能量增加，环境的能量就要减少；反之亦然。对生态系统来说也是如此，例如，光合作用生成物所含有的能量多于光合作用反应物所含有的能量，生态系统通过光合作用所增加的能量等于环境中太阳辐射所减少的能量，但总能量不变，所不同的是太阳能转化为潜能输入了生态系统，表现为生态系统对太阳能的固定。

热力学第二定律是对能量传递和转化的一个重要概括，通俗地说就是：在封闭系统中，一切过程都伴随着能量的改变，在能量的传递和转化过程中，除了一部分可以继续传递和做功的能量（自由能）外，总有一部分不能继续传递和做功，而以热的形式消散，这部分能量使系统的熵和无序性增加。对生态系统来说，当能量以食物的形式在生物之间传递时，食物中相当一部分能量转化为热而消散掉（使熵增加），其余则用于合成新的组织而作为潜能储存下来。所以动物在利用食物中的潜能时把其中大部分转化成了热，只把一小部分转化为新的潜能。因此能量在生物之间每传递一次，大部分的能量就被转化为热而损失掉，这也就是为什么食物链的环节和营养级数一般不会多于6个以及能量金字塔必定呈尖塔形的热力学解释。

（二）能量在生态系统中流动的特点

1. 能流在生态系统中和在物理系统中不同

能流和以下两项相关：① 一定的摩擦损失或遗漏的能量；② 一定系统的传导性或传导系数。在非生命的物理系统中（电、热、机械等）是复杂的，但是从原则上说是有规律的，可以用直接的形式来表达，并且对一定的系统来说又是一个常数。例如，在一定的温度下，铜导线中的电流在每时每刻都是相同的。在生态系统中，能流是变化的，以捕食者-被食者为例，能流（假定为捕食者所消化并转化为新的生物量）取决于输入端的消化率和输出端捕食者的新生物量产生速度的因素，无论是短期行为还是长期进化，都是变动的。

2. 能量是单向流

生态系统中能量的流动是单一方向的（one way flow of energy）。能量以光能的状态进入生态系统后，就不能再以光的形式存在，而是以热的形式不断地逸散于环境之中。热力学第二定律注意到宇宙在每一个地方都趋向于均匀的熵，它只能向自由能减少的方向进行而不能逆转，所以从宏观上看，熵总是增加。

能量在生态系统中流动，很大一部分被各个营养级的生物利用，同时，通过呼吸作用以热的形式散失。散失到空间的热能不能再回到生态系统中参与流动，因为至今未发现以热能作为能源合成有机物的生物。

能流的单一方向性主要表现在三个方面：① 太阳的辐射能以光能的形式输入生态系统后，通过光合作用被植物所固定，此后不能再以光能的形式返回；② 自养生物被异养生物摄食后，能量就由自养生物流到异养生物体内，不能再返回给自养生物；③ 从总的能流途径而言，能量只是一次性流经生态系统，是不可逆的。

3. 能量在生态系统内流动的过程是不断递减的过程

从太阳辐射能到被生产者固定，再经植食动物，到肉食动物，再到大型肉食动物，能量是逐级递减的。这是因为：① 各营养级消费者不可能百分之百地利用前一营养级的生物量；② 各营养级的同化作用也不是百分之百的，总有一部分不被同化；③ 生物在维持生命过程中进行新陈代谢总是要消耗一部分能量。

4. 能量在流动中质量逐渐提高

能量在生态系统中流动，有一部分以热能耗散，另一部分的去向是把较多的低质量能转化成另一种较少的高质量能。从太阳能输入生态系统后的能量流动过程中，能量的质量是逐步提高的。

美国生态学家 E. P. Odum 于 1959 曾把生态系统的能量流动概括为一个普适的模型（图4-4）。从这个模型中我们可以看出，外部能量的输入情况以及能量在生态系统中的流动路线及其归宿。各种研究表明：在生态系统能流过程中，能量从一个营养级到另一个营养级的转化效率为 5% ~ 30%。平均说来，从植物到植食动物的转化效率大约是 10%，从植食动物到肉食动物转化效率大约是 15%。

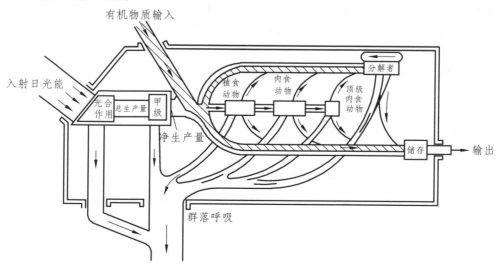

图4-4　一个普适的生态系统能流模型（Odum，1959）

三、生态系统的物质循环

物质循环是指生态系统中物质周而复始的循环过程，又叫生物地球化学循环。循环过程可以用"库"和"流通率"两个概念来描述。库是由存在于生态系统的某些生物或非生物成分中的一定数量的某种化学物质所构成的。如在一个湖泊生态系统中，水体中磷的含量可以看成是一个库，浮游植物中的磷含量是第二个库。流通是指库与库之间的转移。物质在生态系统单位面积（体积）和单位时间的移动量称为流通量，也叫流通率。这些关系可以用一个简单的池塘生态系统（图4-5）加以说明。

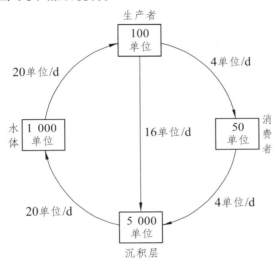

图4-5　池塘生态系统中库与流通率的模式图

（一）物质循环的类型

生物地球化学循环可分为三大类型，即水循环（water cycle）、气体型循环（gaseous cycle）和沉积型循环（sedimentary cycle）。

生态系统中所有的物质循环都是在水循环的推动下完成的，因此，没有水的循环，也就没有生态系统的功能，生命也将难以维持。水循环是物质循环的核心。

在气体循环中，物质的主要储存库是大气和海洋，循环与大气和海洋密切相关，具有明显的全球性，循环性能最为完善。凡属于气体型循环的物质，其分子或某些化合物常以气体的形式参与循环过程。属于这一类的物质有氧、二氧化碳、氮、氯、溴和氟等。气体循环速度比较快，物质来源充沛，不会枯竭。

沉积型循环的主要蓄库与岩石、土壤和水相联系，如磷、硫循环。沉积型循环速度比较慢，参与沉积型循环的物质，其分子或化合物主要是通过岩石的风化和沉积物的溶解转变为可被生物利用的营养物质，而海底沉积物转化为岩石圈成分则是一个相当长的、缓慢的、单向的物质转移过程，时间要以千年来计。这些沉积型循环物质的主要蓄库在土壤、沉积物和岩石中，而无气体状态，因此这类物质循环的全球性不如气体型循环，循环性能也很不完善。属于沉积型循环的物质有：磷、钙、钾、钠、镁、铁、铜和硅等，其中磷是较典型的沉积型循环物质，它从岩石中释放出来，最终又沉积在海底，转化为新的岩石。

生态系统中的物质循环，在自然状态下，一般处于稳定的平衡状态。也就是说，对于某一种物质，在各主要库中的输入和输出量基本相等。大多数气体型循环物质如碳、氧和氮的循环，由于有很大的大气蓄库，对于短暂的变化能够进行迅速的自我调节。例如，由于燃烧化石燃料，使当地的二氧化碳浓度增加，则通过空气的运动和绿色植物光合作用对二氧化碳吸收量的增加，使其浓度迅速降低到原来水平，重新达到平衡。硫、磷等元素的沉积物循环则易受人为活动的影响，这是因为与大气相比，地壳中的硫、磷库比较稳定和迟钝，因此不易被调节。所以，如果在循环中这些物质流入蓄库中，则它们将成为生物在很长时间内不能利用的物质。气体型循环和沉积型循环虽然各有特点，但都受能流的驱动，并都依赖于水循环。

生物地球化学循环的过程研究主要在生态系统水平和生物圈水平上进行的。在局部的生态系统中，可选择一个特定的物种，研究它在某种营养物质循环中的作用，近年来，对许多大量元素在整个生态系统中的循环已进行了不少研究，重点是研究这些元素在整个生态系统中输入和输出以及在生态系统中主要生物和非生物成分之间的交换过程，如在生产者、消费者和分解者等各个营养级之间以及与环境的交换。生物圈水平上的生物地球化学循环研究，主要研究水、碳、氧、磷、氮等物质或元素的全球循环过程。这类物质或元素对于生命的重要性，以及人类在生物圈水平上对生物地球化学循环的影响，使这些研究更为必要。这些物质的循环受到干扰后，将会对人类本身产生深远的影响。

（二）有毒物质循环

1. 有毒物质循环的特点

某种物质进入生态系统后，使环境正常组成和性质发生变化，在一定时间内直接或间接地有害于人或生物，就称为有毒物质（toxic substance）或者称为污染物（pollutant）。有毒物质包括两类：无机的（主要指重金属、氟化物和氰化物等）和有机的（主要有酚类、有机氯农药等）。

有毒物质循环是指那些对有机体有毒的物质进入生态系统，通过食物链富集或被分解的过程。有毒物质循环和其他物质循环一样，在食物链营养级上进行循环流动。但有毒物质循环也有它自己的特点：① 有毒物质进入生态系统的途径是多种多样的（图 4-6）。② 大多数有毒物质在生物体内具有浓缩现象，在代谢过程中不能被排除，而被生物体同化，长期停留在生物体内，造成有机体中毒、死亡。③ 一般情况下，有毒物质进入环境，会经历一些迁移（transport）和转化（transformation）的过程，从而使一些有毒物质毒性可能降低，而另一些物质的毒性则可能增加（如汞的生物甲基化等）。

2. 有机毒物 DDT 在生态系统中的循环

DDT 是一种人工合成的有机氯杀虫剂，它的问世对农业的发展起了很大的作用。但它是一种化学性能稳定、不易分解且易扩散的化学物质，它易溶于脂肪并且积累在动物的脂肪里，很容易被有机体吸收，一旦进入体内就不能排泄出去，因为排泄要求水溶性。而现在生物圈内几乎到处都有 DDT 的存在，如在北极的一些脊椎动物的脂肪中以及南极的一些鸟类和海豹的脂肪中，人们均发现有 DDT 的存在。

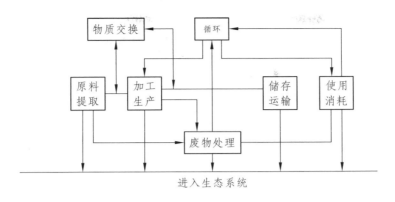

图 4-6　有毒物质进入生态系统的主要途径

　　人类喷洒的 DDT 进入生态系统并经食物链加以富集的途径有两个：①经过植物的茎、叶及根系进入植物体，在体内积累，被草食动物吃掉再被肉食动物所摄取，逐级浓缩。②经过土壤动物（如蚯蚓），再被地上的食虫动物（如小鸡）所捕食，食虫动物又可以被高级的肉食动物（如鹰）等所捕食，逐级浓缩。

　　在自然界中，类似 DDT 这样的人工合成的大分子化合物由于不能被生物消化与分解，沿食物链转移，就表现为污染物的浓缩，食物链越复杂，逐级积累浓度就越大，呈倒金字塔形。图 4-7 给出长短不同的 8 种食物链，每条都反映了这种富集的规律，如水草中的 DDT 质量分数为 0.08×10^{-6}，蜗牛体内升高到 0.26×10^{-6}，到燕鸥就升高到了 $3.15 \times 10^{-6} \sim 6.40 \times 10^{-6}$，燕鸥中的 DDT 质量分数比水草中的高出 40～80 倍。

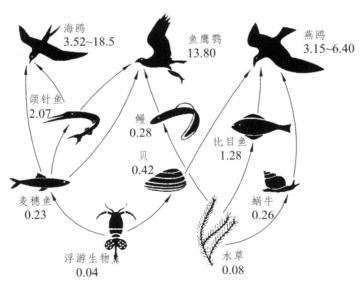

图 4-7　从浮游生物到水鸟的食物链中的 DDT 质量分数（$\times 10^{-6}$）的增加（Ahlheim，1989）

3.　重金属汞在生态系统中的循环

　　汞在生物体内易与中枢神经系统的某些酶类结合，容易引起神经错乱以至死亡。而当汞进入生态系统，被转化为有机化合物，如甲基汞，比无机汞毒性高 50～100 倍，由于它是脂溶性的，更易被其他生物吸收，其毒性也明显增强，进入人体可分布全身，且不易排泄掉。

汞循环（mercury cycle）是重金属在生态系统中循环的典型代表。地壳中汞经过两种途径进入生态系统，一是通过火山爆发、岩石风化、岩熔等自然运动；一是经人类活动，如开采、冶炼、农药喷洒等。

土壤是汞的一个巨大天然储存库，它对汞有固定作用。土壤中汞的固定和释放以及植物吸收的过程可概括如下：固定态汞→可给态汞→植物吸收的汞。

水体中的汞主要是金属汞和氯化汞。当汞被排入水中后，部分被浮游植物硅藻等吸收，而硅藻又被浮游动物所取食，浮游动物又被鱼捕食。这样，汞一次次地被富集，在顶位鱼体内汞的含量可高达 50～60 mg/kg，比原来水体中的浓度高万倍以上，比低位鱼体内汞含量也高 900 多倍。

土壤中汞经淋溶作用可进入水体，水体中的汞也可通过灌溉进入土壤。土壤中汞化合物可被植物吸收后进入食物链。金属汞进入动物体内可以被甲基化。汞进入生物体内经由排泄系统或生物分解，返回到非生物系统中。非生物系统中，有一部分汞进入循环，有一部分进入沉积层。

汞在整个生态系统中的主要循环系统可以归纳如下：大气→土壤→植物→人畜；废水→水生植物→水生动物→人畜；水→土壤→植物→人畜。人畜机体中的汞在残体腐烂、分解后，又重新回到非生物系统。这些主要的循环途径彼此不是分隔的，而是彼此相连，相互影响的。

四、生态系统的信息传递

（一）信息与信息量

生态系统的功能除了体现在生物生产过程、能量流动和物质循环以外，还表现在系统中各生命成分之间存在着信息传递。信息是生态系统的基本功能之一，在传递过程中伴随着一定的物质和能量的消耗。但是信息传递不像物质流那样是循环的，也不像能流那样是单向的，而往往是双向的，有从输入到输出的信息传递，也有从输出向输入的信息反馈。按照控制论的观点，正是由于这种信息流，才使生态系统产生了自动调节机制。

信息（information）一词源于通信工程科学，通常是指包含在情报、信号、消息、指令、数据、图像等传播形式中新的知识内容。在香农（Shannon）的信息论中，信息这个概念具有信源对信宿（信息接受者）的不确定性的含意，不确定程度越大，则信息一旦被接受后，信宿从中获得的信息量就越大。

生态系统中，环境就是一种信息源。例如，在一个森林生态系统中，射入的阳光给植物光合作用带来了能量，同时也带进了信息——一年四季及昼夜日照变化。流入森林的河流滋润着土壤，并带来了外界的各种养分，同时河水的涨落、水中养分的变化也都给森林带进了信息。这些信息主要从时间不均匀性上体现出来。另外，不同的土质、射入森林的阳光被枝叶遮挡后光照强度、光质的变化等，都是物质、能量空间分布不均匀性的例子。

可以认为，能量和信息是物质的两个主要属性。在生态学中，人们往往更多地使用能量而不是用物质流来描述物质流动的变化，因为在生命系统中，能量更能说明问题的本质。既然生态学家已经将能量从物质中抽象出来，用能流图来描述系统，也就可以将信息从物质中抽象出。一个生态系统用能流-信息流联合模型进行研究，会比单用能流研究来得更本质、更完善，更能揭示生态系统的各种控制功能，包括自组织能力。

信息的传输不仅要求信源和信宿间要有信道沟通，还要求源和宿之间存在信息量的差值，因为信息只能从高信息态传向低信息态，我们可称这个差值为"信息势差"，信息势差越大，信道中的信息流也越大。

（二）信息及其传递

生态系统中包含多种多样的信息，大致可以分为物理信息、化学信息、行为信息和营养信息。

1. 物理信息及其传递

生态系统中以物理过程为传递形式的信息称为物理信息，生态系统中的各种光、声、热、电和磁等都是物理信息。如某些鸟的迁徙，在夜间是靠天空间星座确定方位的，这就是借用了其他恒星所发出的光信息；动物更多的是靠声信息确定食物的位置或发现敌害的存在；据研究，在磁场异常地区播种小麦、黑麦、玉米、向日葵及一年生牧草，其产量比正常地区低；动物对电也很敏感，特别是鱼类、两栖类，皮肤有很强的导电力，其中组织内部的电感器灵敏度更高。

2. 化学信息及其传递

生态系统的各个层次都有生物代谢产生的化学物质参与传递信息、协调各种功能，这种传递信息的化学物质通称为信息素。信息素虽然量不多，却涉及从个体到群落的一系列活动。化学信息是生态系统中信息流的重要组成部分。在个体内，通过激素或神经体液系统协调各器官的活动。在种群内部，通过种内信息素（又称外激素）协调个体之间的活动，以调节受纳动物的发育、繁殖和行为，并可提供某些情报储存在记忆中。某些生物自身毒物或自我抑制物，以及动物密集时累积的废物，具有驱避或抑制作用，使种群数量不致过分拥挤。在群落内部，通过种间信息素（又称异种外激素）调节种群之间的活动。种间信息素在群落中有重要作用，已知结构的这类物质约 $0.3×10^4$ 种，主要是次生代谢物生物碱、萜类、黄酮类和非蛋白质有毒氨基酸，以及各种苷类、芳香族化合物等。

（1）动物、植物之间的化学信息。植物的气味是由化合物构成的。不同的动物对气味有不同的反应，蜜蜂取食和传粉，除与植物花的香味、花粉和蜜的营养价值紧密相关处，还与许多花蕊中含有昆虫的性信息素成分有关。植物的香精油成分类似于昆虫的信息素。可见植物吸引昆虫的化学性质，正是昆虫应用的化学信号。事实上，除一些昆虫外，差不多所有哺乳动物，可能还有鸟类和爬行类，都能鉴别滋味和识别气味。

植物体内含有某些激素是抵御害虫的有力武器，某些裸子植物具有昆虫的蜕皮激素及其类似物（有时类似物具有更大的活性）。如有些金丝桃属植物，能分泌一种引起光敏性和刺激皮肤的化合物——海棠素，使误食的动物变盲或致死，故多数动物避开这种植物，但叶甲却利用这种海棠素作为引诱剂以找到食物之所在。

（2）动物之间的化学信息。动物通过外分泌腺体向体外分泌某些信息素，它携带着特定的信息，通过气流或水流的运载，被种内的其他个体嗅到或接触到，接受者能立即产生某些行为反应，或活化了特殊的受体。产生某种生理改变。动物可利用信息素作为种间、个体间的识别信号，还可用信息素刺激性成熟和调节生殖率。哺乳动物释放信息素的方式，除由体表释放到周围环境为受纳动物接受外，还可将信息素寄存到一些物体或生活的基质中，建立气味标记点，然后再释放到空气中被其他个体接纳。如猎豹等猫科动物有着高度特化的尿标志的结构，它们总是仔细观察前兽留下来的痕迹，并由此传达时间信息，避免与栖居同一地区的对手相互遭遇。

动物界利用信息素标记所表现的领域行为是常见的。群居动物通过群体气味与其他群体相区别。一些动物通过气味识别异性个体。这种领域行为随昆虫的进化过程而逐渐广泛，有趋同现象，表现最多的是膜翅目昆虫。

某些高等动物以及社会性及群居性昆虫，在遇到危险时，能释放出一种或数种化合物作为信号，以警告种内其他个体有危险来临，这类化合物叫做报警信息素。鼬遇到危险时，由肛门排出有强烈恶臭味的气体，它既是报警信息素又有防御功能。有些动物在遭到天敌侵扰时，往往会迅速释放报警信息素，通知同类个体逃避。如七星瓢虫捕食棉蚜虫时，被捕食的蚜虫会立即释放警报信息，于是周围的蚜虫纷纷跌落。与此相反，小蠹甲在发现榆树或松树的寄生植物时，会释放聚集信息素，以召唤同类来共同取食。

许多动物能向体外分泌性信息素。能在种内两性个体之间起信息交流作用的化学物质叫做性信息素。凡是雌雄异体又能运动的生物都有可能产生性信息素。显著的例子是啮齿类，雄鼠的气味对幼年雌鼠的性成熟有明显影响，接受成年雄鼠气味的幼年雌鼠的性成熟期大大提前。

（3）植物之间的化学信息。在植物群落中，一处植物通过某些化学物质的分泌和排泄而影响另一种植物的生长甚至生存的现象是很普遍的。一些植物通过挥发、淋溶、根系分泌或残株腐烂等途径，把次生代谢物释放到环境中，促进或抑制其他植物的生长或萌发，影响竞争能力，从而对群落的种类结构和空间结构产生影响。人们早就注意到，有些植物分泌化学亲和物质，使其在一起相互促进，如作物中的洋葱与食用甜菜、马铃薯和菜豆、小麦和豌豆种在一起能相互促进；有些植物分泌植物毒素或防御使其对邻近植物产生毒害，或抵御邻近植物的侵害，如胡桃树能分泌大量胡桃醌，对苹果起毒害作用，榆树同栎树、白桦和松树也有相互拮抗的现象。

（三）行为信息及其传递

许多植物的异常表现和动物异常行动传递了某种信息，可通称为行为信息。蜜蜂发现蜜源时，就有舞蹈动作的表现，以"告诉"其他蜜蜂去采蜜。蜂舞有各种形态和动作，来表示蜜源的远近和方向，如蜜源较近时，作圆舞姿态，蜜源较远时，作摆尾舞等，其他工蜂则以触觉来感觉舞蹈的步伐，得到正确飞翔方向的信息。

（四）营养信息及其传递

在生态系统中生物的食物链就是一个生物的营养信息系统，各种生物通过营养信息关系连成一个互相依存和相互制约的整体。食物链中的各级生物要求一定的比例关系，即生态金字塔规律。根据生态金字塔，养活一只草食动物需要几倍于它的植物，养活一只肉食动物需要几倍数量的草食动物。前一营养级的生物数量反映出后一营养级的生物数量。

五、生态系统的自我调节

（一）生态系统的反馈调节

自然生态系统几乎都属于开放系统，只有人工建立的、完全封闭的宇宙舱生态系统才可归属于封闭系统。开放系统必须依赖于外界环境的输入，输入一旦停止，系统也就失去了功能。开放系统如果具有调节功能反馈机制（feedback mechanism），该系统就成为控制系统。所谓反馈，就是系统的输出变成了决定系统未来功能的输入。一个系统，如果其状况能够决定输入，就说明它有反馈机制的存在。系统加进了反馈环节后变成了可控制系统。要使反馈系统能起控制作用，系统应具有某个理想的状态或位置点，系统就能围绕位置点而进行调节。

反馈分为正反馈和负反馈。负反馈控制可使系统保持稳定，正反馈使偏离加剧。例如，在生物生长过程中个体越来越大，在种群持续增长过程中，种群数量不断上升，这都属于正反馈。正反馈也是有机体生长和存活所必需的。但是，正反馈不能维持稳态，要使系统维持稳态，只有通过负反馈控制。因为地球和生物圈是一个有限的系统，其空间、资源都是有限的，所以应该考虑用负反馈来管理生物圈及其资源，使其成为能持久地为人类谋福利的系统。

（二）生态系统平衡

由于生态系统具有负反馈的自我调节机制，所以在通常情况下，生态系统会保持自身的生态平衡。生态平衡是指生态系统通过发育和调节所达到的一种稳定状况，它包括结构上的稳定、功能上的稳定和能量输入输出上的稳定。生态平衡是一种动态平衡，因为能量流动和物质循环总在不间断地进行，生物个体也在不断地进行更新。在自然条件下，生态系统总是朝着种类多样化、结构复杂化和功能完善化的方向发展，直到使生态系统达到成熟的最稳定状态为止。

当生态系统达到动态平衡的最稳定状态时，它能够自我调节和维持自己的正常功能，并能在很大程度上克服和消除外来的干扰，保持自身的稳定性。有人把生态系统比喻为弹簧，它能忍受一定的外来压力，压力一旦解除就又恢复到原初的稳定状态，这实质上就是生态系统的反馈调节。但是，生态系统的这种自我调节功能是有一定限度的，当外来干扰因素（如火山爆发、地震、泥石流、雷击火烧、人类修建大型工程、排放有毒物质、喷洒大量农药、人为引入或消灭某些生物等）超过一定限度的时候，生态系统自我调节功能本身就会受到损害，从而引起生态失调，甚至导致生态危机的发生。生态危机是指由于人类盲目活动而导致局部地区甚至整个生物圈结构和功能的失衡，从而威胁到人类的生存。生态平衡失调的初期往往不容易被人类所觉察，一旦发展到出现生态危机，就很难在短期内恢复平衡。为了正确处理人和自然的关系，我们必须认识到整个人类赖以生存的自然界和生物圈是一个高度复杂的、具有自我调节功能的生态系统，保持这个生态系统结构和功能的稳定是人类生存和发展的基础。因此，人类的活动除了要讲究经济效益和社会效益外，还必须特别注意生态效益和生态后果，以便在改造自然的同时能基本保持生物圈的稳定和平衡。

第三节　世界主要生态系统的类型

一、森林生态系统

森林是以乔木为主体，具有一定面积和密度的植物群落，是陆地生态系统的主干。森林群落与其环境在功能流的作用下形成一定结构、功能和自行调控的自然综合体，就是森林生态系统。它是陆地生态系统中面积最大、最重要的自然生态系统。世界上不同类型的森林生态系统，都是在一定气候、土壤条件下形成的。依据不同气候特征和相应的森林群落，可划分为热带雨林生态系统、常绿阔叶林生态系统、落叶阔叶林生态系统和针叶林生态系统等主要类型。

据专家估测，历史上森林生态系统的面积达到 76 亿 hm^2，覆盖着世界陆地面积的 2/3，覆盖率为 60%。在人类大规模砍伐之前，世界森林约为 60 亿 hm^2，占陆地面积的 45.8%。至 1985 年，森林面积下降到 41.47 亿 hm^2，占陆地面积的 31.7%。至今，森林生态系统仍为地球上分布最广泛的系统。它在地球自然生态系统中占有首要地位。在净化空气、调节气候和保护环境等方面起着重大作用。森林生态系统结构复杂，类型多样，但森林生态系统仍具有一些主要的共同特征。

（一）森林生态系统的主要特征

1. 物种繁多、结构复杂

世界上所有森林生态系统保持着最高的物种多样性，是世界上最丰富的生物资源和基因库，热带雨林生态系统就有 200 万～400 万种生物。我国森林物种调查仍在进行中，新记录的物种不断增加。如西双版纳，面积只占全国的 0.2%，据目前所知，仅陆栖脊椎动物就有 500 多种，约占全国同类物种的 25%。又如，我国长白山自然保护区植物种类也很丰富，约占东北植物区系 3 000 种植物的 1/2 以上。

森林生态系统比其他生态系统复杂，具有多层次，有的多至 7～8 个层次，一般可分为乔木层、灌木层、草本层和地面层等四个基本层次。明显的层次结构，层与群纵横交织，显示出系统的复杂性。

森林中还生存着大量的野生动物，有象、野猪、羊、牛、啮齿类、昆虫和线虫等植食动物；田鼠、蝙蝠、鸟类、蛙类、蜘蛛和捕食性昆虫等一级肉食动物；狼、狐、鼬和蟾蜍等二级肉食动物；狮、虎、豹、鹰和鹫等凶禽猛兽；此外还有杂食和寄生动物等。因此，以林木为主体的森林生态系统是一个多物种、多层次、营养结构极为复杂的系统。

2. 生态系统类型多样

森林生态系统在全球各地区都有分布，森林植被在气候条件和地形地貌的共同作用和影响下，既有明显的纬向水平分布带，又有山地的垂直分布带，是生态系统中类型最多的。如我国云南省，从南到北依次出现热带北缘雨林带、季节雨林带、南亚热带季风常绿阔叶林带、思茅松林带、中亚热带和北亚热带半湿性常绿阔叶林带、云南松林带和寒温性针叶林带等。在不同的森林植被带内有各自的山地森林分布的垂直带。如亚热带山地的高黎贡山（腾冲境内，海拔 3 374 m）森林有明显的垂直分布规律。

森林生态系统有许许多多类型，形成多种独特的生态环境。高大乔木宽大的树冠能保持温度的均匀，变化缓慢；在密集树冠内，树干洞穴、树根隧洞等都是动物栖息场所和理想的避难所。许多鸟类在林中作巢，森林生态系统的安逸环境有利于鸟类的育雏和繁衍后代。

森林生态系统具有丰富多样性，多种多样的种子、果实、花粉、枝叶等都是林区哺乳动物和昆虫的食物，地球上种类繁多的野生动物绝大多数就生存在森林之中。古老稀有的大熊猫以箭竹为食物，就居住在森林中；猴子在我国有 20 多种，20 世纪 50 年代在海南岛热带林中还有数千只黑长臂猿，后来因森林的破坏变得无家可归，现在只有数十只；素有"森林之王"称号的老虎现在也少得可怜。

3. 生态系统的稳定性高

森林生态系统经历了漫长的发展历史，系统内部物种丰富、群落结构复杂，各类生物群落与环境相协调。群落中各个成分之间、各成分与其环境之间相互依存和制约，保持着系统的稳态，并且具有很高的自行调控能力，能自行调节和维持系统的稳定结构与功能，保持着系统结构复杂、生物量大的属性。森林生态系统内部的能量、物质和物种的流动途径通畅，系统的生产潜力得到充分发挥，对外界的依赖程度很小，保持输入、存留和输出等各个生态过程。森林植物从环境中吸收其所需的营养物质，一部分保存在机体内进行新陈代谢活动，另一部分形成凋谢的枯枝落叶，将其所积累的营养元素归还给环境。通过这种循环，森林生态系统内大部分营养元素得到收支平衡。

4. 生产力高、现存量大，对环境影响大

森林具有巨大的林冠，伸张在林地上空，似一顶屏障，使空气流动变小，气候变化也变小。森林生态系统是地球上生产力最高、现存量最大的生态系统。据统计，每公顷森林年生产干物质 12.9 t，而农田是 6.5 t，草原是 6.3 t。森林生态系统不仅单位面积的生物量最高，而且生物量约 1.680×10^9 t，占陆地生态系统总量（约 1.852×10^9 t）的 90% 左右。

森林在全球环境中发挥着重要的作用：是维护生物最重要的基地；可大量吸收二氧化碳；是重要的经济资源；在防风沙，保水土，抗御水旱、风灾方面有重要生态作用等。森林在生态系统服务方面所发挥的作用也是无法替代的。

（二）森林生态系统的主要类型

1. 热带雨林（tropical rain forest）

分布在赤道及其南北的热带湿润区域。据估算，热带雨林面积近 1.7×10^7 km^2，约占地球上现存森林面积的一半，是目前地球上面积最大、对人类生存环境影响最大的森林生态系统。热带雨林主要分布在三个区域：一是南美洲的亚马逊盆地；二是非洲刚果盆地；三是印度-马来西亚。我国的热带雨林属于印度-马来西亚雨林系统，主要分布在台湾地区，海南、云南等省，以云南西双版纳和海南岛最为典型，总面积 5×10^4 km^2。

热带雨林生态系统的主要气候特征是高温、多雨、高湿，为赤道周日气候型。年平均气

温在 20 ~ 28 ℃，月均温多高于 20 ℃；降水量 2 000 ~ 4 500 mm，多的可达 10 000 mm，降水分布均匀；相对湿度常达到 90% 以上，常年多雾。这里风化过程强烈，母岩崩解层深厚；土壤脱硅富铝化过程强烈，盐基离子流失，铁铝氧化物（Fe_2O_3、Al_2O_3）相对积聚，呈砖红色，土壤呈强酸性，养分贫瘠；有机物质矿化迅速，森林需要的几乎全部营养成分均储备在植物的地上部分。

热带雨林的物种组成极丰富，而且绝大部分是木本植物，群落结构复杂。热带雨林地区是地球上动物种类最丰富的地区，这里的生境对昆虫、两栖类、爬虫类等变温动物特别适宜。

热带雨林生态系统中能流与物质流的速率都很高，但呼吸消耗量也很大。全球热带雨林的净生产量高达 $34×10^9$ t/a，是陆地生态系统中生产力最高的类型。

热带雨林中的生物资源十分丰富，有许多树种是珍稀的木材资源，有许多是非常珍贵的热带经济植物、药材和水果资源，同时，分布着众多的珍稀动物。

热带雨林是生物多样性最高的区域，其总面积占全球面积的 7%，但是却拥有世界一半以上的物种。据估计，热带雨林区域的昆虫种数高达 300 万种，占全部昆虫种数的 90% 以上；鸟类占世界鸟类总数的 60% 以上。目前，热带雨林的关键问题是资源的破坏十分严重，森林面积日益减少。

2. 亚热带常绿阔叶林

亚热带常绿阔叶林指分布在亚热带湿润气候条件下并以壳斗科、樟科、山茶科、木兰科等常绿阔叶树种为主组成的森林生态系统，它是亚热带大陆东岸湿润季风气候下的产物，主要分布于欧亚大陆东岸北纬 22° ~ 40° 之间的亚热带地区；此外，非洲东南部、美国东南部、大西洋中的加那利群岛等地也有少量分布。其中，我国的常绿阔叶林是地球上面积最大（人类开发前约 $2.5×10^6$ km^2）、发育最好的一片。常绿阔叶林地区夏季炎热多雨，冬季寒冷而少雨，春秋温和，四季分明，年平均气温 16 ~ 18 ℃，年降雨量 1 000 ~ 1 500 mm，土壤为红壤、黄壤或黄棕壤。

常绿阔叶林的结构较雨林简单，外貌上林冠比较平整，乔木通常只有 1 ~ 2 层，高 20 m 左右。灌木层较稀疏，草本层以蕨类为主。藤本植物与附生植物虽常见，但不如雨林繁茂。常绿阔叶林中具有丰富的木材资源，生长着大量珍贵、速生、高产的树种，如北美红杉、桉树，我国的樟木、楠木、杉木等都是著名的良材，还有银杉、珙桐、桫椤、小黄花茶、红椆、蚬木、金钱松、银杏等许多珍稀濒危保护植物。

亚热带常绿阔叶林中动物物种丰富，两栖类、蛇类、昆虫、野雉、鸟类等是主要的消费者。我国在亚热带林区受重点保护的珍贵稀有动物较多，如蜂猴、豹、金丝猴、短尾猴、红面猴、白头叶猴、水鹿、华南虎、梅花鹿、大熊猫以及各种珍禽候鸟等。

常绿阔叶林经反复破坏后，退化为由木荷、苦槠、青冈栎等主要树种组成的常绿阔叶林或针叶林；如再遭严重破坏，则退化为灌木丛；进一步破坏，则退化为草地，甚至导致植被消失。

我国常绿阔叶林区是中华民族经济与文化发展的主要基地，平原与低丘全被开垦成以水稻为主的农田，是我国粮食的主要产区，原生的常绿阔叶林仅残存于山地。

3. 温带落叶阔叶林

落叶阔叶林又称夏绿林，分布在西欧、中欧、东亚及北美东部等中纬度湿润地区，在我国长期常见于东北、华北地区。温带落叶林的气候也是季节性的，冬季寒冷，夏季温暖湿润，年平均气温 8～14 ℃，年降水量 500～1 000 mm，土壤肥沃，发育良好，为褐色土与棕色森林土。

落叶阔叶林垂直结构明显，有 1～2 个乔木层，灌木和草本各 1 层，优势树种为落叶乔木，常见的有栎类、山核桃、白蜡以及槭树科、桦木科、杨柳科树种。乔木层种类组成单一，高 15～20 m，灌木密集，有阳光透过的地方，草本植物、蕨类、地衣和苔藓植物生长旺盛。

在集约经营的温带森林中，动物多样性水平低，因为往往栽植非天然的针叶树种，尽管这些种类生长快、人类对其的需求大，但却不能为适应天然落叶林的动物提供食物和栖息地。受干扰少的落叶阔叶林中的消费者有松鼠、鹿、狐狸、狼、獐和鸟类，在我国受重点保护的野生动物有褐马鸡、猕猴、麝、金钱豹、羚羊、白唇鹿、野骆驼等，以及天鹅、鹤等鸟类。

跨越北欧的温带森林正受到来源于工业污染的酸雨的危害。森林作业，如皆伐使土壤暴露，并造成侵蚀以及水分流失的后果。我国黄河中游地区，由于历史上原生植被长期遭破坏，成为我国水土流失最严重的地区，使黄河中含沙量居世界河流首位。我国西北、华北和东北西部，由于历史上森林遭到破坏，造成了大片的沙漠和戈壁。

4. 北方针叶林

北方针叶林分布在北纬 45°～70°之间的欧亚大陆和北美大陆的北部，延伸至南部高海拔地区。中国的北方针叶林分布于大兴安岭和华北、西北、西南高山的上部。地处的气候条件是：冬季长、寒冷、雨水少，夏季凉爽、雨水较多，年平均气温多在 0 ℃以下，年平均降水量 400～500 mm，土壤为灰化土，酸性，腐殖质丰富，因为低温下微生物活动较弱，故积累了深厚的枯枝落叶层。

北方针叶林的树种组成单一，常常是一个针叶树种形成的单纯林，如云杉、冷杉、落叶松、松等属的树种，树高 20 m 左右，也可能伴生少量的阔叶树种，如杨、桦木，常有稀疏的耐阴灌木，以及适应冷湿生境的由草本植物和苔藓植物组成的地被物层。很多针叶树种长成圆锥形是对雪害的一种适应，以避免树冠受雪压。这些树种低的蒸发蒸腾速率和其树叶抗冰冻的形状能使它们度过冬季时不落叶。

北方针叶林中生长着众多的草食哺乳动物，如驼鹿、鼠、雪兔、松鼠等，还有名贵的皮毛兽，如貂、虎、熊等，一些肉食种类，如狼和欧洲熊，因狩猎而几乎灭绝，仅有少数孤立的种群；针叶林还有很多候鸟，如一些鸣禽和鸫属重要的巢居地，供养着众多以种子为食的鸟类群落。

北方针叶林组成整齐，便于采伐，作为木材资源对人类是极为重要的。世界工业木材总产量（1.4×10⁹ km³）中，一半以上来自针叶林。

二、草地生态系统

草地与森林一样，是地球上最重要的陆地生态系统类型之一。草地群落以多年生草本植物占优势，辽阔无林，在原始状态下常有各种善于奔驰或营洞穴生活的草食动物栖居其上。

草地可分为草原与草甸两大类。前者由耐旱的多年生草本植物组成，在地球表面占据特定的生物气候地带；后者由喜湿润的中生草本植物组成，出现在河漫滩等低湿地和林间空地，或为森林破坏后的次生类型，可出现在不同生物气候地带。本节重点介绍地带性的草原，它是地球上草地的主要类型。

草原是内陆干旱到半湿润气候条件的产物，以旱生多年生禾草占绝对优势，多年生杂草及半灌木也或多或少起到显著作用。世界草原总面积约 $2.4×10^7\,km^2$，为陆地总面积的 1/6（Lieth，1975），大部分地段作为天然放牧场。因此，草原不但是世界陆地生态系统的主要类型，而且是人类重要的畜牧业基地。

根据草原的组成和地理分布，可将其分为温带草原与热带草原两类。前者分布在南北两半球的中纬度地带，如欧亚大陆草原（steppe）、北美大陆草原（prairie）和南美草原（pampas）等。这里夏季温和，冬季寒冷，春季或晚夏有一明显的干旱期。由于低温少雨，草较低，其地上部分高度多不超过 1 m，以耐寒的旱生禾草为主；由于低温少雨，土壤中以钙化过程与生草化过程为优势。后者分布在热带、亚热带，其特点是在高大禾草（常达 2～3 m）的背景上常散生一些不高的乔木，故被称为稀树草原或萨王纳（savanna）。这里终年温暖，雨量常达 1 000 mm 以上，在高温多雨影响下，土壤强烈淋溶，以砖红壤化过程优势，比较贫瘠。但一年中存在 1～2 个干旱期，加上频繁的野火，限制了森林的发育。

总观世界草原，虽然从温带分布到热带，但它们在气候坐标轴上却占据固定的位置，并与其他生态系统类型保持特定的联系。在寒温带，年降雨量 150～200 mm 地区已有大面积草原分布，而在热带，这样的雨量下只有荒漠分布。水分与热量的组合状况是影响草原分布的决定因素，低温少雨与高温多雨的配合有着相似的生物学效果。概言之，草原处于湿润的森林区与干旱的荒漠区之间。靠近森林一侧，气候半湿润，草群繁茂，种类丰富，并常出现岛状森林和灌丛，如北美的高草草原（tall grass prairie）、南美的潘帕斯（pampas）、欧亚大陆的草甸草原（meadow steppe）以及非洲的高稀树草原（tall savanna）；靠近荒漠一侧，雨量减少，气候变干，草群低矮稀疏，种类组成简单，并常混生一些旱生小半灌木或肉质植物，如北美的矮草草原、我国的荒漠草原以及前苏联欧洲部分的半荒漠等；在上述两者之间为辽阔而典型的禾草草原。总的看来，草原因受水分条件的限制，其动物区系的丰富程度及生物量均比森林低，但明显比荒漠高。值得指出的是，如与森林和荒漠比较，草原动植物种的个体数目及较小单位面积内种的饱和度是相对丰富的（Haltenorth，1976）。

三、河流生态系统

河流生态系统（lotic ecosystem）是指那些水流流动湍急和流动较大的江河、溪涧和水渠等，储水量大约占内陆水体总水量的 0.5%。河流生态系统是流水生态系统的一种。流水生态系统主要特点有：

（1）水流不停。这是流水生态系统的基本特征。河流中不同部分和不同时间水流有很大的差异。同时，河流的不同部分（上、下游等）也分布着不同的生物。

（2）陆-水交换。河流的陆-水连接表面的比例大，就是说，河流与周围的陆地有较多的联系。河流、溪涧等形成了一个较为开放的生态系统，成为联系陆地和海洋生态系统的纽带。

（3）氧气丰富。由于水经常处于流动状态，又因为河流深度小，和空气接触的面积大，致使河流中经常含有丰富的氧气。因而，河流生物对氧的需求较高。

河流生物群落一般分为两个主要类型：急流生物群落和缓流生物群落。在流水生态系统中河底的质地，如沙土、黏土和砾石等对于生物群落的性质、优势种和种群的密度等影响较大。

急流生物群落是河流的典型生物代表，它们一般都具有流线型的身体，以便在流水中产生最小的摩擦力；或者许多急流动物具有非常扁平的身体，使它们能在石下和缝隙中得到栖息。此外，它们还有其他一些适应性：

① 持久地附着在固定的物体上。如附着的绿藻、刚毛藻（*Cladaphora*）和硅藻铺满河底的表面。少数动物是固着生活的，如淡水海绵（*Spongia*）以及把壳和石块黏在一起的石蚕。

② 具有钩和吸盘等附着器，以使它们能紧附在物体的表面。如双翅目的蚋（*Simulium*）和网蚊（*Blepharocera*）的幼虫。蚋不仅有吸盘，而且还有丝线缠住。

③ 黏着的下表面。如扁形动物涡虫（*Turbellaria*）等能以它们黏着的下表面黏附在河底石块的表面。

④ 趋触性。有些河流动物具有使身体紧贴其他物体表面的行为。如河流中石蝇幼虫在水中总是和树枝、石块或其他任何物体接触；如果没有可利用的物体，它们就彼此抱附在一起。

四、湖泊生态系统

（一）湖泊生态系统的基本特征

1. 界限明显

一般来说，湖泊、池塘的边界明显，远比陆地生态系统易于划定，在能量流、物质流过程中属于半封闭状态，所以，常作为生态系统功能研究之用。

2. 面积较小

世界湖泊主要分布在北半球的温带和北极地区，除了少数湖泊具有很大的面积（如苏必利尔湖、维尔多利亚湖）或深度（如贝加尔湖、坦噶尼喀湖）之外，大多数都是规模较小的湖泊。我国湖泊面积在 50 km² 以上的并不多，绝大多数湖泊的面积均不足 50 km²。按照湖泊的成因不同，可以分为构造湖、火山湖、河成湖、风成湖、海湾湖等。不同成因的湖泊其轮廓是不同的，它们各自都具有不同的形态。

3. 湖泊的分层现象

北温带湖泊存在的热分层现象非常明显，湖泊水的表层为湖上层，底层为湖下层，两层之间形成一个温度急剧变化的层次，为变温层（thermocline）。湖泊系统的温度和含氧量随地区和季节而变动，以温带地区湖泊为例，春季气温升高，湖水解冻后，水的各层温度平均都在 4 ℃，其含氧量除表面略高和底部略低外，均接近 13 mL/L。当季节进入夏季，湖面吸收热量，湖上层温度上升，可达 25 ℃左右，但这时湖下层温度仍保持在 4 ℃，而在上、下层之间的变温层的温度则不断发生急剧变化。当从夏季转入秋季，湖上层温度下降，直至表层与深水层温度相等，最终湖下层与湖上层的温度倒转过来。当温度继续下降到冰点，湖上层水温反而比湖下层水温低。这时，湖上层有一层冰覆盖。这种生态系统内部的循环有明显的规律。

4. 水量变化较大

湖泊水位变化的主要原因是进出湖泊水量的变化。生态调查常依据湖泊水位的年变化，多定为 3 次取样。我国一年中最高水位常出现在多雨的 7～9 月，称丰水期；而最低水位常出现在少雨的冬季，称枯水期。水位变幅大，湖泊的面积和水量的变化就大，常出现"枯水一线，洪水一片"的自然景象。

5. 演替、发育缓慢

淡水生态系统发育的基本模式，是从贫营养到富营养和由水体到陆地。

（二）湖泊生物群落

湖泊生物群落具有成带现象的特征，可以按区域划分为三个明显的带：沿岸带、敞水带和深水带生物群落。

1. 沿岸带生物群落（community in littoral zone）

这一带是光线能透射到的浅水区。其中的生物群落包括以下几类：

（1）生产者。沿岸的生产者主要有两大类：有根的或底栖植物、浮游或漂浮植物。沿岸带内典型的有根水生植物形成同心圆带并随着水的深度而变化，一个类群取代另一个类群，顺序为：挺水植物带→漂叶植物带→沉水植物带。

① 挺水植物（emergent macrophyte）。主要是有根植物。光合作用的大部分叶面伸出在水面之上，如芦苇（*Phragmites communis*）、莲（*Nelumbo mucifera*）等。

② 漂浮植物（floating-leaved macrophyte）。植物叶子掩蔽在水面上，如睡莲（*Nymphaes tetragona*）和菱（*Trapa bispinosa*）。

③ 沉水植物（submerged macrophyte）。一些有根或固生的植物，它们完全或主要是沉在水中，如眼子菜（*Potamogeton*）、金鱼藻（*Ceratophyllum*）和苦草（*Vallisneria*）等。

沿岸带的无根生产者由许多藻类组成，主要类型是硅藻、绿藻和蓝藻。其中有些种类是完全漂浮性的，而另一些种类则附着于有根植物或者和有根植物有密切的联系。

（2）消费者。沿岸带的动物种类较多，所有淡水中有代表性的动物门都分布于这一带，附生生物类型中，一般有池塘螺类、蜉蝣和蜻蜓稚虫、轮虫、扁虫、苔藓虫和水螅等。

自游生物（necton）中种类和数量较多的是昆虫纲的昆虫，龙虱属（*Dytiscus*）是水中的强悍者，常捕食小鱼，吸其体液；蝎蝽科（Nepidae）用镰刀形的前足来捕捉水中小生物；仰泳蝽科（Notonectidae）也是肉食者；而牙虫科（Hydrophilidae）、沼梭科（Haliplidae）甲虫和划蝽科（Corixidae）至少有一部分是草食性或腐食性的。脊椎动物蛙、龟、水蛇等也是沿岸带的主要成员。鱼类则是沿岸带和敞水带的优势类群。

水中的浮游动物一般数量较大，浮性较差的甲壳类，在不主动游泳、活动时，它们的附肢常缠附在植物上或栖息于底部。沿岸带常见浮游动物的种类有介形类以及轮虫等。

2. 敞水带生物群落（community in the limnetic zone）

开阔水面的浮游植物生产者主要是硅藻、绿藻和蓝藻。大多数种类是微小的，它们每个单位面积的生产量有时超过了有根植物。这些类群中有许多具有突起或其他漂浮的适应性。这一带浮游植物种群数量具有明显的季节性变化。

浮游动物由少数几类动物组成，但其个体数量相当多。桡足类（Copepoda）、枝角类（Cladoceran）和轮虫类（Rotifer）在其中占据重要位置。我国人工经营的水体中，鱼类（鲢和鳙）已成为优势种群。

3. 深水带生物群落（Community in the profundal zone）

这一水区基本上没有光线，生物主要从沿岸带和湖沼带获取食物。深水带生物群落主要由水和淤泥中间的细菌、真菌和无脊椎动物组成。主要无脊椎动物有摇蚊属（Chironomus）的幼虫、环节动物颤蚓（Tubificids）、小型蛤类和幽蚊（Chaoborus）幼虫等。这些生物都有在缺氧环境下生活的能力。

五、海洋生态系统

海洋蓄积了地球上水的 97.5%，它的面积约有 3.6 亿 km^2，平均深度为 2 750 m，最深处在太平洋中的海槽，约为 11 000 m。

（一）海洋生态系统（marine ecosystem）的主要特征

1. 生产者均为小型

主要由体型极小（2～25 μm）、数量极大、种类繁多的浮游植物和一些微生物所组成。海洋生态系统之所以由小型浮游生物（microplankton）组成食物网的基础，主要因为：① 海水的密度使得植物没有必要发育良好的支持结构，这有利于小型植物而不利于大型个体。② 海水在不断地小规模地相对运动，任何一个自由漂浮植物必须依赖于水中的分子扩散来获取营养物质和排除废物，在这种情况下，体型小和自主运动就很有利，而一群细胞集成的一个大的结构就比同样一些细胞单独开来要差得多；③ 海洋中大规模环流不断地把漂浮的植物冲出它们最适宜的区域，同时又常有一些个体被带回来更新这些种群，对于小型植物来说，完成这一必要的返回机制比大型植物有利得多。同时小型单细胞植物还能够随水下的逆流，暂时地摄食食物颗粒，或以溶解的有机物质为营养。

2. 海洋为消费者提供了广阔的活动场所

海洋动物比海洋植物更加多种多样，更加丰富。这是因为：① 海洋面积大，为海洋动物提供了宽广的活动场所；海洋中有大量的营养物质，是海洋动物吃不完的食料。② 海洋条件复杂，有浅有深，有冷有暖，在这些多样的生活环境下，形成了种类各异、数量繁多的海洋动物。

3. 生产者转化为初级消费者的物质循环效率高

在海洋上层浮游植物和浮游动物的生物量大约为同一数量级。浮游植物的生产量几乎全部为浮游动物所消费，运转速度很快。但海洋生态系统的生产力远低于陆地生态系统的生产力。消费者，特别是初级消费者有许多是杂食性种类，在数量的调节上起着一定的作用。

4. 生物分布的范围很广

海洋面积很大，而且是连续的，几乎到处都有生物

（二）海洋环境的主要特点

1. 海洋是巨大的，它覆盖 70% 以上的地球表面

所有海洋都是相连的。世界海洋总的布局是环绕南极洲有一个连续带，然后向北延伸出

三个大洋，即太平洋、大西洋和印度洋。有人主张世界大洋应为四个洋。实际上，北冰洋是属于大西洋的。对自由运动的海洋生物，温度、盐度和深度是限制其生存的主要因素。

2. 海洋有连续和周期的循环

世界上的海和洋都是相互沟通，连接成片的。海洋产生一定的海流。一般，它在北半球，以顺时针方向流动，而在南半球，则以逆时针方向流动。海洋有潮汐，潮汐的周期性大约是12.5 h。潮汐在海洋生物特别稠密而繁多的沿岸带特别重要。潮汐使这些海洋生物群落形成明显的周期性。

3. 海水含有盐分

一般情况下，海水中各种盐类的总含量为 30% ~ 35%，其中以 NaCl 为主，约占 78%；$MgCl$、$MgSO_4$、KCl 等共占 22%。海水盐度可低到 1% ~ 2%。我国渤海近岸盐度为 25% ~ 28%，东海和黄海为 30% ~ 32%，南海为 34%。

4. 海洋是一个容纳热量的"大水库"

夏天，海水把热量储存起来；到了冬天，海水又把热量释放出来。所以，海洋对整个大气圈具有重要的调节作用。

（三）海洋生物

海洋生物分为浮游、游泳和底栖三大生态类群，种类十分丰富。

1. 浮游生物

海洋中的浮游生物（plankton）多指在水流运动的作用下，被动地漂浮于水层中的生物类群，一般体积微小、种类多、分布广，遍布于整个海洋的上层。

浮游生物根据其营养的方式可分为浮游植物（phytoplankton）和浮游动物（zooplankton）。

浮游植物是海洋中的生产者。种类组成较复杂，主要包括原核生物的细菌和蓝藻，真核生物的单细胞藻类，如硅藻、甲藻、绿藻、金藻和黄藻等。

赤潮是海水受到赤潮生物污染而变色的一种现象。这种污染使海洋多呈红色斑块状或条带状，故称赤潮（red tide）。由于赤潮生物种类和数量不同，赤潮的颜色也有差异，如夜光藻所形成的赤潮呈桃红色，而大多数甲藻所形成的赤潮多呈褐色或黄色。据统计，赤潮生物的种类已有 150 种之多，我国已发现 40 多种。常见的赤潮生物有：裸甲藻、短裸甲藻（*Gymnodinium breve*）、海洋原甲藻、骨条藻、卵形隐藻（*Cryptomonas ovata*）和夜光藻等。部分赤潮生物是无毒的，但有的赤潮生物可在海水中释放毒素。所以，赤潮不仅严重危害渔业资源，而且也威胁着人类的生命安全。

海洋浮游动物指多种异养性生活的浮游生物，它们在食物网中参与几个营养阶层，有植食的，有肉食的，还有食碎屑的和杂食性的等。浮游动物的种类比浮游植物复杂得多，主要成员是节肢动物的桡足类（Copepoda）和磷虾类（Euphausiid）。这些动物虽然会自己运动，但动作很缓慢，它们常聚集成群，浮在海水表层，随波逐流。

2. 游泳生物

游泳生物（nekton）是一些具有发达运动器官和游泳能力很强的动物。海洋中的鱼类、大型甲壳动物、龟类、哺乳类（鲸、海豹等）和海洋鸟类等属于游泳动物。这个类群组成食物链的第二级和第三级消费者。海洋中游泳动物的种类与数量都非常多，个体一般都比较大，游泳速度也很快。如须鲸（*Mystacocet*）最大个体体长 30 m 以上，体重约 150 t；海豚（*Dolphins*）游泳速度每小时可达到 90 km 以上。

鱼类是游泳动物中的主要成员。在汪洋大海上、中、下层都有鱼类生活，甚至在 10 000 m 的深海里，也还有鱼类存在。鱼类的种类（约有 2 000 多种）或个体数量都远远超过了其他游泳动物。游泳生物中还有各种虾类。它们虽然常年栖息在海底，但都行动敏捷，善于游泳。头足纲（Cephalopoda）的乌贼，还有鱿鱼（*Loligo japonica*）和章鱼（*Octopus sp.*）都是中国海上常见的动物。

3. 底栖生物

底栖生物是一个很大的水生生态类群。种类很多，包括了一些较原始的多细胞动物，如海绵（*Leucosolenia*）和海百合（*Metarinus*）。

根据生活方式可将底栖生物分为：固着生活的种类、底埋生活的种类、穴居生活的种类和钻蚀生活的种类等。

六、湿地生态系统

湿地生态系统（wetland ecosystem）是指地表过湿或常年积水，生长着湿地植物的地区。湿地是开放水域与陆地之间过渡性的生态系统，它兼有水域和陆地生态系统的特点，具有其独特的结构和功能。

全世界湿地约有 5.14 亿 hm²，约占陆地总面积的 6%（Mitsch，1986）。湿地在世界上的分布，北半球多于南半球，多分布在北半球的欧亚大陆和北美洲的亚北极带、寒带和温带地区。南半球湿地面积小，主要分布在热带和部分温带地区。加拿大湿地面积居世界之首，约 1.27 亿 hm²，占世界湿地面积的 24%，美国有湿地 1.11 亿 hm²，再次是俄罗斯、中国、印度等。中国湿地面积约占世界湿地面积的 11.9%，居亚洲第一位、世界第四位。

湿地生态系统分布广泛，形成不同类型。常以优势植物命名，如芦苇沼泽、苔草沼泽、红树林沼泽等。湿地环境中有机物难以分解，故多泥炭的积累，湿地常呈现一定的发育过程：随着泥炭的逐渐积累，矿质营养由多而少，因此有富养（低位）沼泽、中养（中位）沼泽和贫养（高位）沼泽之分。

（1）富养沼泽。是沼泽发育的最初阶段。水源补给主要是地下水，水流带来大量矿物质，营养较为丰富。植物主要是苔草、芦苇、蒿草、柳、落叶松和水松等。

（2）贫养沼泽。往往是沼泽发育的最后阶段。由于泥炭层的增厚，沼泽中部隆起，高于周围，故称为高位沼泽。水源补给仅靠大气降水，营养贫乏。植物主要是苔藓植物和小灌木，尤以泥炭藓为优势，形成高大藓丘，所以这类沼泽又称泥炭藓沼泽

（3）中养沼泽。介于上述两者之间的过渡类型。营养状态中等，既有富养沼泽植物，也有贫养沼泽植物，苔藓植物较多，但未形成藓丘。地表形态平坦。

湿地生态系统广泛分布在世界各地，是地球上生物多样性丰富、生产量很高的生态系统。

它对一个地区、一个国家乃至全球的经济发展和人类生活的环境都有重要意义。因此，对于湿地生态系统的保护和利用已成为当今国际社会关注的一个热点。1971年全球政府间的湿地保护公约《关于特别作为水禽栖息地的国际重要湿地公约》（简称《湿地公约》）诞生，至今已有96个国家和地区加入了《湿地公约》，中国于1992年正式成为公约缔约国。

《湿地公约》指出"湿地是不论其天然或人工、永久或暂时的沼泽地、湿原、泥炭地或水域地带，常有静止或流动、咸水或淡水、半碱水或碱水水体者，包括低潮时水深不过6 m的海滩水域。还包括河流、湖泊、水库、稻田以及退潮时水源不超过6 m的沿岸带水区"。

湿地水文条件成为湿地生态系统区别于陆地生态系统和深水生态系统的独特属性，包括输入、输出、水深、水流方式、淹水持续期和淹水频率。水的输入来自降水、地表径流、地下水、泛滥河水及潮汐（海岸湿地）。水的输出包括蒸散作用、地表外流、注入地下水等。湿地水周期是其水位的季节变化，保证了水文的稳定性。由于湿地处于水、陆生态系统之间，对于水运动和滞留等水文的变化特别敏感。水文条件决定了湿地的物理、化学性质。水的流入总是给湿地注入营养物质；水的流出又经常从湿地带走生物的、非生物物质，这种水的交流不断地影响和改变着湿地生态系统。

水文条件导致独特植物的组成并限制或增加种的多度。静水湿地和连续深水湿地的生产力都不高。一般来说，具有高的穿水流和营养物的湿地生产力最高。湿地有机物在无氧条件下分解作用进行缓慢。湿地生态系统由于生产力高，分解得慢而输出又少，湿地有机物质便积累下来。湿地生物群落可以通过多种机制影响水文条件，包括泥炭的形成、沉积物获取、蒸腾作用、降低侵蚀和阻断水流等。

湿地土壤是湿地的又一主要特征，通常称为水成土，即在淹水或水饱和条件下形成的无氧条件的土壤。湿地土壤中有机物质的有氧呼吸生物降解受到条件的制约，几个无氧过程能降解有机碳，由厌氧菌进行发酵作用，为其他厌氧菌提供底物的中心作用，它将高分子质量的糖类分解成低分子质量的可溶性有机化合物，提供给其他微生物利用。在水的过饱和下，动植物残体不易分解，土壤中有机质含量很高。泥炭沼泽土的有机质含量可高达60%～90%。其草根层的潜育沼泽持水能力为200%～400%；泥炭沼泽较强，草本泥炭为400%～800%，藓类泥炭一般都超过1 000%。

湿地生态系统另一个特点是过渡性。湿地生态系统位于水陆交错的界面，具有显著的边际效应（或称边缘效应，edge effect）。所谓边际效应是指在两类（水、陆）生态系统的过渡带或两种环境的结合部，由于远离系统中心，所以经常出现一些特殊适应的生物物种，构成这类地带具有丰富物种的现象。

湿地有一般水生生物所不能适应的周期性干旱，也有一般陆地植物所不能忍受的长期淹水。湿地生态系统的边际效应不仅表现在物种多样性上，还表现在生态系统结构上，无论其无机环境还是生物群落都反映了这种过渡性。湿地生物群落就是湿地特殊生境选择的结果，其组成和结构复杂多样，生态学特征差异大，这主要由于湿地生态条件变幅很大，不同类型的湿地生境条件存在很大差异。许多湿生植物具有适应半水半陆生境的特征，如具有的通气组织发达，根系浅，以不定根方式繁殖等；湿生动物也以两栖类和涉禽占优势，涉禽具有长嘴、长颈、长腿，以适应湿地的过渡性生态环境。

七、城市生态系统

（一）城市生态系统的结构和功能

城市生态系统不仅是一个自然地理实体，也是一个社会事理实体，其边际包括空间边界、时间边界和事理边界。它既是具体的又是抽象的，既是明确的又是模糊的。

城市生态系统在结构上可分为三个亚系统，即社会生态亚系统、经济生态亚系统和自然生态亚系统，它们交织在一起，相辅相成，形成了一个复杂的综合体。自然生态亚系统以生物结构和物理结构为主线，包括植物、动物、微生物、人工设施和自然环境等。它以生物与环境的协同共生及环境对城市活动的支持、容纳、缓冲及净化为特征。在城市生态系统中，其生态金字塔呈倒立状。经济生态亚系统以资源为核心，由工业、农业、建筑交通、贸易、金融、信息和科教等子系统织成。它以物资从分散向集中的高密度运转，能量从低质向高质的高强度集聚，信息从低序向高序的连续积累为特征。社会生态亚系统以人口为中心，包括基本人口、服务人口、抚养人口和流动人口等。该系统以满足城市居民的就业、居住、交通、供应、文娱、医疗、教育及生活环境等需求为目标，为经济系统提供劳力和智力。它以高密度的人口和高强度的生活消费为特征。

城市生态系统的功能也有三方面内容，即生产、生活和还原。在生产上为社会提供丰富的物资和信息产品，包括第一性生产、第二性生产、流通服务及信息生产四大类。城市活动的特点是：空间利用率很高，能流、物流高强度密集，系统输入、输出量大，主要消耗不可再生性能源，且利用率低，系统的总生产量与自我消耗量之比大于1，食物链呈线状而不是网状，系统对外界依赖性较大。在生活上是指系统为市民提供方便的生活条件和舒适的栖息环境，一方面要满足居民基本的物质、能量及空间需要，保证人体新陈代谢的正常进行和人类种群的持续繁衍；另一方面还要满足居民丰富的精神、信息和时间需求，让人们从繁重的体力和脑力劳动中解放出来。还原保证了城乡自然资源的可持续利用和社会、经济、环境的平衡发展，一方面必须具备消除和缓冲自身发展给自然造成不良影响的能力；另一方面在自然界发生不良变化时，能尽快使其恢复到良好状态，包括自然净化和人工调节两类还原功能。

城市生态系统的功能是靠其中连续的物流、人流、信息流、货币流及人口流来维持的，它们将城市的生产与生活、资源与环境、时间与空间、结构与功能，以人为中心串联起来。弄清了这些流的动力学机制和控制方法，就能基本掌握城市这个复合体中复杂的生态关系。

（二）关于城市生态系统的几种观点

由于城市生态系统是一个高度复杂的系统，许多人从不同的学科对该系统进行了多方面的综合研究。当人们从不同的角度进行研究时，就产生了对城市生态系统的不同认识和观点。这些观点主要包括自然生态观、经济生态观、社会生态观和复合生态观几大类。

1. 自然生态观

这种观点把城市看成是以生物为主体，包括非生物环境的自然生态系统，它受人类活动干扰并反作用于人类。研究在这类特殊栖息环境中动物、植物、微生物等生物群体以及景观、气候、水文、大气和土地等物理环境的演变过程及其对人类的影响，以及城市人类活动对区域生态系统乃至整个生物圈的影响。城市自然生态研究中最活跃的有以下几个领域，一为城市人类活动与城市气候关系的研究；二为城市化过程对植物的影响及其功效和规划研究；三为城市及工业区自然环境容量、自持能力及生态规划研究。

2. 经济生态观

这种观点把城市看成是一个以高强度能流、物流为特征，不断进行新陈代谢，经历着发生、发展、兴旺和衰亡等演替过程的人工生态系统。通过对城市各种生产、生活活动中，物质代谢、能量转换、水循环和货币流通等过程的研究，探讨城市复合体的动力学机制、功能原理、生态经济效益和调控办法。有关城市物质代谢的研究重点在两方面，其一为资源包括水、食物、原材料的来源、利用、分配和管理；其二为废物包括废热、废水、废气和废渣等的排放、扩散、处理和再生等内容。其中也包括负载能力、环境容量、营养物质和污染物质的流动规律及对人和物理环境的影响等问题。总之，流经城市生态系统的物质除少数转变为生物量或为生物所利用外，大多数以产品和废品的形式输出，因而，其物质流通量远比自然生态系统大得多。

3. 社会生态观

这种观点从社会学的角度探讨了城市生态系统，认为城市是人类集聚的结果，集中探讨了人的生物特征、行为特征和社会特征在城市形成、发展过程中的地位和作用，如对人口密度、分布、生殖率、死亡率、人口流动、职业、文化和生活水平等都有大量研究，其中尤其以对城市人口密度的研究数量最多，包括个体生理学模型、行为模型、健康状况模型、心理学模型、拥挤度模型、人口发展史模型、系统生态学模型、经济效益模型及运输形式模型等。其中对城市生态系统中城市社会质量的研究是社会生态观各项研究中的一个热门话题，但由于怎样衡量城市生活水平牵扯到人的价值观念、生活方式等社会文化因素，所以，这是一个复杂而有争议的问题。

4. 复合生态观

城市生态系统既有自然地理属性也有社会与文化属性，这是一类复杂的人工生态系统。马世骏等将城市看成社会-经济-自然的复合生态系统，认为城市的自然及物理组分是其赖以生存的基础；城市各部门的经济活动和代谢过程是城市生存、发展的活力和命脉；而城市人的社会行为及文化观念则是城市演替与进化的原动力。社会-经济-自然复合体不是社会、经济和自然三者之间的简单加和，而是融合与综合，是自然科学与社会科学的交叉，是空间和时间的交叉。城市复合生态研究应以物质、能量高效率利用，社会、自然的协调发展和系统动态的自我调节为城市生态调控的目标。

思考题

1. 生态系统有哪些主要组成成分，它们是如何构成生态系统的？

2．什么是食物链、食物网和营养级？食物链包括哪些类型，在生态系统中有什么意义？

3．什么是负反馈调节，它对维护生态平衡有什么意义？

4．简述测定初级生产量的主要方法。

5．概括生态系统次级生产过程的一般模式。

6．提出一个普适生态系统能流模型。

7．生态系统中信息传递主要有哪几种类型？

8．地球生态系统可分为哪些主要类型？

第五章　生态系统服务价值的评估

一、生态系统服务价值的评估

（一）生态系统服务的概念

生态系统服务（ecosystem services）是指对人类生存和生活质量有贡献的生态系统产品（goods）和服务（services）。

产品是指在市场上用货币表现的商品；服务是不能在市场上买卖、但具有重要价值的生态系统的性能，如净化环境、保持水土、减轻灾害。

自 Holdren 和 Ehrlich（1974）提出生态系统服务概念以来，生态学界就给予了很大重视，尤其是美国马里兰大学生态经济学研究所所长 Costanza 等 1997 年在 Nature 杂志发表的文章：《世界生态系统服务和自然资本的价值》和 Daily 的《生态系统服务：人类社会对自然生态系统的依赖性》（Daily G. Nature's Services：Societal Dependence on Natural Ecosystems. 9th ed. Washington D C：Island Press，1997：392）一书出版以后，一个研究生态系统服务的热潮正在兴起，各国领袖、科学家和公众对保护生物多样性的重要性认识和支持积极性都显著地提高了。

（二）全球生态系统服务的总价值

Costanza（1997）根据已出版的研究报告和少数原始数据进行最低估计，获得全球生态系统提供的服务总价值为：每年平均 33 万亿（16 亿~54 亿）美元，与之相比，1997 年全球 GNP 的年总量为 18 万亿美元，即全球生态系统服务总价值大约为当年全球 GNP 的 1.8 倍。表 5-1 是 Roush 简化后的数据。

表 5-1　全球生态系统服务的价值（引自 Roush，1997）

生态系统	面积/百万 hm^2	价值/[美元/($hm^2 \cdot a$)]	全球价值/（万亿美元/a）
海洋	33 200	252	8.4
近海水域	3 102	4 052	12.6
热带森林	1 900	2 007	3.8
其他森林	2 955	302	0.9
草地	3 898	232	0.9
湿地	330	14 785	4.9
湖泊河流	200	8 498	1.7
农田	1 400	92	0.1

全球价值=33.3 万亿美元/a

单位面积价值最高的是湿地（14 785 美元），远高于热带森林（2 007 美元）。关于湿地生态系统的重大价值，我们在下面还要提到。

（三）各类生态系统服务价值的比较

各类生态系统服务比较可以从两个指标，即单位面积价值与全球总价值，进行比较。其关系是：

$$某生态系统全球总价值＝单位面积价值×该生态系统全球面积$$

将 8 种生态系统的全球总价值进行比较。海岸（近海水域）生态系统的总服务价值最高，海洋的次之，然后是湿地、热带森林、湖泊河流、其他森林、草地、农田。

将以上 8 种生态系统的单位面积价值进行比较。单位面积价值最高的是湿地，其次是湖泊河流，然后是海岸（4 052 美元）、热带森林、其他森林（302 美元）、海洋（252 美元）、草地（232 美元），农田最低（92 美元）。

在全球总价值中，大约 63%（21.0 万亿美元）来自海洋，其中近海生态系统 12.6 万亿美元。

森林生态系统的意义，尤其是热带森林，是大家谈得最多的，中小学课本都有介绍，如保持水土，调节气候，净化空气，提供野生动物栖息地等。

湿地的主要生态系统服务功能是：① 湿地是初级生产力最高的生态系统，如芦苇塘；与森林比较，森林不进行生产的、支持组织的量是很大的；② 湿地又称"自然之肾"，调节自然界的淡水量，具有抗干旱和抗洪水的能力；③ 湿地在养分循环上具有特别重要的意义；④ 湿地在净化环境污染物方面有重要的作用；⑤ 鸟类等生物多样性很高。

Woodward 等（2001）根据 39 个案例的研究结果，运用 meta-analysis 方法证明，各种类型湿地的服务价值有很大的区别，所以有必要分别按类型确定服务价值，并进行比较研究，找出其变异规律。

生态系统服务的项目数，在不同研究报道中是不一样的。Costanza 在 1997 年的文章中列出 17 个服务项目，后来在 2002 年的另一论文中提出把服务项目分为四类：即供给或生产功能、调节功能、支持或栖息地功能和文化或信息功能，共 23 项。

1. 供给或生产功能

（1）食物：从太阳能转变为可以食用的植物和动物有机体。

（2）原料：从太阳能转变为生物量结构，作为其他用途。

（3）遗传资源：包含遗传信息的基因资源。

（4）药物资源：取自自然界的生物或其产物。

（5）装饰物：毛皮、鸟羽、兰花、蝴蝶、观赏鱼等。

2. 调节功能

（6）气体调节：CO_2/O_2 平衡、臭氧层等。

（7）气候调节：调节和维持良好的天气和气候。

（8）防干扰：防风暴、洪水和干旱等。

（9）水调节：天然排水和雨水灌溉。

（10）水供应：饮水、工业用水和农业灌溉。

（11）水土保持：维持耕地的水土、防止侵蚀。

（12）土壤形成：耕地生产力的维持。

（13）营养物调节：生物对于营养物的储存和再循环。

（14）废物处理：控制污染、去毒作用、尘埃过滤。

（15）传粉：生物对于植物花粉的传播。

（16）生物防治：如控制虫害和疾病，减少食草动物的危害

3. 支持或栖息地功能

（17）野生生物栖息地：维持生物多样性，包括遗传多样性。

（18）繁殖和养育基地：作为农业和商业用生物的养育和繁殖的基地。

4. 文化或信息功能

（19）美学信息。　　（20）生态旅游。　　（21）文化和艺术。

（22）宗教和历史。　（23）教育和科学。

从现在看来，也不容易把所有项目的价值全都估计出来，例如，海洋有生物活性的药物是随着科学的发展而逐步增加的，可以作为人类营养补品的天然物质也是不断增加和有待于开发的，而且文化和艺术、教育和科学等项目的服务价值也不容易正确评估，并且，随社会和经济条件的不同，其变动是相当大的。

（四）生态系统服务值得强调的几个方面

（1）生态系统服务都是客观存在的，它与生态过程紧密地结合在一起。生态系统，包括其中各种生物种群，在自然界的运转中，充满了各种生态过程，同时也就产生了对人类的种种生态系统服务。只要自然生态系统存在，各种生态过程运行正常，不管人们是否认识到其意义和估计了它的价值，它都给居住在地球上的人类提供着无偿的或有偿的服务。另一方面，由于生态系统服务在时间上是从不间断的，所以从某种意义上说，其总价值是无限大的。全人类的生存和社会的持续发展，都要依赖于生态系统服务。

（2）最重要的生态系统服务价值多数是还没有进入市场的间接价值，具有对环境和生命维持系统的许多重大调节功能，如 CO_2 和 O_2 平衡、水土保持、土壤形成、净化环境。这部分价值在以往被人们认为是可以"免费"使用的、"公共的""自然恩施"，社会对此并没有加以任何控制，并且其价值明显地大于可以作为买卖的直接价值。

要使公众和政府认识生物多样性保护的重大意义，其主要困难就在于人们如何把有价值的自然生态过程的种种机理都能认识和掌握，并加以定量，把非财政利益翻译为财政利益。但是，传统的经济学并没有估计这类生态系统服务的间接价值，因此，很多学者认为，发展生态经济学是当前重要的任务。

从这个意义上说，生态系统服务的价值，就是现在所谓的自然资本，生态经济学的迫切职责，就是要把它估计出来，充分发挥应有作用。

（3）生态系统服务中，有不少服务是跨地区、超越国界的，如热带森林在保护良好气候和减少温室气体上有重要的作用。不少属于这一类生物多样性的生存价值（existence value），其价值不能从本地生物资源直接获得，而依附于别的国家的、遥远的生态系统提供服务。因

为世界上发展中国家多数为富有生物多样性的，而发达国家由于其发达的工业，许多环境污染物（如燃料消费和化学物生产）的产生，往往大部分都来源于发达国家。国际保护署曾为此偿还发展中国家某些债务，以交换其为生物多样性的保护所作出的贡献，即所谓"以货易货的自然债务"的原则。同样，我国东部人民也依赖于西部公众对于生物多样性的保护。广东北部是山区，东南部是发达地区，同样应该支持欠发达的山区。

（4）Costanza 还提出，根据此项研究可以得到一个重要结论：社会应彻底检查和修改其环境和经济政策，如对湿地丧失收取税收。当然，也有学者说，每个生态系统是不同的，通用的环境税可能会导致某一些地区的过保护和另一些地区的低保护。不过，后者显然是可以通过试行和在实践中修正而解决的。

过保护和低保护的提法，表明了他们既反对只发展经济而忽视自然保护，又反对只要保护而不能开发的两种极端片面的观点。

（5）Holmhand 等（1999）把生态系统服务划分为基本和需求推动的两类。前者是维持生态系统功能和稳定性所必需的，它们都是人类生存的基本前提，通常没有与市场的经济价值发生直接的联系。后者如食品、水产养殖和药用植物种植的产品，它们是由人类需求和直接经济价值所驱动的。

对于人类而言，在获取产品和维持稳定生存条件的基本生态系统服务之间常常会出现冲突或矛盾，需要用权衡（trade-off）来加以解决。例如，过多的种植和养殖系统必然会影响自然生态系统对人类提供的基本服务。对此如何进行协调，正确地定量评估两类生态系统服务的价值也是正确作出决策的基础。而这一点正是人们所容易忽视的。

（五）生态系统服务价值评估的重要意义

（1）生态系统服务估价较好地反映了自然资本（natural capital）的价值，它对提高公众对生物多样性的重要性意识和国家领导人作保护生物多样性与生态系统决策时，都是非常重要的。因为人们通常容易把发展经济与保护自然环境对立起来。

（2）它从理论上说明，生态系统的许多服务项目，是人类几乎无法用其他方式替代的。据估计，要想通过人类自己来解决这些服务，每年人均至少要花 900 万美元。

（3）各种生态系统服务项目在各类生态系统上的相对价值，有助于说明其对于人类社会持续发展的相对重要性，从而为各级政府有关部门在制订具体方案和采取措施时提供背景值。也有助于解释生物多样性为什么正在衰退。

毕竟这项研究还处于初级阶段，也存在不少问题。例如，在地球上的生态系统中，人们对荒漠、冻原等生态系统还没有充分的研究资料；即使已经有很多资料的生态系统，也会有人们忽视或没有认识的重要服务项目；在不同洲和不同区域的同一类生态系统，其生态过程也可能有重要的区别，它们也必然会影响到其服务的价值。因为生态系统生态学的理论本身还处于尚未充分发展的阶段，所以，全球生态系统服务价值的研究只能说是一种探索性的研究，不可避免地有其局限性。

但是，最重要的是，这项研究刺激了生态系统服务的进一步研究，包括生态系统模型的构建、自然生态与社会经济的结合、全球生态系统更深层次的研究。

二、对于生态系统服务价值评估的争论

Costanza（1997）的文章在 *Nature* 发表以后，媒体反响很大，到 2002 年 2 月，科学期刊的引用就达到 375 篇，还有 4 种刊物出版了"生态系统服务价值评估"专刊或论坛（*Ecological Economics* 1999 年第 2 期，*BioScience* 2000 年第 4 期，*Ecosystem* 2000 年第 3 期，*Environmental Science and Technology* 2000 年第 8 期）。这一方面说明了问题的重大意义，这些概念和方法有助于指导人类在发展经济与保护自然之间进行权衡时作出科学、合理的决策，制订科学的措施，以使人类社会得以持续生存和发展。另一方面也表明还有许多争论。例如 *Ecosystems*（其主编是 Carpenter & Turner）2000 年第 3 卷第 1 期组织发表了 8 篇文章（1~40 页），专门讨论：生态系统服务价值的评估（Valuation of ecosystem services）。

第一篇：文章的题目就是打开黑箱（*Opening the black boxes: ecosystem science and economic valuation*），作者 Stephen R. Carpenter 和 Monica Turner（1~3 页）。他们在强调评估意义时，指出经济学家和生态学家对此还有不少争论，因此邀请了各方著名的自然和社会科学家，写文章讨论生态系统服务的评估问题。

第二篇是《生态系统服务价值评估及其社会目标》（*Social goals and the valuation of ecosystem services*，4~10 页）。由 Robert Costanza 讨论了评估的动机，并区分了导致研究途径和方法不同的三种目的：效率（efficiency）、公平（fairness）和持续力（sustainability）。

Chavas Jean-Paul 在其 *Ecosystem valuation under uncertainty and irreversibility* 文章（11~15 页）中，综述了经济学家评估这类问题的各种途径，特别指出这种评估是在不确定性和不可逆性的情形下进行的。

Starret D A 在《经济学中的影子定价》（*Shadow pricing in economics*，16~20 页）文章里预示了从经济学价值概念看生态学评估的"阴暗面"。

Heal G 在 *Valuating ecosystem services*（24~30 页）中讨论了经济学评估的前景，并认为生态学家把焦点投放到激励机制上，将会有更好的效果。

Lowell Pritchard Jr 等在 *Valuation of ecosystem services in institutional context* 文章（36~40 页）中指出，生态学价值是自然-社会相互作用下的动态变化的结果，并强调在选择对策时考虑可适应管理的重要性，这才是解决生态的、社会的和政治的不确定性比较好的方法。

显然，在当时的条件下，对于生态系统服务价值的评估问题，看法是很不一致的，争论相当大。我们就 Heal 文章的结论来说："强调对于生态系统及其服务进行评估，这可能是错了位，经济学不可能在自然环境对社会的重要性问题上作出估价，只有生物学才能做。经济学的作用是帮助设计制度，使制度为保护重要的自然系统提供激励机制，并调节人类对于生物圈的影响，使其保持持续能力。例如，热带森林保护与它在二氧化碳问题上，如果能够给森林土地所有者 100~150 美元/(hm^2·a)就能有较好保护后果。"这正说明两个学科在当时还没有很好地结合。

Lowell Pritchard Jr 等的文章还进一步指出，要考虑生态系统的复杂性和弹性，用非线形和动态行为、可适应制度（adaptive institution）来综合经济学和生态学两种评估方法，并认为这样的途径是最有希望的。但是在当时，这只是一种有价值的思路，还没有见到报道。

三、生态系统服务价值研究的最近进展

2002 年《生态经济学》（*Ecological Economics*）杂志的第 3 期，是关于生态系统服务价值及其动态的专刊，整合经济学与生态学远景（SPECIAL ISSUE："The Dynamics and Value of Ecosystem Services: Integrating Economic and Ecological Perspectives"），反映了这方面的进一步发展。

专刊包括 12 篇论文，目的是说明生态系统服务价值评估的概念与方法，它是美国国家生态分析和综合中心（NCEAS）支持的三年研究的总结。这些文章覆盖了生态系统服务和动态问题概念的、经验的和模型的研究，它对于激烈争论的问题给出了新的回答；同时，在研究过程中也发现了关于生态系统服务价值评估的许多新的有价值的观点。

下面这篇文章是最重要的：Roelof Boumans & Robert Costanza 的《用 GUMBO 模型模拟综合地球系统的动态和全球生态系统的价值》（*Modeling the dynamics of the integrated earth system and the value of global ecosystem services using the GUMBO model*，529～560 页）一文报道了一个新的模型：即全球统一的、生物圈的、meta-模型（global unified meta-model of the biosphere，GUMBO）。为什么叫 meta-模型？因为它综合和简化了自然和社会科学中现有的全球动态模型，是中等复杂程度的模型。

模型目的是模拟综合地球系统，估计生态系统服务的价值和动态。GUMBO 模型有 234 个状态变量，930 个总变量和 1 715 个参数，是在动态地球系统中关于人类技术、经济生产和福利与生态系统服务之间包括动态反馈的第一个全球模型。

GUMBO 模型包括若干子模型，模拟通过大气圈、岩圈、水圈和生物圈的碳、水和营养物流。社会和经济动态放在人类圈之内模拟。

GUMBO 在假设了未来的技术变化、投资对策和其他因素的情况下，模拟了未来，并估计了各种情况下能够支持经济活动和人类福利的生态系统服务价值。用这个方法估计的全球生态系统服务价值大约是 2000 年世界总生产值（GWP）的 4.5 倍。

本模型能够通过网址 http://iee.umces.edu/GUMBO 下载，并且能在一般的 PC 机上运行，允许使用人探讨系统的复杂动态，预测各种假设下的后果。

由此可见，该项研究使生态系统服务价值研究推进了一大步，把全球生态系统服务研究与人类的社会和经济活动联系起来，通过地球四圈（大气圈、岩石圈、水圈和生物圈）的碳、水和营养物流，分析生态系统服务价值的动态变化。

（1）模型是怎样估计市场和非市场价值的？Paul C. Sutton 和 Robert Costanza 在 *Global estimates of market and non-market values derived from nighttime satellite imagery, land cover, and ecosystem service valuation*（509～527 页）一文中作出了答复。用 1 km² 精度的两类人造卫星图像估计全球市场和非市场的价值。

GDP（国内生产总值）与被测国家散发的光能总量（LE）（用夜间卫星图像）是相关的。散发的 LE，在空间上比整个国家的 GDP 更加能说明问题，可能是更正确的指标，它可以直接观察，并容易以年为基础更新。就我们所知，这是第一张这样高精确度（1 km²）的全球市场经济活动产出图。

ESP（生态系统服务生产总值，ecosystem services product）是一种重要的非市场价值。Sutton，Costanza 等用 IGBP（国际地圈-生物圈计划）土地覆盖数据集和单位生态系统服务价值估计了生态系统服务生产总值，即 1 km² 精度的 ESP 值。以这种分析方法获得的各国非市场价值的数据和绘制的地图，除在 Sutton，Costanza 的 *Global estimates of market and non-market values derived from nighttime satellite imagery, land use, and ecosystem service valuation*（*Ecological Economics*，2002，41：509-527）论文刊登外，还可以从网上下载（http://www.geography.du.edu/sutton/esiindexisee/EcolEconESI. htm）。

（GDP+ESP）=SEP，SEP 是一个测量亚-总生态-经济的生产（市场的+大部分非市场的）指标。

比率(ESP/SEP)×100=%ESP 是一个生态系统服务生产占亚-总生态-经济的生产的百分比。

这样估计了 SEP 和%ESP，按国家计算，并绘出了每平方千米像素的全球图。结果显示了 GDP、ESP 和 SEP 的详细空间分布格局。这些图可以从下面的网址获得：http://www.du.edu/psutton/ esiindexisee/EcolEconESI.htm。

全球分布：GDP 集中在北半球工业发达国家；

ESP 集中在热带地区、湿地和其他海岸系统；

%ESP 的分布，比利时和卢森堡 1%，荷兰 3%，印度 18%，美国 22%，哥斯特黎加 49%，智利 57%，巴西 73%和俄罗斯 92%。

高人均 GDP 显然集中在北半球工业发达国家；而高人均 ESP 的分布比较复杂，有不同情况。

（2）下一个问题是空间尺度是否影响生态系统服务价值的评估？ Keri M Konarska 等在论文 *Evaluating scale dependence of ecosystem service valuation: a comparison of NOAA-AVHRR and Landsat TM datasets*（*Ecological Economics*，41：491-507）中比较了两个土地覆盖数据集：

①1 km² 图像，来自 IGBP（国际地圈-生物圈计划）数据集的 1 km² NOAA—AVHRR（National Oceanic and Atmospheric Administration—Advanced Very High Resolution Radiometer imagery，国家海洋大气局——高分辨力辐射计图像），包括 17 种生物群系。

②30 m 图像，30 m 地球资源卫星图像（Landsat Thematic Mapper）来自美国地质勘测与环境保护局（US Geological Survey and the US Environmental Protection Agency）协作计划的国家陆地覆盖数据集（National Land Cover Dataset（NLCD）），有 21 种土地覆盖类型。

为比较两个数据集，作者提出一个通用的包括 8 个类型的框架。测定对每个数据集中在这些土地覆盖类型的地区的面积，然后乘生态系统服务价值，得到生态系统服务的总价值。

结果表明：根据 1 km² 分辨力 IGBP 数据的总价值是 2 590 亿美元/a；

根据 30 m 的 NLCD 数据集的总价值是 7 730 亿美元/a。

结果差别相当大，作者认为生态系统服务价值评估的主要差别是由于 30 m 的数据集的湿地面积增加。

这些方法应用了土地覆盖面积作为生态系统服务的测量"代理"者。文章讨论了这些方法的某些缺陷、希望和前途。

（3）生态系统服务价值的评估

① 这次生态学评估结果与 Costanza（1997）的结果是可以比较的。这次应用 1994 年的生物圈数据所作的生态学评价结果是：生态系统服务总价值接近于 25 万亿美元，这个值与 Costanza 等（1997）研究的值 33 万亿美元是可以相比较的。并且，分析的结果也显示，全部可市场化产品的市场价格与影子生态价格（shadow ecological price）是彼此相符的，只有化石燃料是被市场所低估的。

② 以谈话为基础的生态系统服务价值的评估。Matthew A. Wilson 和 Richard B. Howarth 在论文 *Discourse-based valuation of ecosystem services: establishing fair outcomes through group deliberation*（*Ecological Economics*，41：431-443）中认为，以谈话为基础的生态系统服务价值的评估更加具有协商性方式：这种方式聘用一小组市民，作生态系统服务价值的评估。传统的生态系统价值评估所使用的方法，如条件价值评估法（是假想市场法的一种），是基于对个人提出问题，要他们评价所接触到的生态系统的产品和服务的价值如何。个别表达的价值评估方法与生态系统服务的公共性质之间是有区别的。因为生态系统服务的分配情况直接影响着许多人，分配还产生社会公正的标准问题。小心设计的谈话方法能否帮助达到社会公正的目的?该文章还探讨了以谈话为基础的生态系统服务价值评估方法的理论和标准的假设，并检验这种方法在使用场合中的程序。显然，这篇文章还没有肯定这种方法。

（4）评估应该考虑生态系统的非线形动态特征。Karin E. Limburg 等在文章 *Complex systems and valuation*（409-420）中认为，生态系统和经济系统无疑是十分复杂的。但是，学者已经提出一些明显的描绘生态系统服务的重要方法，特别值得一提的是生态系统的非线形动态的特征。

该文综述了与复杂系统有关的某些特征。生态系统是复杂的、可适应系统，包括它们的非线形行为、阈值、反馈和稳定性。

生态系统与经济系统有许多共同的特征，但是对这些系统的评价，往往是从人类的短期利益或喜好出发。

由于人类对于地球的影响力日益增加，所以，我们在对生态系统服务的评价中，有必要从选择各种资源转到回避灾难性的生态系统的变化。在这里作者提出了方向，但还没有实际运用结果。

（5）在将分散的数据建立数据库方面的进展：

大量关于生态系统服务价值的信息分散在各学科文献、政府报告或互联网上，并且难以比较和分析。为解决这个困难，Rudolf S. de Groot 等在文章 *A typology for the classification, description and valuation of ecosystem functions, goods and services*（393-408）里提出一个概念框架和一个可以相容而比较一致、并且能进行描述和分类生态系统服务项目的方法。在随后的分析中，为 23 种生态系统功能（它们提供了更多的生态系统服务项目）的范围提出了一种分类框架。文章的第二部分还提供了能把这些生态系统功能与生态学的、社会文化的和经济学的评估方法联结起来的清单和矩阵。

Karin E. Limburg 等在文章 *Designing an integrated knowledge base to support ecosystem services, valuation*（445-456）里指出，对于生态系统服务价值进行定量，对于获得社会承认和被不同地理尺度的生态系统管理中所承认，都是十分重要的。然而，为实现这种定量和提出动态模型所需要的数据，在当前是分散的、不完全的和难以应用的。因此，文章描述了生态系统服务数据库 Ecosystem Services Database（ESD）的设计和一个综合的、网上可以接近的知识库，后者把时间与空间清楚的数据与动态模拟模型连接起来。ESD 的体系结构支持单位的标准化、时间和空间尺度的转换和进行统计分析。

以过程为基础的动态模型和价值估计的方法，可以方便地拥有为计算机终端的学者使用，或者是具有个人计算机的使用开放性软件资源。

知识库提供的服务是：① 若干研究领域的研究人员用作通信工具；② 作为 meta-analysis

综合和预测的工具；③ 作为生态系统服务及其评价的知识的教育和普及工具等。

思考题

1．结合你的理解，谈一谈生态系统服务的概念及其功能价值的内涵。
2．结合我国生态环境的现状，谈一谈生态系统服务价值评估的现实意义。
3．生态系统服务有哪些主要的评估方法？

第六章　退化生态系统的恢复

第一节　干扰与退化生态系统

一、干　扰

（一）干扰的含义、性质和类型

1. 干扰的含义

干扰就其字面含义而言，是平静的中断、正常过程的打扰或妨碍。在经典生态学中，干扰被认为是群落内在的发展动力，是影响群落结构和演替的重要因素。Clements（1916）在研究群落演替过程时，认为干扰是阻碍生物群落达到演替顶极的力量。20 世纪 50 年代后，研究演替的重点由过程转向机理，从而使干扰不断得以深入研究。近年来，越来越多的研究人员认识到生态系统发展变化的速度和方向，在很大程度上是由干扰决定的。20 世纪 70 年代以来，干扰对植物群落动态的影响得到广泛的研究。干扰在大多数情况下阻碍植物群落演替的进展，甚至使植物群落逆反到早期的演替阶段，只是在少数情况下，干扰有助于生态系统的进展，尤其是发生人类干扰的一些情况下。

国内外许多学者在研究干扰对生态系统的影响时，都试图给干扰一个确切的定义，目前干扰的定义仍随着研究的深入而不断发展，常见的定义主要有：

（1）Bazzaz（1983）在论述种群的性质与干扰的关系时将干扰定义为：与其种群本身性质和原因无关，能够立即引起种群反应的敏感变化，并且在景观水平上突然改变资源量的因素。

（2）Sousa（1984）认为：干扰是一个对个体或群落产生了不连续的、间断的破坏或毁灭性的作用，这种作用能直接或间接地为新的有机体定居提供机会。

（3）White 和 Pichett（1985）曾将干扰定义为：破坏生态系统、群落和种群的结构，能够改变资源、基质的最高获得量和物理环境的所有时间上不甚连续的一切因素。认为干扰是相对来说非连续的事件，它破坏生态系统、群落或种群的结构，改变资源、养分的有效性或者改变物理环境。

（4）Rykiel（1985）认为：干扰是一个偶然发生的不可预知的事件，是在不同空间和时间尺度上发生的自然现象。

（5）Forman 和 Godron（1986）将干扰定义为：使群落和生态系统的属性（种的多样性、养分的释放、垂直和水平结构等）脱离一般或恒定变动范围的因素。

（6）彭少麟（1996）在研究我国南方热带亚热带森林群落动态时认为：干扰是生命系统（包括个体、种群、群落和生态系统等各个水平）的结构、动态和景观格局的基本塑造力，它不但影响了生命系统本身，也改变了生命系统所处的环境系统。

综上所述，干扰的含义应该是：群落外部不连续存在、间断发生的因子的突然作用或连续存在因子超"正常"范围的波动，这种作用或波动能引起有机体、种群或群落发生全部或部分明显的变化，使其结构和功能受到损害或发生改变。

干扰可以影响植物群落动态的各个方面，在干扰对群落的异质性（非均衡性）和干扰对群落的稳定性方面，不少学者已取得了不少研究成果；但到目前为止，对于干扰专题性的研究和探讨较多地集中于自然干扰，而对人为干扰尚缺乏较为系统的研究。

2. 干扰的性质

（1）干扰的一般性质。每一种干扰都有其特性，如干扰强度、作用频率、干扰范围和作用时间等。干扰的这些特性（类型、频率和强度等）在某一时间过程的综合被称为干扰体（disturbance regime）。不同的自然景观不仅有各自的自然特性，也具有各自的干扰体。干扰范围是指干扰体作用的空间范围的分布特点，它常与地理、地形和环境梯度有关。干扰的频率是指同一空间范围或同一组织水平内，单位时间内某一干扰发生的次数，其倒数称为干扰周期。干扰强度是指干扰发生时，干扰因素所表达出的能力值。由于干扰因素的差异，这一特性的定量分析要视具体干扰类型来确定，在实际工作中常把干扰强度分为轻度干扰、中度干扰和重度干扰。干扰的时间尺度是指干扰发生的具体时刻及其持续的时间跨度，不同时间的干扰作用会产生不同的干扰效果。White 和 Pichett（1985）把干扰的一般性质概括如表 6-1 所示。

表 6-1　干扰的一般性质及特点

干扰的性质	定义
分布（distribution）	空间分布包括地理、地形、环境、群落梯度
频率（frequency）	一定期间内干扰发生的次数，常用小数表示
重现间隔（return interval）	频率的倒数，从本次干扰到下次干扰的平均时间
周期（cycle）	将整个研究区域扰动一遍所需的平均时间
交替时间（rotation period）	与调查地相等面积受干扰所需的时间
预测性（predictability）	以重现间隔的倒数来测定
面积（area）大小（size）	受干扰的面积，每次每一定时间内的干扰面积，或者用每一干扰种类在一定时间的总面积来表示
规模（magnitude）和物理强度（intensity）	在一定时间、一定地区内所给予的一次物理上的力（例如，火灾发生平均面积、时间的放热量）
影响度（severity）	对生物体、群落或生态系统的影响程度
协和作用（synergism）	对其他干扰的影响（如干旱与火山，害虫与风倒等）

（2）干扰的离散性和周期性。由于干扰有非确定性的突发或时间上的不连续性，即与非干扰引起的生态系统本身的"恒定变化"不同，因而干扰显然是离散的。但对于许多自然干扰因子和干扰后果来说，却存在着统计意义上的周期性。通常，在自然界中，规模较小、强度较低的干扰发生频率较高，而规模较大、强度较高的干扰发生的周期较长。前者对生态系统的影响较小，而后者所产生的生态环境影响较大。

（3）干扰具有较大的相对性。干扰的各种特性应该随着作用对象的不同而有差异，某一因素对某一特定对象来说可能是干扰，对其他对象就不一定是干扰，可能是生态系统的正常波动。是否对生态系统形成干扰不仅仅取决于干扰本身，同时还取决于干扰发生的客体。对干扰事件反应不敏感的自然体，或抗干扰能力较强的生态系统，往往在干扰发生时，不会受到较大影响，这种干扰行为只能成为系统演变的自然过程。

（4）异源性和相关性。对生态系统的干扰的动力来源是多种多样的，干扰源的多样性也就是干扰的异源性。干扰源的多样性中常有相关的现象，如火灾干扰因子与干旱干扰因子相关等，这是时序上的相关，也有成因上的相关因素。而有些干扰因子的出现，完全是前一个干扰因子产生的，即完全的成因相关。例如，土壤营养缺乏干扰因子与水土流失干扰因子相关，病虫害的发生干扰因子与气候异常干扰因子相关等。

（5）干扰具有明显的尺度性。干扰反映了自然生态演替过程的一种自然现象，对于不同的研究客体，干扰的定义是有区别的，但干扰存在于自然界的各个尺度的各个空间。在景观尺度上，干扰往往是指能对景观格局产生影响的突发事件；在生态系统尺度上，对种群或群落产生影响的突发事件就可以看作干扰；而从物种的角度，能引起物种变异和灭绝的事件就可以认为是较大的干扰行为。如生态系统内部病虫害的发生，可能会影响到物种结构的变异，导致某些物种的消失或泛滥。对于种群来说，是一种严重的干扰行为，但由于对整个群落的生态特征没有产生影响，从生态系统的尺度，病虫害则不是干扰而是一种正常的生态行为。同理，对于生态系统成为干扰的事件，在景观尺度上可能是一种正常的扰动。

（6）干扰经常是不协调的。常常是在一个较大的景观中形成一个不协调的异质斑块，新形成的斑块往往具有一定的大小、形状。干扰扩散的结果可能导致景观内部异质性提高，未能与原有景观格局形成一个协调的整体。这个过程会影响到干扰景观中各种资源的可获取性和资源结构的重组，其结果是复杂的、多方面的。

（7）干扰又可以看作是对生态演替过程的再调节。通常情况下，生态系统沿着自然的演替轨道发展。在干扰的作用下，生态系统的演替过程发生加速或倒退，干扰成为生态系统演替过程中的一个不协调的小插曲。例如，土地荒漠化过程，在自然环境（如全球变暖、地下水位下降、气候干旱化等）影响下，地球表面许多草地、林地将不可避免地发生退化，过度放牧、过度垦荒等人为干扰会加速这种退化过程，可以说干扰促进了生态演替的过程。然而通过合理的生态工程建设，如植树种草、封山育林、退耕还林还草、引水灌溉等措施，可以使其向反方向逆转。

（8）干扰因子的协和作用和主导干扰因子。自然干扰常常不是独立出现的，当多个干扰因子同时出现时，往往会有协和作用而增加对生态系统和群落的影响力。而在多个干扰因子中，常会有一个或若干个主要干扰因子，其他则对生态系统的影响力很小。

3. 干扰的类型

根据不同的原则，干扰可以分为不同类型，一般有 3 种划分方法。

（1）按干扰的动因可以划分为自然干扰和人为干扰。自然干扰指无人为活动介入的在自然环境条件下发生的干扰，包括大气干扰、地质干扰和生物干扰等。在不同的地理区域，自然干扰的因素是不同的。Pickett（1985）曾把自然干扰定义为"使生态系统生物群落和种群结构受到破坏，使资源基础的有效性或物理环境发生改变而在时间上相对离散的事件"，如火灾、冰雹、洪水冲击、雪压、异常的霜冻、酸雨、地震、泥石流、滑坡、病虫害侵袭和干旱等自然干扰因素。自然干扰又可分为物理因素和生物因素。物理因素主要有火烧、冰雹、风暴、雪压和雪暴、洪水、大潮汐、降水变化、干燥胁迫、河岸和海岸冲击、沉淀、地表运动过程等。生物因素有捕食或放牧，伤害或取代其他有机体的非捕食行为（如草地哺乳动物和蚂蚁的挖掘），以及生态系统中大型食肉动物的消失所导致的食草动物的压力减轻，进而造成植被动态过程的深刻变化等。

所谓人为干扰，是区别于自然干扰的另一种主要干扰方式，是指由于人类生产、生活和其他社会活动形成的干扰体对自然环境和生态系统施加的各种影响，包括有毒化学物质的释放与污染、森林砍伐、植被过度利用、露天开采等人为活动因素对生态系统的影响，属社会性的压力。从人类角度出发，人类活动是一种生产活动，一般不称为干扰，但对于自然生态系统来说，人类的所作所为均是干扰。从某种角度看，人类对生态系统干扰的作用力和影响范围，远远超过了自然干扰。现在，包括极地在内，已经没有任何生态系统未受到人类活动或其合成产物的影响。人为干扰因素因区域不同而异，并与社会发展水平、产业结构特征及生产手段和方式有关。人为干扰往往叠加在自然干扰之上，共同加速生态系统的退化。在某些地区，人为干扰对生态退化起着主要作用，并常造成生态系统的逆向演替，以及不可逆变化和不可预料的生态后果，如土壤荒漠化、生物多样性丧失和全球气候变化等。

（2）按干扰来源划分为内源干扰和外源干扰。在生态学发展的早期，人们就认识到群落演替有两种情况：自源发生和异源发生。前者的变化是由系统的生命系统所驱动，而后者则存在一个外部驱动的环境压力。据此，人们把对变化起作用的因子又分为内源因子（群落内部的）和外源因子（群落外部的）。通常，自然干扰被看作外源因子，在没有干扰发生期间，群落演替由内源因子驱动。

内源干扰是指由内源因子对系统发生的作用，是在相对静止的长时间内发生的小规模干扰，对生态系统演替起到重要作用。对此许多学者认为其是自然过程的一部分，而不是干扰。外源干扰的动因源于系统外部，是短期内的大规模干扰，打破了自然生态系统的演替过程，强烈的火灾、风暴、沙暴、冰雹、霜冻、洪水、雪压、干旱和人为砍伐、放牧等都属于生态系统的外源干扰，其影响与生态系统自身特点有关，干扰作用的利害也是多方面的。

由于大多数干扰因子是突发性的，其作用的效应又具有滞后性，所以，内源干扰和外源干扰有时是很难区别的。研究工作的做法是把内源因子和外源因子看作一个连续谱的两个端点，运用外源-内源连续谱来认识和辨析干扰因素的作用。

（3）按干扰性质划分为破坏性干扰和增益性干扰。多数自然干扰和人为干扰会导致生态系统正常结构的破坏、生态平衡的失调和生态功能的退化，这些影响有时候甚至是毁灭性的，如各种地质灾害、气候灾害、森林采伐和长期的过度放牧等掠夺式经营。这些干扰中，自然干扰往往是人力无法抗拒和挽回的，而对生态系统有破坏性的人为干扰则是能够逐渐减少乃至杜绝的。

干扰并不总是对生态系统的一种破坏行为。例如，对森林生态系统来说，人类经营利用森林，如合理采伐、修枝、人工更新和低产、低效林分改造等一些人为干扰，就可以促进森林的发育和繁衍，提高森林生态系统服务功能的效率。此外，从生物意义上讲，有些干扰也是积极的，甚至是必要的。根据中度干扰假说（生物群落演化的重要学说之一），适度的干扰可以增加生态系统的生物多样性，而生物多样性的增加往往又有益于生态系统稳定性的提高。

在草地生态系统中，适时、适当地进行人为干扰，可以促进植被更新，保持草地生态系统的稳定。例如，草甸草原在长期缺乏干扰的情况下，凋落物积累增加，土壤蓄水量增加，形成过于潮湿的环境后，草地会逐渐沼泽化，生物多样性也会下降。但是如果适时进行放牧、火烧等干扰处理，则可以防止这种演变的发生。

（二）人类干扰的主要形式及后果

人类对生态系统干扰的形式和途径很多，它们产生的效应和表现形式也多种多样（表6-2）

表6-2　人类对生态系统干扰的方式与效应

人为干扰方式		效应
传统劳作方式	对森林和草原植被的砍伐与开垦	植被退化，水土流失加剧，区域环境恶化；生物生境遭破坏，生物多样性丧失
	采集	生物资源被破坏，一些物种灭绝
	采樵	生态系统能量和养分减少，生物生存活动受破坏；草原遭破坏
	狩猎和捕捞	种群生殖和繁衍遭破坏，一些物种灭绝；生物性状和数量发生变化
工农业污染		水质污染，空气污染，酸雨
新干扰形式（旅游、探险活动等）		污染，旅游资源退化

1. 传统劳作方式对生态系统的干扰

（1）对森林和草原植被的砍伐与开垦。人类的这种干扰对自然环境构成危害，始于大约一万多年前的早期农业并持续到现在（如备受人们关注的热带雨林的砍伐）。这种干扰导致一系列生态环境问题的发生，如森林大量被砍伐后，不仅导致森林植被的退化，加剧水土流失、区域环境的变化，而且还会因此造成许多生物生境被破坏，生物多样性丧失等。

（2）采集。据统计，全球80%的人口依赖于传统医药，85%的传统医药与野生动植物有关。例如，美国用途最广泛的150种医药中，118种源于自然，其中74%来源于植物，18%源于真菌。我国中药对野生动植物的利用和依赖更是闻名于世。因此，一些经济、药用及珍稀野生生物资源自古以来就被大肆掠夺采集，甚至造成一些物种的灭绝。所以，采集是人类对自然生态系统长期施加的一种直接干扰。

（3）采樵。这也是不可忽视的一种干扰方式。在这种干扰中，人们的重要目的是满足对能源的需求，对生态系统造成的影响则是破坏了物质循环的正常进行。如对林下枯落物的利用，不单单意味着生态系统能量和养分的减少，而且还破坏了地被层及其土壤动物的生存环境。以采樵为目的而对草原枯落物的反复掠取，则是造成草原退化的重要原因。

（4）狩猎和捕捞。狩猎是一种特殊的干扰方式，在历史上，人类曾以此作为维生的手段之一。森林中生存着大量野生动物，人类以经济和食用为目的的非计划狩猎，尤其是对种群数量很少的濒危动物的捕杀，将会严重破坏动物种群的生殖和繁衍，甚至造成物种的灭绝。人类对水生生物资源的适度捕捞，可保持水产品的持续利用；但是，在种群繁殖前的大量捕捞，则会使种群生殖年龄提前，个体小型化，种群数量急剧下降。

2. 工农业污染

人类在不断发展工农业的同时，也向自然环境排放了大量的生活垃圾、工业垃圾、农药以及各种对环境有毒害性的污染物，这是人类社会不断发展后，对自然生态系统的另一种最主要的直接干扰方式。工业废水的直接排放使许多水域被污染，水质下降甚至饮用水的价值丧失；大量化石燃料的使用以及向大气排放的各种污染物，不仅使空气受到污染，而且进入大气的硫氧化物、氮氧化物与水蒸气结合后形成极易电离的硫酸和硝酸，导致大气酸度增加，许多地区甚至酸雨成灾，对生态系统和土壤等带来了灾难性的影响。这方面的干扰及其危害是相当广泛和严重的，事例也是随处可见的。

3. 不断出现的新干扰形式

随着人类社会的发展，人为干扰也在不断出现新的形式，如旅游、探险活动等。这些干扰都对自然生态环境造成了不同程度的破坏。

人类对生态系统的直接干扰还会产生许多间接的影响，如森林的砍伐不仅使区域的生态环境发生变化，而且还对河流流域的径流造成影响，使河流的水文特征改变。采樵不仅直接对草原植被的再生造成危害，同时还因植被状况的改变而间接影响土壤盐分和地下水资源分布的变化。水域的污染不仅直接危害了水生生物的生存安全，而且还能通过生物对有害物质的富集而对人类的健康构成威胁。所以，人为干扰具有广泛性、多变性、潜在性、协同性、累积性和放大性等特点。

（三）干扰的生态学意义

随着生态学家对干扰理论和时间研究的不断深入，以及人们对干扰现象和机理研究的普遍重视，对干扰的生态学意义的认识也随之不断深化。

干扰普遍存在于许多系统、空间范围和时间尺度上，并且在所有生态学组织水平上都能见到。具体说，它可以在多种多样的生物群落中发生，在所有生态组织水平（分子、基因、细胞、组织、个体、种群、群落、生态系统和景观生态系统层次）上发生。它的空间尺度可以从微观尺度到几千平方千米，甚至于全球范围内。它的时间尺度可以从分秒到几千年。但目前的干扰研究主要集中在个体以上的层次上，也可以说，主要集中于生态学学科领域。

人们对干扰的生态学意义的认识，当前仍处于不断深入和积累阶段，因此缺乏理论上的全面概括。但是，许多干扰都具有破坏作用和增益作用的两重性而关键取决于干扰的强度，这已是人们的共识。所以，正确地认识干扰的生态学意义是很重要的。从积极的角度看，干扰的生态学意义主要有以下三点。

（1）干扰有利于促进系统的演化。对于许多自然干扰而言，其作用特征首先是斑块化的。换言之，干扰往往开始于系统的局部，其作用是影响生态系统的时空异质性。在斑块环境内物种间的相互关系包括捕食与被捕食的相互作用会发生变化。有些干扰作用能降低一个或少数几个物种的优势度，为其他竞争相同资源、能力较差的物种相对增加了资源；斑块的出现可增加环境的异质性，为物种特化和资源分配提供了有利条件。这意味着，环境异质性可增加物种的多样性，有利于系统的自然演化。当然，斑块中物种多样性如何变化，还取决于历史上曾发生过的对系统干扰的强度、时间尺度及频率分布。一般来说，经常遭受干扰且出现大斑块的群落，干扰后的演替早期，生物的多样性增加甚至可达到最大，而在缺少干扰的情况下，随着时间的推移，生物多样性下降。在很少遭受大尺度干扰的群落中，生物多样性最大值则出现在演替的后期。

（2）干扰是维持生态系统平衡和稳定的因子。一般来说，经常处于变化环境中的物种要比稳定环境中生存的物种更可能忍受环境压力。因为不稳定的群落中常生活着对环境适应能力强、能承受高死亡率的物种。正是从这个意义上说，不稳定的生物群落常常具有较强的恢复力。对于某些地区的森林生态系统，周期性的干扰能起到负反馈的作用。例如，在加拿大周期性的火干扰使这里成熟的森林生态系统得到不断更新。周期性的火干扰已是群落稳定的调控因子。

（3）干扰能调节生态关系。干扰对生物群落中生物间各种生态关系的影响是极其复杂的，也是多方面的。人们对这个领域的研究还仅仅是开始。如许多研究认为，干扰斑块内种群遗传学上表现出差异，但这种差异与干扰发生的概率、种间相互作用的机制、作用结果的变化程度等存在着何种关系，人们还没完全弄清楚。目前学者们研究较多、较公认的是草原放牧干扰的生态学意义，适度放牧即轻度干扰能促进群落的生物多样性和生产力提高。

二、退化生态系统及其成因

（一）退化生态系统的定义

从一个稳定状态演替到脆弱的不稳定的退化状态，在这一过程中，生态系统在系统组成、结构、能量和物质循环总量与效率、生物多样性等方面均会发生质的变化。正常的生态系统是生物群落与自然环境取得平衡的自我维持系统，各种组分发展变化按照一定规律并在某一平衡位置作一定范围的波动，从而达到一种动态平衡状态。但是，生态系统的结构和功能也可以在一定的时空背景下，在自然干扰和人为干扰或二者的共同作用下发生位移（displacement），导致生态要素和生态系统整体发生不利于生物和人类生存的量变和质变，生态系统的结构和功能发生与其原有的平衡状态或进化方向相反的位移，位移的结果打破了原有生态系统的平衡状态，使系统的结构和功能发生变化和障碍，形成破坏性波动或恶性循环，具体表现在生态系统的基本结构和固有功能的破坏或丧失，生物多样性下降，稳定性和抗逆能力减弱，系统生产力下降，也就是系统提供生态系统服务的能力下降或丧失，这样的生态系统被称为退化或受损生态系统（damaged ecosystem）。

但不少学者认为这一定义尚应进一步完善，还应从自然景观、系统的结构和功能的协调、能流和物流的循环、水分平衡以及生物的生理生态学特性等方面加以综合分析。

章家恩（1999）认为在研究生态退化时，应把人自身纳入生态系统加以考虑，研究人类-自然复合生态系统的结构、功能、演替及其发展，因为环境恶化、经济贫困、社会动荡、文化落后等都是人类-自然-经济复合生态系统退化的重要诊断特征。

（二）退化生态系统成因

当生态系统的结构变化引起功能减弱或丧失时，生态系统处于退化状态。引起生态系统结构和功能变化而导致生态系统退化的原因很多，干扰的作用是主要的原因。由于干扰打破了原有生态系统的平衡状态，使系统的结构和功能发生变化和障碍，形成破坏性波动或恶性循环，从而导致系统的退化。

干扰使生态系统发生退化的主要机理首先在于干扰的压力下，系统的结构与功能发生变化。事实上，干扰不仅仅在群落的物种多样性的发生和维持中起重要作用，而且在生物的进化过程中也是重要的选择压力；在功能过程中，干扰能减弱生态系统的功能过程，甚至使生态系统的功能丧失。干扰的强度和频度是决定生态系统退化程度的根本原因。过大的干扰强度和频度，会使生态系统退化成为不毛之地，而极度退化的生态系统的恢复是非常困难的，常常需要采取一些生态工程措施和生物措施来进行退化生态系统恢复的启动，进而恢复植被。如果自然生态系统的地下部分（主要是土壤）保留较完善，则植被的自然恢复是可行的。

（三）退化生态系统的类型与特征

1. 退化生态系统的类型

根据退化过程及生态学特征，退化生态系统可分为不同的类型。彭少麟等（2000）将退化生态系统分为裸地、森林采伐迹地、弃耕地、沙漠化地、采矿废弃地和垃圾堆放场六种类型。显然这种分类主要适用于陆地生态系统。实际上生态退化还包括水生生态系统的退化（如水体富营养化、干涸等）和大气系统的退化（如大气污染、全球气候变化等）。根据生态系统的层次与尺度，章家恩（1999）把退化生态系统分为局部生态系统、中尺度的区域退化生态系统和全球退化生态系统。常见的退化生态系统类型有以下 6 种。

（1）裸地。裸地（barren）或称为光板地，通常因较为极端的环境条件而形成，环境条件较为潮湿、干旱、盐渍化程度较深、缺乏有机质甚至没有有机质、基质移动性强等。裸地可分为原生裸地（primary barren）和次生裸地（secondary barren）两种。原生裸地主要是自然干扰所形成的，而次生裸地则多是人为干扰所造成的，如废弃地等。

（2）森林采伐迹地。森林采伐迹地（logging slash）是人为干扰形成的退化类型，其退化程度随采伐强度和频度而异。据世界粮农组织调查，1980—1990 年全球森林每年以 $(1\,100 \sim 1\,500) \times 10^4\ hm^2$ 的速度在消失。联合国、欧洲、芬兰有关机构联合调查研究预测，1990—2025 年，全球森林每年将以 $(1\,600 \sim 2\,000) \times 10^4\ hm^2$ 速度消失。与最后一季冰川期结束后相比，原始森林覆盖面积的减少比例分别为亚太地区 88%、欧洲 62%、非洲 45%、拉丁美洲 41%、北美 39%。七个森林大国中，巴西、中国、印尼和刚果（金）的森林面积每年以 0.1% ~ 1% 的速度递减，俄罗斯、加拿大和美国以每年 0.1% ~ 0.3% 递增。目前世界原始森林已有 2/3 消失。中国现有林用地 $2.6 \times 10^8\ hm^2$，森林覆盖率仅为 13.92%。在十大自然资源中，森林资源最为短缺，人均占有森林面积仅相当于世界平均水平的 11.7%。20 世纪 50 年代初期，海南岛森林覆盖率为 25.7%，现在只有 7.25%；西双版纳为 55.5%，现在只有 28%。

（3）弃耕地。弃耕地（abandoned till，discard cultivated）是人为干扰形成的退化类型，其退化状态随弃耕的时间而异。

（4）沙漠。沙漠（desert）可由自然干扰或人为干扰形成。按目前荒漠化的发展速度，未来 20 年内全世界将有 1/3 的耕地消失。目前全球荒漠化土地面积达 $3.6 \times 10^7\ km^2$，占陆地面积的 1/4，并以每年 $1.5 \times 10^5\ km^2$ 的速度扩展（比整个美国纽约州还大）；100 多个国家和地区的 12 亿多人受到荒漠化的威胁；$36 \times 10^8\ km^2$ 土地受荒漠化的影响，每年造成直接经济损失 420 多亿美元。我国已成为世界荒漠化面积最大、分布最广、危害最严重的国家之一。荒漠化土地面积超过 $10 \times 10^8\ km^2$，占国土面积近 1/3。据中、加、美国合作项目的研究，1998 年中国荒漠化灾害造成的直接经济损失约为 541 亿元。

（5）废弃地。分为以下几种：

①工业废弃地。工业废弃地是所有废弃地类型中情况最多样化的废弃地。有一些工业对土壤的本底没有很大的污染，而一些工业尤其是化工产业，对土壤具有相当大的污染。

②采矿废弃地。采矿废弃地是指采矿活动破坏的、非经治理而无法使用的土地。

③垃圾堆放场。垃圾堆放场（wastes stack bank）或垃圾堆埋场是家庭、城市、工业等堆积废物的地方，是人为干扰形成的。

（6）受损水域。从长远的角度来看，自然原因是水域生态系统退化的主要因素，但随着工业化的发展，人为干扰大大加剧了其退化的过程。大量未经处理的生活和工业污水直接排放到自然水域中，使水源的质量下降、功能降低，包括对水中生物生长、发育和繁殖的危害，甚至使水域丧失饮用水的功能。

2. 退化生态系统的特征

生态系统退化后，原有的平衡状态被打破，系统的结构、组分和功能都会发生变化，随之而来的是系统的稳定性减弱、生产能力降低、服务功能弱化。从生态学角度分析，与正常生态系统相比（表 6-3），退化生态系统表现出如下特征。

表 6-3　退化生态系统与正常生态系统特征之比较（参考包维楷，陈庆恒，1999）

生态系统特征	退化生态系统	正常生态系统
总生产量/总呼吸量（P/R）	<1	1
生物量/单位能流值	低	高
食物链	直线状、简化	网状，以碎食链为主
矿质营养物质	开放或封闭	封闭
生态联系	单一	复杂
敏感性、脆弱性和稳定性	高	低
抗逆能力	弱	强
信息量	低	高
熵值	高	低
多样性（包括生态系统、物种、基因和生化物质的多样性）	低	高
景观异质性	低	高
层次结构	简单	复杂

（1）生物多样性变化。系统的特征种类、优势种类首先消失，与之共生的种类也逐渐消失，接着依赖其提供环境和食物的从属性依赖种相继不适应而消失，即 K 对策种类消失。而系统的伴生种迅速发展，r 对策种类增加，如喜光种类、耐旱种类或对生境尚能忍受的先锋种类趁势侵入、滋生繁殖。物种多样性的数量可能并未有明显的变化，多样性指数可能并不降低，但多样性的性质发生变化，质量明显下降，价值降低，因而功能衰退。

（2）层次结构简单化。生态系统退化后，反映在生物群落中的种群特征上，常表现为种类组成发生变化，优势种群结构异常；在群落层次上表现为群落结构的矮化，整体景观的破碎。例如，因过度放牧而退化的草原生态系统，最明显的特征是牲畜喜食植物的种类减少，其他植被也因牧群的践踏而发生物种的丰富度减少，植物群落趋于简单化和矮小化，部分地段还因此而出现沙化和荒漠化。

（3）食物网结构变化。由于生态系统结构受到损害，层次结构简单化以及食物网的破裂，有利于系统稳定的食物网简单化，食物链缩短，部分链断裂和解环，单链营养关系增多，种间共生、附生关系减弱，甚至消失。例如，随着森林的消失，某些类群的生物如鸟类、动物、微生物也因失去了良好的栖居条件和隐蔽点及足够的食源而随之消失。由于食物网结构的变化，系统自组织、自调节能力减弱。

（4）能量流动出现危机和障碍。由于退化生态系统食物关系的破坏，能量的转化及传递效率会随之降低。主要表现为系统总光能固定的作用减弱，能流规模降低，能流格局发生不良变化；能流过程发生变化，捕食过程减弱或消失，腐化过程弱化，矿化过程加强而吸储过程减弱；能流损失增多，能流效率降低。

（5）物质循环发生不良变化。生物循环减弱而地球化学循环增强。物质循环通常具有两个主要的流动途径，即生物学的"闭路"（或称生物循环）和地球化学的"开放"循环（或称生物地球化学循环）。生物循环主要在生命系统与活动库中进行。由于系统退化，层次结构简单化，食物网解链、解环或链缩短、断裂，甚至消失，使得生物循环的周转时间变短，周转率降低，因而系统的物质循环减弱，活动库容量变小，流量变小，生物的生态学过程减弱；地球化学循环主要在环境与储存库中进行，由于生物循环减弱，活动库容量小，相对于正常的生态系统而言，生物难以滞留相对较多的物质于活动库中，而储存库容量增大，因而地球化学循环加强。总体而言，物质循环由闭合向开放转化，同时由于生物多样性及其组成结构的不良变化，生物循环与地球化学循环组成的大循环功能减弱，对环境的保护和利用作用减弱，环境退化。最明显的莫过于系统中的水循环、氮循环和磷循环，由生物控制转变为物质控制，系统由关闭转向开放。例如，森林的退化导致其系统内土壤和养分被输送到毗邻的水生系统，又引起富营养化等新的问题。当今全球范围内的干旱化，局部的水灾原因也就在于此。

（6）系统生产力下降。其原因在于：光能利用率减弱；由于竞争和对资源利用的不充分，光效率降低，植物为正常生长消耗在克服环境的不良影响上的能量（以呼吸作用的形式释放）增多，净初级生产力下降；第一性生产者结构和数量的不良变化也导致次级生产力降低。

（7）生物利用和改造环境能力弱化及功能衰退。主要表现在：固定、保护、改良土壤及养分的能力弱化；调节气候能力削弱；水分维持能力减弱，地表径流增加，引起土壤退化；防风，固沙能力弱化；美化环境等文化环境价值降低或丧失。这导致系统生境的退化，在山地系统中尤为明显。

（8）系统稳定性下降。稳定性是系统最基本的特征。正常系统中，生物相互作用占主导地位，环境的随机干扰较小，系统在某一平衡附近摆动。有限的干扰所引起的偏离将被系统固有的生物相互作用（反馈）所抗衡，使系统很快回到原来的状态。系统是稳定的，但在退化系统中，由于结构成分不正常，系统在正反馈机制驱使下远离平衡，其内部相互作用太强，以至系统不能稳定下去。

综上所述，退化生态系统首先是组成和结构发生变化，导致其功能退化和生态过程弱化，引起系统自我维持能力减弱且不稳定。但系统成分与其结构的改变是系统退化的外在表现，功能退化才是退化的本质，因此退化生态系统功能的变化是生态系统退化程度判断的重要标志。但是另一方面，由于植物及其种群属于生态系统的第一性生产者，是生态系统有机物质的最初来源和能量流动的基础。所以，植物群落的外貌形态和结构状况又通过系统中次级消费者、分解者的影响而决定着系统的动态，制约着系统的整体功能。因此，在退化生态系统中，结构与功能也是统一的，通过结构的变化，也可以推测出功能的改变。

三、全球退化生态系统现状

1. 全球退化生态系统现状

自 1940 年以来，由于科学技术的进步，人类生产、开发和探险的足迹遍及全球，尤其全球人口已达到 57 亿，而且每年仍以 9 000 多万人的速度在递增。随着人口急剧增长、社会经济发展和自然资源的高强度开发，对生态系统的干扰已成为一个全球性的问题，也引发了一系列的生态环境问题，对人类的生存和经济的持续发展造成严重的威胁。

据统计，由于人类对土地的开发（主要指生境转换）导致了全球 $50 \times 10^8 hm^2$ 以上土地的退化，使全球 43% 的陆地植被生态系统的服务功能受到了影响。联合国环境署的调查表明：全球有 $20 \times 10^8 hm^2$ 土地退化（占全球有植被分布土地面积的 17%），其中轻度退化的（农业生产力稍微下降，恢复潜力很大）有 $7.5 \times 10^8 hm^2$，中度退化的（农业生产力下降更多，要通过一定的经济和技术投资才能恢复）有 $9.1 \times 10^8 hm^2$，严重退化的（不能进行农业生产，要依靠国际援助才能进行改良的）有 $3.0 \times 10^8 hm^2$，极度退化的（不能进行农业生产和改良）有 $0.09 \times 10^8 hm^2$；全球荒漠化土地有 $36 \times 10^8 hm^2$ 以上（占全球干旱地面积的 70%，占地球陆地面积的 28%），且以每年 $2 460 hm^2$ 的速度增长，其中轻微退化的有 $12.23 \times 10^8 hm^2$，中度退化的有 $12.67 \times 10^8 hm^2$，严重退化的有 $10 \times 10^8 hm^2$ 以上，极度退化的有 $0.72 \times 10^8 hm^2$，此外，弃耕的旱地每年还以 $0.09 \times 10^8 hm^2$ 的速度在递增；全球退化的热带雨林面积有 $4.27 \times 10^8 hm^2$，而且还在以每年 $0.154 hm^2$ 的速度递增。联合国环境署还估计，1978—1991 年间全球土地荒漠化造成的损失达 3 000 亿～6 000 亿美元，现在每年高达 423 亿美元，而全球每年进行生态恢复而投入的经费达 100 亿～224 亿美元。

2. 中国退化生态系统现状

中国地处中纬度地区，南北跨纬度 49°，东西跨经度 62°，地形多样，气候复杂，形成多种多样的农业自然资源，表现为东农西牧，南水北旱，山地平川农林互补，江河湖海散布环集。中国有 960 万 km^2 土地，据 1995 年统计，农田占 14.6%，果园占 0.5%，草地占 41.6%，林地占 17.2%，工业交通和城镇用地占 2.6%，水体占 3.5%，荒漠和雪地占 27.2%。

中国各类资源人均值都低于世界平均水平，人均土地面积为世界的 1/3，森林资源为 1/6，草地资源为 1/3，特别是耕地资源只有世界人均的 1/3。中国后备宜农荒地毛面积仅 5 亿亩，其中分布在草原地区约 2.1 亿亩，宜种植人工饲草料用；分布在南方山丘的约 7 000 万亩，主要作为果树与经济林木用地；可种植粮、棉、油的农作物用地约 2 亿多亩；另有 17 亿亩荒山荒地。目前我国主要靠扩大耕地面积，依靠自然恢复地力，调节人地关系。表 6-4 和表 6-5 显示了中国历史上人口增长和人均资源情况。

表 6-4　中国历代人口及人均耕地面积（任海，彭少麟，2002）

年份	人口/人	人均耕地面积/km^2	年份	人口/人	人均耕地面积/km^2
B.C. 210	20 000 000	1.67	1959	620 000 000	0.18
756	52 910 000	1.40	1980	98 7050 000	0.11
1736	330 000 000	0.25	1990	1 100 000 000	0.09
1863	404 946 000	0.12	1998	1 200 000 000	0.07
1949	540 000 000	0.20			

表 6-5　中国六大区域的人均资源占有量（程鸿，1990）

项目	平均	东北	华北	西北	中部	华南	长江区
土地面积/hm²	0.92	0.85	0.67	5.73	0.28	0.45	0.69
耕地面积/hm²	0.14	0.22	0.18	0.25	0.11	0.09	0.13
草地面积/hm²	0.25	0.06	0.24	2.09	0.03	0.05	0.13
林地面积/hm²	0.11	0.27	0.07	0.19	0.07	0.12	0.11
水面/m²	2603	1680	614	7783	1983	4085	3729
人口密度/（人/km²）	109	118	149	17	323	225	147

3. 中国的脆弱生态系统

脆弱生态系统极易沦为退化生态系统。脆弱生态系统就是抵抗外界干扰能力低、自身的稳定性差的生态系统。脆弱生态系统有三种理解：其一是指生态系统的正常功能被打乱，系统发生了不可逆变化，从而失去恢复能力的生态系统；其二是指当生态系统发生了变化，以至于影响当前或近期人类的生存和自然资源利用的生态系统；其三是指当生态系统退化超过了在现有社会经济技术水平下能长期维持目前人类利用和发展水平的状况。从定义上看，脆弱生态系统与退化生态系统相似，主要的区别是脆弱生态系统还包括了那些容易退化而尚未退化的生态系统。

脆弱生态系统形成的原因包括自然和人为因素。自然因素包括地质脆弱因子、地貌脆弱因子、生物群体结构、气候脆弱因子和大风等；人为因素包括过度垦殖土地、过度放牧、过度采樵、过度采药、长期不合理的灌溉、矿山开发、工农业污染等。

我国自然生态条件较差，脆弱生态系统分布范围广、面积大。据统计，我国脆弱生态系统总面积达 1.94×10^6 km²，超过国土总面积的 1/5。它们主要是北方半干旱-半湿润区（如黄土高原，其土壤沙性重、风蚀沙化严重、水土流失严重、土壤盐渍化、自然灾害频繁）、西北干旱脆弱区（如新疆等，其干旱缺水、风沙化严重、土壤盐碱化、山地植被稀少、草原严重退化）、华北平原区（如河北，其冬春干旱、盐碱内涝严重、风沙和自然灾害频繁）、南方丘陵区（如湖南等，其水土流失较严重）、西南石灰岩山地（如贵州，其土层薄、肥力低、保水性能差）、西南山地和青藏高原区（如西藏等，其缺水、气候差）。

第二节　恢复生态学基本理论

全球环境问题的出现，生态学以其高度的综合性扮演了重要的角色。20 世纪 80 年代以后，现代生态学突破了原有的传统生态学的界限，在研究层次和尺度上由单一生态系统向区域生态系统转变，在研究对象上由自然生态系统为主向自然-社会-经济复合生态系统转变，涌现了一批新的研究方向和热点。恢复生态学应运而生并逐渐成为退化生态系统恢复与重建的指导性学科。恢复生态学为建立理论和应用生态学新的领域提供了机会。开展生态恢复工作不仅为解决目前日益严重的生态系统退化受损问题所需要，而且也是从事生态学基础研究的一项关键技术。

恢复生态学的出现有着强烈的应用生态学背景，因为它的研究对象是那些在自然灾害和人类活动压力下受到破坏的自然生态系统的恢复和重建问题，其恢复过程是由人工设计和完成的，同时其恢复过程也是相当综合，并且在生态系统层次上进行的。因此恢复生态学既是理论科学又是应用科学。恢复生态学在一定意义上又是一门生态工程学（ecological engineering）或生物技术学（biotechnology），还有的学者根据这一学科的特点，称之为"综合生态学"（synthetic ecology）或生态综合（ecological synthesis）。它不仅与传统生态学分支密切相关，而且与一些现代生态学分支学科也有密切联系；同时也交叉渗透着环境学、土壤学、地理学、工程学、生物气象学甚至经济学等学科的部分思想精华。

一、生态恢复与恢复生态学的定义

1. 生态恢复的定义

生态恢复的定义最重要的一个内容就是恢复的最终对象是什么，即以什么作为恢复的参照物或对比，评价恢复成功的合适标准是什么。Bradshaw（1987）认为，生态恢复是生态学有关理论的一种严格检验，它研究生态系统自身的性质、退化机理及恢复过程。Cairns（1995）等将生态恢复的概念定义为：恢复被损害生态系统到接近于它受干扰前的自然状况的管理与操作过程，即重建该系统干扰前的结构与功能及有关的物理、化学和生物学特征。Jordan（1995）认为，使生态系统回复到先前或历史上（自然或非自然的）的状态即为生态恢复。Egan（1996）认为，生态恢复是重建某区域历史上有的植物和动物群落，而且保持生态系统和人类的传统文化功能持续性的过程。

与生态恢复有关的概念有以下几个：

恢复（restoration）：是指生态系统由退化状态恢复到未被损害前的完美状态的行为，是完全意义上的恢复，既包括回到起始状态又包括完美和健康的含义。

修复（rehabilitation）：定义为把一个事物恢复到先前的状态的行为，其含义与restoration相似，但不包括达到完美状态的含义。因为我们在进行恢复工作时不一定要求必须恢复到起始状态的完美程度，因此这个词被广泛用于指所有退化状态的改良工作。

改造（reclamation）：是1977年在对美国露天矿治理和复垦法案进行立法讨论时被定义的，它比完全的生态恢复目标要低，它是产生一种稳定的、自我持续的生态系统。被广泛应用于英国和北美地区，结构上和原始状态相似但不一样，它没有回到原始状态的含义，但更强调达到有用状态（Jordan，1987）。

其他科学术语，如挽救（redemption）、更新（renewal）、再植（revegetation）、改进（enhancement）、修补（remediation）等，这些概念从不同侧面反映了生态恢复与重建的基本意图。

生态恢复有如此多的术语，一方面说明恢复生态实践较多针对不同的实际问题采用不同的术语；另一方面也说明生态恢复从术语到概念尚需要规范和统一。

按照国际生态恢复学会（Society for Ecological Restoration）（1995）的详细定义，生态恢复是帮助恢复和管理原生生态系统的完整性（ecological integrity）的过程，这种生态整体包括生物多样性的临界变化范围、生态系统结构和过程、区域和历史内容以及可持续的社会实践等。生态恢复与重建的难度和所需的时间与生态系统的退化程度、自我恢复能力以及恢复方向密切相关，一般说来，退化程度较轻的和自我恢复能力较强的生态系统比较容易恢复，所需的时间也较短。生态系统的自我恢复往往较慢，有些极度退化生态系统（如流动沙丘）没有人为措施，进行自然恢复几乎不可能。

2. 恢复生态学的定义

恢复生态学（restoration ecology）是一门关于生态恢复的学科。任何一门学科的产生都是长期生产实践活动驱动的结果；同时学科的产生又促进了有关生产实践水平的提高。生态恢复实践为恢复生态学提供了发展理论的天地，反过来，恢复生态学又为开展生态恢复工作提供了理论基础。人类从事生态恢复的实践已有近百年的历史，但恢复生态学是20世纪80年代迅速发展起来的一门现代应用生态学的分支学科，主要致力于那些在自然突变和人类活动影响下受到损害的自然生态系统的恢复与重建。近年来恢复生态学得到迅猛发展，显示了广阔的应用前景。

由于恢复生态学具有理论性和实践性，从不同的角度看会有不同的理解，因此关于恢复生态学的定义有很多。国际生态恢复学会对恢复生态学定义如下：恢复生态学是研究如何恢复由于人类活动引起的原生生态系统生物多样性和动态损害的学科。它包括帮助恢复和管理原生生态系统完整性的过程。这种生态整体包括生物多样性的临界变化范围、生态系统结构和过程、区域和历史内容以及可持续的社会实践等。但这一定义尚未被大多数生态学家所认同。Aroson（1993）等人把恢复生态学定义为"有意识地改造一个地点，建成一个确定的、本土的、历史的生态系统的过程。这个过程的目的是竭力仿效生态系统的结构、功能、多样性和动态。"美国自然资源委员会（The Nature Resource Council）认为，恢复生态学是研究使一个生态系统恢复到受干扰前的状态的学科（Cairns，1991）。Egan（1995）认为，恢复生态学是重建某区域历史上有的植物和动物群落而且保持生态系统和人类的传统文化功能的持续性过程（Hobbs和Norton，1996）。Dobson等（1997）认为恢复生态学将继续提供重要的关于表达生态系统组装和生态功能恢复的方式，正像通过分离组装汽车来获得对汽车工程更深的了解一样，恢复生态学强调的是生态系统结构的恢复，其实质就是生态系统功能的恢复。

我国学者蒋高明（1995）将恢复生态学定义为"对退化生态系统或破坏的生态系统或废地进行人工恢复途径研究的学科"。余作岳、彭少麟认为恢复生态学是研究生态系统退化的原因、退化生态系统恢复与重建的技术与方法、生态学过程和机理的学科。这里说的"恢复"是指生态系统原貌或其原先功能的再现，"重建"则指在不可能或不需要再现生态系统原貌的情况下营造一个不完全雷同于过去的甚至是全新的生态系统。宋永昌（1997）提出，恢复生态学可以看成是这样一门学科：它研究退化生态系统的成因和机理，兼顾社会需求，在生态演替理论的指导下，结合一定的技术措施，加速其进展演替，最终恢复建立具有生态、社会、经济效益的可自我维持的生态系统。还有些学者认为，恢复生态学是一种通过整合的方法研究在退化的迹地上如何组建结构和功能与原生生态系统相似的生态系统，并在此过程中如何检验已有的理论或生态假设的生态学分支学科。

尽管恢复生态学的定义多种多样，甚至还存在着一些争议，但总体上是以其功能来命名的。目前，恢复已被用作一个概括性的术语，包含重建、改建、改造、再植等含义，一般泛指改良和重建退化的自然生态系统，使其有益于利用，并恢复其生态学潜力。由现有恢复生态学的定义可知，它属于历史性应用学科，它以生态系统各组分的结构和功能为基础，研究对这些部件组装、恢复的技术和措施，以及相关的生态学机理，即它吸收其他领域（这些领域包括土壤、生物和其他生态学分支学科）的知识来完成实现生态系统完整的最终恢复目标。

二、恢复生态学的研究对象和内容

1. 恢复生态学的研究对象

恢复生态学的研究对象是那些在自然灾害和人类活动压力条件下受到损害的自然生态系统的恢复与重建问题，涉及自然资源的持续利用、社会经济的持续发展和生态环境、生物多样性的保护等许多研究领域的内容。

2. 恢复生态学的主要研究内容

根据恢复生态学的定义和生态恢复实践的要求，恢复生态学主要包括基础理论和应用技术两大领域的研究工作。

（1）基础理论研究主要包括以下方面：

① 生态系统结构（包括生物空间组成结构、不同地理单元与要素的空间组成结构及营养结构等）、功能（包括生物功能，地理单元与要素的组成结构对生态系统的影响，能流、物流与信息流的循环过程与平衡机制等）以及生态系统内在的生态学过程与相互作用机制。

② 生态系统的稳定性、多样性、抗逆性、生产力、恢复力与持续性。

③ 先锋与顶极生态系统发生、发展机理与演替规律。

④ 不同干扰条件下生态系统退化过程及其响应机制。

⑤ 生态系统退化的景观诊断及其评价指标体系。

⑥ 生态系统退化过程的动态监测、模拟、预警及预测。

⑦ 生态系统健康等。

（2）应用技术研究主要包括以下方面：

① 退化生态系统恢复与重建的关键技术体系。

② 生态系统结构与功能的优化配置及其调控技术。

③ 物种与生物多样性的恢复与维持技术。

④ 生态工程设计与实施技术。

⑤ 环境规划与景观生态规划技术。

⑥ 主要生态系统类型区退化生态系统恢复与重建的优化模式试验示范与推广。

由此可见，恢复生态学研究的起点是在生态系统层次上，研究的内容十分综合而且主要是由人工设计控制的。因此，加强恢复生态学研究和开展典型退化生态系统恢复，不仅能推动传统生态学（个体生态学、种群生态学和群落生态学）和现代生态学（景观生态学、保护生态学和生态系统生态学等）的深入和创新，而且能加强和促进边缘、交叉学科（如生物学、地质学、地理学、经济学等）的相互联系、渗透和发展。

三、恢复生态学理论基础

目前，自我设计与人为设计理论（self-design versus design theory）是唯一从恢复生态学中产生的理论，也在生态恢复实践中得到广泛应用。自我设计理论认为，只要有足够的时间，随着时间的进程，退化生态系统将根据环境条件合理地组织自己并会最终改变其组分。而人为设计理论认为，通过工程方法和植物重建可直接恢复退化生态系统，但恢复的类型可能是多样的。这一理论把物种的生活史作为植被恢复的重要因子，并认为通过调整物种生活史的方法就可加快植被的恢复。这两种理论不同点在于：自我设计理论把恢复放在生态系统层次考虑，未考虑缺乏种子库的情况，其恢复的只能是环境决定的群落；而人为设计理论把恢复放在个体或种群层次上考虑，恢复的可能是多种结果。这两种理论均未考虑人类干扰在整个恢复过程中的重要作用。

恢复生态学应用了许多学科的理论，但最主要的还是生态学理论。这些理论主要有：限制性因子原理（寻找生态系统恢复的关键因子）、热力学定律（确定生态系统能量流动特征）、种群密度制约及分布格局原理（确定物种的空间配置）、生态适应性理论（尽量采用乡土种进行生态恢复）、生态位原理（合理安排生态系统中物种及其位置）、演替理论（缩短恢复时间，极端退化的生态系统恢复时，演替理论不适用，但具指导作用）、植物入侵理论、生物多样性原理（引进物种时强调生物多样性，生物多样性可能导致恢复的生态系统稳定）、斑块-廊道-基质理论（从景观层次考虑生境破碎化和整体土地利用方式）等。

作为生态学的重要分支，它与生态学的相同点在于它们都以生态学系统为基本单位，且有许多共同的理论和方法；不同点在于，生态学强调自然性与理论性，而恢复生态学更强调人为干涉及应用性。具体讲，恢复生态学与生态系统健康、保护生物学、景观生态学、生态系统生态学、环境生态学、胁迫生态学、干扰生态学、生态系统管理学、生态工程学、生态经济学等生态学的分支学科有密切的关系。所有的这些学科中必须涉及格局与过程、进化与适应等问题。

第三节　退化生态系统的恢复

恢复生态学的研究对象是退化生态系统，退化生态系统的恢复涉及许多方面，有恢复的目标、原则、机理、途径、程序等。生态恢复最本质的问题是恢复生态系统的必要功能并使之具有系统自我维持能力。

一、生态恢复的机理和方法

（一）生态恢复的目标与原则

1. 生态恢复的目标

生态恢复应该有一个目标，实际上，无论使用什么样的定义，所有类型的"恢复"都应该被接受，不过应该在实用的基础上考虑到底进行怎么样的恢复。Hobbs 和 Norton（1996）认为恢复退化生态系统的目标包括：建立合理的内容组成（种类丰富度及多度）、结构（植被和土壤的垂直结构）、格局（生态系统成分的水平安排）、异质性（各组分由多个变量组成）、功能（诸如水、能量、物质流动等基本生态过程的表现）。事实上，进行生态恢复的目标不外乎四个，如果按短期与长期目标还可将上述目标分得更细（章家恩，徐琪，1999）

（1）恢复诸如废弃矿地这样极度退化的生境。

（2）提高退化土地上的生产力。

（3）在被保护的景观内去除干扰以加强保护

（4）对现有生态系统进行合理利用和保护，维持其服务功能。

虽然恢复生态学强调对受损生态系统进行恢复，但恢复生态学的首要目标仍是保护自然的生态系统，因为保护在生态系统恢复中具有重要的参考作用；第二个目标是恢复现有的退化生态系统，尤其是与人类关系密切的生态系统；第三个目标是对现有的生态系统进行合理管理，避免退化；第四个目标是保持区域文化的可持续发展；其他的目标包括实现景观层次的整合性，保持生物多样性及保持良好的生态环境。Parker（1997）认为，恢复的长期目标应是生态系统自身可持续性的恢复，但由于这个目标的时间尺度太大，加上生态系统是开放的，可能会导致恢复后的系统状态与原状态不同。

总之，根据不同的社会、经济、文化与生活需要，人们往往会对不同的退化生态系统制订不同水平的恢复目标。但是无论对什么类型的退化生态系统，应该存在一些基本的恢复目标或要求，主要包括以下几方面：

（1）实现生态系统的地表基底稳定性，因为地表基底（地质地貌）是生态系统发育与存在的载体，基底不稳定（如滑坡），就不可能保证生态系统的持续演替与发展。

（2）恢复植被和土壤，保证一定的植被覆盖率和土壤肥力。

（3）增加种类组成和生物多样性。

（4）实现生物群落的恢复，提高生态系统的生产力和自我维持能力。

（5）减少或控制环境污染。

（6）增加视觉和美学享受。

2. 退化生态系统恢复与重建的基本原则

退化生态系统的恢复与重建要求在遵循自然规律的基础上，通过人类的作用，根据技术上适当、经济上可行、社会能够接受的原则，使受害或退化生态系统重新获得健康并有益于人类生存与生活的生态系统重构或再生过程。

生态恢复与重建的原则一般包括自然法则、社会经济技术原则、美学原则 3 个方面。自然法则是生态恢复与重建的基本原则，也就是说，只有遵循自然规律的恢复重建才是真正意义上的恢复与重建，否则只能是背道而驰、事倍功半。社会经济技术条件是生态恢复重建的后盾和支柱，在一定尺度上制约着恢复重建的可能性、水平与深度。美学原则是指退化生态系统的恢复重建应给人以美的享受。

（二）生态恢复的机理

以往，恢复生态学中占主导的思想是通过排除干扰、加速生物组分的变化和启动演替过程使退化的生态系统恢复到某种理想的状态。在这一过程中，首先是建立生产者系统（主要指植被），由生产者固定能量，并通过能量驱动水分循环，水分带动营养物质循环。在生产者系统建立的同时或稍后再建立消费者、分解者系统和微生境。余作岳等通过近 40 年的恢复试验发现，在热带季雨林恢复过程中植物多样性导致了动物和微生物的多样性，而多样性可能导致群落的稳定性。

Hobbs 和 Mooney（1993）指出，退化生态系统恢复的可能发展方向包括：退化前状态、持续退化、保持原状、恢复到一定状态后退化、恢复到介于退化与人们可接受状态间的替代状态或恢复到理想状态。然而，也有人指出退化生态系统并不总是沿着单一方向恢复，也可能是在几个方向间进行转换并达到复合稳定状态（metastable states）。Hobbst Norton（1996）提出了一个临界阈值理论（图 6-1）。

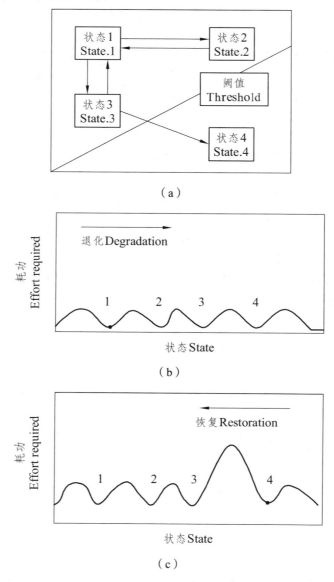

（a）

（b）

（c）

图 6-1　生态恢复阈限（任海，彭少麟，2002）

该理论假设生态系统有 4 种可选择的稳定状态，状态 1 是未退化的，状态 2 和 3 是部分退化的，状态 4 是高度退化的。在不同胁迫或同种胁迫、不同强度压力下，生态系统可从状态 1 退化到 2 或 3；当去除胁迫时，生态系统又可从状态 2 和 3 恢复到状态 1。但从状态 2 或状态 3 退化到状态 4 要越过一个临界阈值，反过来，要从状态 4 恢复到状态 2 或 3 非常难，通常需要大量的投入。例如，草地常常由于过度放牧而退化，若控制放牧则可很快恢复，但当草地已被野草入侵，且土壤成分已改变时，控制放牧已不能使草地恢复，而需要更多的恢复投入。同样，在亚热带区域，顶极植被常绿阔叶林在干扰下会逐渐退化为落叶阔叶林、针阔叶混交林、针叶林和灌草丛，这每一个阶段就是一个阈值，每越过一个，恢复投入就更大，尤其是从灌草丛开始恢复时投入就更大。

（三）生态恢复途径、技术措施与程序

1. 生态恢复途径

退化生态系统的恢复可以遵循两个模式途径：一是当生态系统退化不超负荷并是可逆的情况下，压力和干扰被去除后，恢复可以在自然过程中发生。如对退化草场进行围栏封育，经过几个生长季后草场的植物种类数量、植被盖度、物种多样性和生产力都能得到较好的恢复。另一种是生态系统的退化是超负荷的，并发生不可逆的变化，只依靠自然力已很难或不可能使系统恢复到初始状态，必须依靠人为的干扰措施，才能使其发生逆转。例如，对已经退化为流动沙丘的沙质草地，由于生境条件的极端恶化，依靠自然力或围栏封育是不能使植被得到恢复的，只有人为地采取固沙和植树种草措施才能使其得到一定程度的恢复。

2. 生态恢复技术体系

由于不同退化生态系统存在着地域差异性，加上外部干扰类型和强度的不同，导致生态系统所表现出的退化类型、阶段、过程及其响应机理也各不相同。因此，在不同类型退化生态系统的恢复过程中，其恢复目标、侧重点及其选用的配套关键技术往往会有所不同。尽管如此，对于一般退化生态系统而言，大致需要或涉及以下几类基本的恢复技术体系。

（1）非生物或环境要素（包括土壤、水体、大气）的恢复技术。

（2）生物因素（包括物种、种群和群落）的恢复技术。

（3）生态系统（包括结构与功能）的总体规划、设计与组装技术。

这里将退化生态系统的一些常用或基本的技术加以总结（表 6-6），以供参考。

不同类型（如森林、草地、农田、湿地、湖泊、河流、海洋）、不同程度的退化生态系统，其恢复方法也不同。从生态系统的组成成分角度看，主要包括非生物和生物系统的恢复，无机环境的恢复技术包括水体恢复技术（如控制污染、去除富营养化、换水、积水、排涝和灌溉技术）、土壤恢复技术（如耕作制度和方式的改变、施肥、土壤改良、表土稳定、控制水土侵蚀、换土及分解污染物等）、空气恢复技术（如烟尘吸附、生物和化学吸附等）。生物系统恢复技术包括植被（物种的引入、品种改良、植物快速繁殖、植物的搭配、植物的种植、林分改造等）、消费者（捕食者的引进、病虫害的控制）和分解者（微生物的引种及控制）的重建技术和生态规划技术（RS、GIS、GPS）的应用。

在生态恢复实践中，同一项目可能会应用上述多种技术。例如，余作岳等在极度退化的土地上恢复热带季雨林过程中，采用生物与工程措施相结合的方法，通过重建先锋群落、配置多层次、多物种乡土树的阔叶林和重建复合农林业生态系统等三个步骤取得了成功。总之，生态恢复中最重要的还是综合考虑实际情况，充分利用各种技术，通过研究与实践，尽快地

恢复生态系统的结构，进而恢复其功能，实现生态、经济、社会和美学效益的统一。

表 6-6　生态恢复技术体系（任海，彭少麟，2002）

恢复类型	恢复对象	技术体系	技术类型
非生物环境因素	土壤	土壤肥力恢复技术	少耕、免耕技术；绿肥与有机肥施用技术；生物培肥技术（如 EM 技术）；化学改良技术；聚土改土技术；土壤结构熟化技术
		水土流失控制与保持技术	坡面水土保持林、草技术；生物篱笆技术；土石工程技术（小水库、谷坊、鱼鳞坑等）；等高耕作技术；复合农林牧技术
		土壤污染、恢复控制与恢复技术	土壤生物自净技术；施加抑制剂技术；增施有机肥技术；移土客土技术；深翻埋藏技术；废弃物的资源化利用技术
	大气	大气污染控制与恢复技术	新兴能源替代技术；生物吸附技术；烟尘控制技术
		全球变化控制技术	可再生能源技术；温室气体的固定转换技术（如利用细菌、藻类）；无公害产品开发与生产技术；土地优化利用与覆盖技术
	水体	水体污染控制技术	物理处理技术（如过滤、加沉淀剂）；化学处理技术；生物处理技术；氧化塘技术；水体富营养化控制技术
		节水技术	地膜覆盖技术；集水技术；节水灌溉（渗灌、滴灌）
生物因素	物种	物种选育与繁殖技术	基因工程技术；种子库技术；野生生物种的驯化技术
		物种引入与恢复技术	先锋种引入技术；土壤种子库引入技术；乡土种种苗库重建技术；天敌引入技术；林草植被再生技术
	种群	物种保护技术	就地保护技术；迁地保护技术；自然保护区分类管理技术
		种群动态调控技术	种群规模、年龄结构、密度、性比例等调控技术
		种群行为控制技术	种群竞争、他感、捕食、寄生、共生、迁移等行为控制技术
	群落	群落结构优化配置与组建技术	林灌草搭配技术；群落组建技术；生态位优化配置技术；林分改造技术；择伐技术；透光抚育技术
		群落演替控制与恢复技术	原生与次生快速演替技术；封山育林技术；水生与旱生演替技术；内生与外生演替技术
生态系统	结构、功能	生态评价与规划技术	土地资源评价与规划技术；环境评价与规划技术；景观生态评价与规划技术；4S 辅助技术（PS、GIS、GPS、ES）
		生态系统组装与集成技术	生态工程设计技术；景观设计技术；生态系统构建与集成技术
景观	结构、功能	生态系统间链接技术	生态保护区网络；城市农村规划技术；流域治理技术

3. 退化生态系统恢复与重建的程序

退化生态系统恢复的基本过程可以简单地表示为：基本结构组分单元的恢复→组分之间相互关系（生态功能）的恢复（第一生产力、食物网、土壤肥力、自我调控机能包括稳定性和恢复能力等）→整个生态系统的恢复→景观恢复。

植被恢复是重建任何生物生态群落的第一步。植被恢复是以人工手段在短时期内使植被得以恢复，其过程通常是：适应性物种的进入→土壤肥力的缓慢积累，结构的缓慢改善（或毒性缓慢下降）→新的适应性物种的进入→新的环境条件的变化→群落建立。在进行植被恢复时应参照植被自然恢复的规律，解决物理条件、营养条件、土壤的毒性、合适的物种等问题。在选择物种时既要考虑植物对土壤条件的适应也要强调植物对土壤的改良作用，同时还要充分考虑物种之间的生态关系。

目前认为恢复的重要程序包括：确定恢复对象的时空范围；评价样点并鉴定导致生态系统退化的原因及过程（尤其是关键因子）；找出控制和减缓退化的方法；根据生态、社会、经济和文化条件决定恢复与重建的生态系统的结构、功能目标；制订易于测量的成功标准；发展在大尺度情况下完成有关目标的实践技术并推广；恢复实践；与土地规划、管理部门交流有关理论和方法；监测恢复中的关键变量与过程，并根据出现的新情况作出适当的调整。

（四）生态恢复的时间与评价标准

1. 生态恢复的时间

对于土地管理者和恢复生态学研究者来说，比较关心的一个问题是被干扰的自然界生物体（个体、种群甚至生态系统）目前的状态及其与原状的距离，以及恢复到或者接近其原来状态所需要的时间。生态恢复的时间不仅取决于被干扰对象本身的特性，如对干扰的抵抗力和恢复力，而且取决于被干扰的尺度和强度。退化生态系统恢复时间的长短与生态系统的类型、退化程度、恢复的方向和人为干扰的程度等都有密切的关系。一般来说，退化程度较轻的生态系统恢复时间要短些；湿热地带的恢复要快于干冷地带。土壤环境的恢复要比生物群落的恢复时间长得多。森林的恢复速度要比农田和草地的恢复速度慢一些。

Daily（1995）通过计算退化生态系统潜在的直接实用价值（Potential direct instrumental value）后认为，火山爆发后的土壤要恢复成具生产力的土地需 3 000～12 000 年，湿热区耕作转换后其恢复要 20 年左右（5～40 年间），弃耕农地的恢复要 40 年，弃牧的草地要 4～8 年，而改良退化的土地需要 5～100 年（根据人类影响的程度而定）。此外，他还提出轻度退化生态系统的恢复要 3～10 年，中度的 10～20 年，严重的 50～100 年，极度的 200 多年。余作岳（1996）、彭少麟（1996）等通过试验和模拟认为，热带极度退化的生态系统（没有 A 层土壤，面积大，缺乏种源）不能自然恢复，而在一定的人工启动下，40 年可恢复森林生态系统的结构，100 年恢复生物量，140 年恢复土壤肥力及大部分功能。

2. 恢复成功的判定标准

恢复生态学家、资源管理者、政策制定者和公众希望知道恢复成功的标准何在，但由于生态系统的复杂性及动态性使这一问题复杂化了。通常将恢复后的生态系统与未受干扰的生态系统进行比较，其内容包括关键种的多度及表现、重要生态过程的再建立、诸如水文过程等非生物特征的恢复。

有关生态恢复成功与否的指标和标准虽尚未建立，但以下问题在评价生态恢复时应重点考虑。

（1）新系统是否稳定，并具有可持续性。

（2）系统是否具有较高的生产力。

（3）土壤水分和养分条件是否得到改善。

（4）组分之间相互关系是否协调。

（5）所建造的群落是否能够抵抗新种的侵入。因为侵入是系统中光照、水分和养分条件不完全利用的表现。

二、各类退化生态系统的恢复

（一）裸地的恢复

裸地的特点是土地极度贫瘠，其理化结构也很差。由于这些生态系统总是伴随着严重的水土流失，每年反复的土壤侵蚀更加剧了生境的恶化，因而极度退化生态系统很难在自然条件下恢复植被。对裸地的整治，第一步就是控制水土流失。

在生物措施中，首先是植物措施。植物在退化生态系统恢复与重建中的基本作用就是：利用多层次、多物种的人工植物群落的整体结构，控制水土流失；利用植物的有机残体和根系穿透力，促进生态系统土壤的发育形成和熟化，改善局部环境，并在水平和垂直空间上形成多格局和多层次，造成生境的多样性，促进生态系统多样性的形成；利用植物群落根系错落交叉的整体网络结构，增加固土、防止水土流失的能力，为其他生物提供稳定的生境，逐步恢复业已退化的生态系统。

对裸地的生态恢复，有针对性地分阶段进行综合治理和研究是很必要的。早期适宜的先锋植物种类对退化生态系统的生境治理具有重要作用。在后期进行多种群的生态系统构建时，更要注意构建种类的选取。

（二）森林采伐迹地的生态恢复

森林是生物种类最多、生物生产量最高的陆地生态系统，以巨大的生产力维持着各种类型的消费者。森林生态系统具有多重功能，素有"农业水库""天然吸尘器"和"自然总调度"的美称。但随着工业化的兴起，大片的森林被破坏，这是形成森林采伐迹地的主要原因。森林采伐迹地会引起很多严重的生态问题，其生态恢复具有特殊的意义。

一般来说，森林采伐迹地的恢复应根据退化程度和所处地区的地质、地形、土壤特性及降水等气候特点确定恢复的优先性与重点。比如，在热带和亚热带降雨量较大的地区，森林严重退化后裸露地面的土壤极易迅速被侵蚀，坡度较大的地区还会因为泥石流及塌方等，破坏植被生存的基本环境条件。因此，对这类退化生态系统的恢复，应优先考虑对土壤等自然条件的保护，可主要采取一些工程措施及生态工程技术，如在易发生泥石流的地区进行工程防护，对坡度设置缓冲带或栽种快速生长的适宜草类以保持水土等，在此前提下考虑对生物群落的整体恢复方案。干扰程度较轻且自然条件能够保持较稳定的退化生态系统，则重点考虑生物群落的整体恢复。次生林地一般生境较好，或植物刚被破坏而土壤尚未破坏，或是次生裸地但已有林木生长，因而其恢复的步骤是按演替规律，人为促进顺性演替的发展。

森林采伐迹地常用的恢复方法主要有以下几种：

（1）封山育林。这是简便易行、经济省事的措施。因为封山可达到最大限度地减少人为干扰，为原生植物群落的恢复提供适宜的生态条件，使生物群落由逆向演替向正向演替发展，使被破坏的森林生态系统逐渐恢复到顶极状态。

（2）林分改造。为了促进森林的快速演替，可对退化处于演替早期阶段的群落进行林分改造，引种当地植被中的优势种、关键种和因退化而消失的重要生物种类，以加速生态系统正向演替的速度。

（3）透光抚育。即在先锋林中，对已生长着的一些建群树种进行透光抚育，或择伐一些先锋树种的个体以促进建群种的生长，尽早形成地带性植被，顺行演替为生态效益最高的地带性顶极群落。

（4）森林管理。合理的管理是林地恢复中必不可少的措施，如禁止乱砍滥伐林木，将所有风倒木、枯朽木都留在原地，让其腐烂，在林地增加林地有机质等。应该把森林的生态作用和采伐利用结合起来，在充分发挥森林防护作用的同时实现对森林的利用，以实现森林生态功能完美地结合和统一。

（三）弃耕地的生态恢复

随着世界人口的增加，为了养活更多的人口，很长一段时间以来，各国农业均以追求高产量、高利润为目的，耕作强度不断提高、单一种植、化肥的过多使用、灌溉、农药和除草剂、推广应用高产品种等，人类过度干扰和对土地的过度索取等都是导致农田生态系统退化、形成弃耕地的原因。

近年来，全球平均每年有 $5×10^6\,hm^2$ 土地由于极度破坏、侵蚀、盐渍化、污染等原因，已经不能再生产粮食。我国南方有 2/3 以上的耕地土壤养分贫瘠，尤其以坡地的侵蚀最严重。在农田中，形成 2.5 cm 厚的表土，一般需要 200～1 000 年，表层土壤厚度下降，导致的直接后果就是农作物产量的大幅度下降。

弃耕地的生态恢复是一个相对较复杂的问题，要解决农业生态系统恢复问题，有赖于一定的农业知识、生态知识、技术条件、经济水平和人类资源。更具体地说，农田退化生态系统的恢复有赖于土壤、作物、市场、经济条件和农民经验及技术等因素。弃耕地的组分多而复杂，而且组分间的相互作用也很复杂，这也是导致弃耕地恢复困难的原因之一。

总的来说，弃耕地恢复的程序包括：研究当地使用历史、适合于当地乡土作物以及种植习惯、人类活动对农业生态系统的影响、健康农田土地特征和退化农田土地特征，特别是研究农业生态系统组分（如动物、植物和微生物）的关系，分析退化原因；在小范围内进行针对退化症状的样方试验，研究农田生态系统恢复机理，控制污染并合理用水，进行土壤改良和作物品种更新换代，选用高产、高质的优良品种；成功后在大范围内推行，并及时进行恢复后的评估及改进。

弃耕地的恢复措施大致包括：模仿自然生态系统，降低化肥输入，混种，间作，增加固氮作物品种，深耕，施用农家肥，种植绿肥，改良土壤质地，建立合理的轮作制度与休耕制度，利用生物防止病虫害，建立农田防护林体系，利用廊道、梯田等控制水土流失，秸秆还田，农、林、牧相结合。

（四）荒漠化的生态恢复

国内外实践证明，以生物治沙措施为主是固定流沙、阻截流沙和防治土地沙漠化的基本措施，包括建立人工植被或恢复天然植被以固定流沙；营造大型防沙阻沙林带，以阻截流沙对绿洲、交通沿线、城镇居民及其他经济设施的侵袭；营造防护林网，以控制耕地风蚀和牧场退化；保护封育天然植被，以防止固定、半固定沙丘和沙质草原的沙漠化危害。我国西北绿洲地区大力发展营造防风林阻沙林的重要措施，并且取得了卓越的成效。随着生物治沙而发展起来的机械沙障（人工沙障碍）和化学固沙制剂，则为稳定沙面、在沙丘和风蚀地上建立人工植被或天然植被创造了稳定的生态环境。

（五）废弃地的生态恢复

废弃地（waste land），就是弃置不用的土地。这个概念囊括了很广泛的范围，从广义上说废弃地包括了在工业、农业、城市建设等不同类型的土地利用形式中，产生的种种没有进行利用的土地。这里讨论的废弃地专指在城市发展、工业建设中因为人类使用不当或者规划变动产生的荒弃没有加以利用的土地，包括矿区废弃地、城市工业废弃地和垃圾填埋场地等。

1. 矿区废弃地

矿产开采往往对当地的生态环境造成毁灭性的灾害，因此矿区废弃地的生态恢复相当困难。对矿区废弃地进行生态恢复，通常处理的步骤是先用物理法或化学法对矿地进行处理，消除或减缓尾矿、废石对生态恢复的物理化学影响，再铺上一定厚度的土壤。若矿物具有毒性，还需要隔离层再铺土，然后栽种植物逐渐恢复生态系统（彭少麟，2000）。一般来说，矿区废弃地的生态恢复技术包括以下几方面。

（1）地形地貌恢复技术：主要包括充填恢复技术、废弃物利用技术等工程技术。

（2）土壤系统恢复技术：主要包括一些物理、化学及生物的治理恢复技术。

（3）植被恢复技术：主要包括选种、栽种、养护等一些植物系统恢复的技术。

2. 工业废弃地

根据城市工业废弃地的生态系统的退化程度，生态恢复也有两种不同的模式：一种是生态系统的损害没有超负荷，并且在一定的条件下可逆。对于这种生态系统，只要消除外界的压力和干扰，自然就可以使用本身的恢复能力达到对废弃地的生态恢复，对于这种生态系统，可以采取保留自然地的方法使其进行自然恢复。另一种是生态系统受到的损伤已经超过了系统的负荷，或者有害因素造成的生态系统损害是不可逆的。对于这种生态系统，需要人工加以干预才能使退化生态系统恢复。不过根据生态系统恢复的目的不同，也可以有所选择地使用恢复的方法。

一般来说，对城市工业废弃地进行生态恢复往往需要深入理解生态学的思想，在消除废弃地环境有害因素的前提下，对建设废弃地进行最小的干预。在废弃地的生态恢复中要尽量尊重场地的景观特征和城市中生态发展的过程，尤其是该场地对于城市的历史意义。尽可能地循环利用场地上的物质和能量。

3. 垃圾堆放场

目前在垃圾处置场地废弃地的生态恢复实践中，基本上都是先对原有的废弃地进行表土的更换和覆盖，然后采用植物恢复技术对原有的废弃地进行生态恢复。

由于生长在垃圾填埋场上的植物要面临填埋气体、垃圾渗滤液和最终覆土层的高温、干旱和贫瘠等诸多严峻的环境压力，很多研究者都强调了筛选耐性物种的重要性。选择植物的基本原则是其能够忍耐填埋气体和垃圾渗滤液的影响，并对干旱具有比较强的耐性。开展野外生态调查是获取耐性树种的重要途径。

对垃圾处置场地进行生态恢复，一般采用物理、化学和生物学多种方法进行生态恢复，但是除了上述的方面，垃圾处置场地的生态恢复还要注意几个特殊的方面，如垃圾处置场地中的填埋气体、垃圾渗滤液。

（六）受损水域的生态恢复

1. 水生生态系统的生态恢复

水生生态系统在人类生活环境中具有重要作用。一方面，它在维持全球物质循环和水分循环中具有重要作用；另一方面，它可以净化水源、防御洪水、提供用水，是旅游和交通通道、野生生物栖息地等。

水生生态系统的退化是它们在自然演替或发展过程中受自然干扰和人类干扰，导致结构（主要指水生生物群落）和功能（主要指水净化能力）衰退。其退化的原因主要是环境污染、营养物质的过量输入引起的富营养化、水利工程造成的水位改变，以及外来种的引入等。

治理水体和开垦水生生态系统的恢复活动时，可以针对不同退化原因而开展。Welch 等（1987）提出了由下而上和由上而下的方法。所谓由下而上的方法是指从食物链的最初层即营养物的输入开始控制，进而实现整个生态系统的恢复；由上而下的方法则是指从水生生物层次开始控制，进而净化整个系统，这种方法适于清除水体中的外来种。

在水生生态系统恢复过程中，最重要的是先控制富营养化问题，而控制富营养化的主要方法又是减少营养输入。这一步的具体方法包括：分流点源污染，对点源污染过滤，用工程方法移走湖泊中的营养物质，改进农业耕作方式，减少施用化肥和农药的量，改进洗衣粉等产品中的含磷量等（Welch，1987）。第二步是清除水体中已有的污染，具体方法包括：采用沉淀剂净化水体，用活性炭吸附污染物质，用微生物降解水中有机质（含藻类），种植各种水生植物，吸附营养物质（最好是重建挺水、浮水和沉水植物群落）。Carpenter（1999）等根据减少磷的输入后湖泊的反应提出富营养化的湖泊可分为三类：第一类是可逆转型（减少磷的输入后湖泊立即恢复）；第二类是滞后型（在一定时间内大量减少磷的输入才可恢复）；第三类是不可逆转型（减少磷的输入后不可能恢复）。

2. 湿地的生态恢复

湿地具有"天然蓄水库""地球之肾""生物生命的摇篮"等美誉。湿地丧失和退化的原因主要有物理、生物和化学等三方面。它们具体体现如下：围垦湿地用于农业、工业、交通、城镇用地；筑堤、分流等切断或改变了湿地的水分循环过程；建坝淹没湿地；过度砍伐、燃烧或啃食湿地植物；过度开发湿地内的水生生物资源；堆积废弃物；排放污染物。此外，全球变化还对湿地结构与功能有潜在的影响。

由于湿地恢复的目标与策略不同，采用的关键技术也不同。根据目前国内外对各类湿地恢复项目研究的进展来看，可概括出以下几项技术：废水处理技术，包括物理处理技术、化学处理技术、氧化塘技术；点源、非点源控制技术；土地处理（包括湿地处理）技术、光化学处理技术；沉积物抽取技术；先锋物种引入技术；土壤种子库引入技术；生物技术，包括生物操纵（biomanipulation）、生物控制和生物收获等技术；种群动态调控与行为控制技术；物种保护技术等。这些技术有的已经建立了一套比较完整的理论体系，有的正在发展。在许多湿地恢复的实践中，其中一些技术常常综合应用，并已取得了显著效果。

第四节　生态工程恢复技术

在生态工程产生之前，环境问题的产生是由于工业和生活中的物质大量以废弃物形式进入环境，造成正常的物质转化和能量流动过程中的阻滞和耗竭。而最直接的解决办法是在不改变原系统结构的情况下，将生产过程中产生的污染物，通过环境工程手段解决在生产过程之后，即末端治理（end-of-pipe），希望达到污染物的零排放。但是，20多年的实践证明，将重点放到末端，即在危害发生后再进行净化处理的环境战略、政策和措施，有很大的局限性。进入20世纪90年代后，人们又设想将末端治理改为以全过程控制的清洁生产技术，通过对生产的组织、操作及产品消费过程的管理，达到最大限度实施清洁生产的时空安排。但是，清洁生产多数属于非法规管理型的，着重强调鼓励和促进自愿，缺乏计划任务要求，包括未提供适当资助，未规定公众和企业在其中的地位和作用，未建立具体目标，特别是缺乏可实行清洁生产的良好工艺手段，使清洁生产问题无法达到产业化的最终目标。在这样的情况下，生态工程应运而生，它属于全新的、多学科相互渗透的应用学科领域，是一门应用科学。

在退化生态系统的恢复与重建任务不断增加、资源充分利用备受重视的形势下，生态工程和各种恢复技术正发挥越来越大的作用。

一、生态工程的内涵

（一）生态工程的定义

生态工程是应用生态学中一门多学科渗透的新的分支学科，20世纪60年代诞生以来，得到了迅速发展，在环境保护、污染治理、区域生态环境综合整治以及废弃物资源化等方面都得到了广泛应用。根据我国著名生态学家马世骏（1984）为生态工程下的定义"生态工程是应用生态系统中物种共生与物质循环再生原理、结构与功能协调原则，综合系统分析的最优化方法，设计的促进多层多级利用物质的生产工艺系统"。其目标是在促进自然界良性循环的前提下，充分发挥资源的生产潜力，防治环境污染，达到经济效益与生态效益同步发展。它可以是纵向的层次结构，也可以发展为几个纵向工艺链索横向联系而成的网状工程系统。生态工程与环境工程、生物工程等在许多方面是不同的，它们有着各自的研究重点和领域。

生态工程作为一门年轻的学科，许多研究还在不断地深化和扩展。近年来，在传统对湿地以及污水处理等研究的基础上，生态工程开始注重应用模型和新技术，研究注意了大尺度和多尺度协同作用，生态工程设计方法原理不断发展。

（二）生态工程的理论基础

生态工程的设计，涉及的理论主要是系统论原理、工程学理论和生态学的基本理论。这里仅就所涉及的生态学原理进行介绍。

1. 物种共生原理

自然界任何一种生物都不能离开其他生物而单独生存和繁衍，这种关系是自然界生物之间长期进化的结果，包括互惠共生与竞争抗生两大类，也称为"相生相克"关系。在功能正常的生态系统，这种关系构成了生态系统的自我调节和负反馈机制。生态系统各种生物存在的这种依存关系有多种表现形式。

生态学的这一原理，是进行生态工程设计的基本理论依据之一。

2. 生态位原理

生态位（niche）是生态学中的一个重要概念，主要指在自然生态系统中一个种群在时间、空间上的位置及其与相关种群之间的功能关系。

关于生态位的定义有多个，是随着研究的不断深入而进行补充和发展的，美国学者 J. Grinell（1917）最早在生态学中使用生态位的概念，用以表示划分环境的空间单位和一个物种在环境中的地位。他认为生态位是一物种所占有的微环境，实际上，他强调的是空间生态位（spatial niche）的概念。英国生态学家 C. Elton（1927）赋予生态位以更进一步的含义，他把生态位看作"物种在生物群落中的地位与功能作用"。英国生态学家 G. E. Hutchinson（1957）发展了生态位概念，提出 n 维生态位（n-dimensional niche）。他以物种在多维空间中的适合性（fitness）去确定生态位的边界，对如何确定一个物种所需要的生态位变得更清楚了。G. E. Hutchinson 的生态位概念目前已被广泛接受。

因此，生态位可表述为：生物完成其正常生命周期所表现的对特定生态因子的综合位置。即用某一生物的每一个生态因子为一维（X_i），以生物对生态因子的综合适应性（Y）为指标构成的超几何空间。

比如在湖泊中的鱼类，有的生活在水体的底层，摄取小型鱼类或底栖生物；有的生活在水体的中层，摄食浮游生物；有的则生活在水体上层，摄取藻类或水草等。在生态工程设计和调控中，合理运用生态位原理，可以构成一个具有多种群的稳定而高效的生态系统。因此，在评价或判断某一生态工程设计时，生态位理论应用得如何是重要内容，如是否依据生态位理论，实现了各种生物之间的巧妙配合，达到了对资源最大限度的充分利用等。

3. 食物链原理

食物链和食物网是生态系统中物种关系的另一种表现形式，也是重要的生态学原理。在自然界中食物链关系是极其复杂的，而且正是这种复杂的食物关系使生态系统维持着动态平衡，实现生态系统的功能，即物质的循环和能量的转化与传递。生态工程设计中所利用的物种共生原理，基础就是食物链和食物网理论。所以，生态工程设计的合理性，首先就应体现在系统内物种的食物关系上。加强食物链原理在实际利用方面的应用研究，是提高生态工程设计水平的一个重要问题。

4. 物种多样性原理

实际上，这是生物多样性促进系统稳定性的观点，即生态系统中生物多样性越高，生态系统就越稳定。这一理论也适于生态工程的设计，如在农业生态工程中，对所设计的食物链加长或增环，就是对生物多样性原理的应用，其意义一是可实现对资源充分利用的目的，二是增加系统的稳定性，而系统是否稳定是衡量一个生态工程是否成功的重要指标。

5. 物种耐性原理

一种生物的生存、生长和繁衍需在适宜的环境因子，环境因子在量上的不足和过量都会使生物不能生存或生长、繁殖受到限制，以致被排挤而消退。换言之，每种生物都有一个生态需求上的最大量和最小量，两者之间的幅度，就是该种生物的耐性限度。由于环境因子的相互补偿作用，一个种的耐性限度是变动的，当一个环境因子处于适宜范围时，物种对其他因子的耐性限度就会增加；反之，就会下降。

掌握生态学的这个理论，对于生态工程的设计具有重要的指导意义。例如，某一物种很适合于某一生态工程所涉及的食物链，但其生态耐受性不甚理想。根据生态学的这个原理，可通过对其环境的适当满足来提高适应能力，实现整个设计的最优化。

6. 景观生态学原理

景观生态学以整个景观为对象，着重研究某一景观内自然资源和环境的异质性。所谓景观，是指由相互作用的斑块或生态系统组成的、并以相似形式重复出现的、具有高度空间异质性的区域。它的基本内容包括：景观结构与功能、景观异质性、生物多样性、物种流动、养分再分布、能量流动、景观变化与景观稳定性等。

景观生态学原理在生态工程设计中的意义，在于考虑具体设计方案时，要有区域尺度的概念，尤其是环境保护生态工程、污染治理生态工程等，在设计时，必须从区域的尺度考虑其合理性，要有意识地把工程本身及其与区域布局的合理性相结合。

7. 耗散结构原理

耗散结构原理是指一个开放系统的有序性是来自非平衡态，也就是说，系统的有序性因系统向外界输出熵值（如呼吸作用等）的增加而趋于无序，要维持系统的有序性，必须有来自于系统之外的负熵流的输入，即有来自于外界的能量补充和物质输入。这意味着，在生态工程的设计中，必须考虑的基本原则要有双重性，也就是说，一要注重系统内部的设计，即系统自身熵输出的功能潜力；二是注意系统外的输入能力，即可提供的能量和物质的成本。这两点既是系统维持稳定所不能忽视的，又是衡量系统效益的基本依据。因为如果不考虑系统内部变化的结果即系统的输出，就等于没有考虑系统的效益，而没有效益的生态工程是失败的工程。

所以，耗散结构理论在生态工程设计中的意义，就在于提醒和指导设计者，要以此理论来考虑工程设计的效益平衡，清楚系统的熵增加与系统的输入实际效益比。

8. 限制因子原理

一种生物得以生存和繁衍必须有其所需要的基本物质和环境条件，当某种物质或条件的可利用量或环境适宜程度在"特定状态"下不能满足所需的临界最低值时，它们便成为这种生物在该特定条件下的限制因子。具体地说，生态因子中使生物的耐受性接近或达到极限时，生物的生长发育、生殖、活动以及分布等受到其直接限制，甚至造成死亡的因子称为限制因子（limiting factors）。在生态系统中注意限制因子原理的意义，一是若能正确运用生态因子规律，可建立系统的反馈调节，使某些不希望出现的生态现象得到抑制。二是消除控制限制因子的作用。因为限制因子的限制作用是有条件的、相对的。由于因子之间存在着相互作用，某些因子的不足可以由其他因子来补充或部分地代替，也就是说，因子的限制作用可以通过提高或改变其他因子的强度而增强或削弱。

9. 生态因子综合性原理

自然界中众多生态因子会对生物产生重要影响，它们也都有自己的特殊作用，而且环境中每个生态因子的作用又不是孤立的，而是相互联系、互相促进和互相制约的，任何一个因子的变化都能引起其他因子作用强度甚至作用性质的改变。因此，在生态工程的设计中，要充分注意生态因子对生物的综合作用，尤其是主要（或关键）因子的动态变化对其他因子的影响。

生态学这一原理与生态工程设计的关系是，要努力掌握生态因子作用强度和性质的可变性，加强对系统的调控能力，减少系统内生态因子的相互拮抗，使系统处于最佳运行状态。

总之，运用生态学原理设计生态工程，开展生态恢复或促进资源的综合利用、环境的综合整治以及人类社会的持续发展，是生态工程的目的。上述原理的核心是整体性、协调性、再生循环与高效益。对于退化生态系统，这些理论正是恢复的关键和依据。

二、生态工程设计

工程的设计，是一切工程实施前必须首先进行的一个重要步骤，也是工程施工过程中的主要依据。生态工程的设计和其他工程的设计一样，是保证生态工程实施成功与工程效益提高的关键步骤和依据。在掌握了生态工程设计的生态学原理基础上，进一步确定生态工程的设计路线和具体步骤，是系统进行设计工作的重要途径。

1. 生态工程设计的原则

由于传统工程是基于固定目标而进行的标准化设计，对应用的环境较少考虑，系统往往缺乏弹性，因此空间的差异性不适于进行标准化的设计。生态设计的方法应该是针对具体地点和小尺度。生态设计应以当地的生态系统为学习对象，要同时考虑设计的前期与后期的环境影响。Scott 提出了生态工程的设计原则，这些原则是：

（1）遵循生态学原理进行设计，相关原理如自组织、多样性和复杂性、循环再生等；

（2）根据实地情况进行设计；

（3）保持设计功能的独立性，这是基于人类为了满足自身需要，进行设计来提供自然所未能提供的功能，而这种设计要保持功能的独立性，则不会对自然过程产生影响；

（4）能量和信息高效的设计；

（5）认同促成设计的目的和价值。

2. 生态工程设计的具体步骤

（1）拟定目标。生态工程的对象是自然-社会-经济复合生态系统，是由相互促进而又相互制约的 3 个系统组成的。因此，任何生态工程设计必须强调复合生态系统的整体协调目标，即自然生态系统是否合理、经济系统是否有利、社会系统是否有效。同时，根据当地的条件，强化某个系统的目标。

（2）背景调查。因地制宜是基础的生态工程实施的背景条件，只有正确了解和掌握该地区的社会、经济和环境条件，才能充分发挥和挖掘当地的潜力，达到事半功倍的效果。

① 自然资源条件：包括生物资源、土地资源、矿产资源和水资源等。

② 社会经济条件：包括市场状况、劳动力及其知识水平和经济实力。

③ 生态环境条件：包括气候条件、土壤条件和污染状况等。

调查资料和数据要具有外界的输入状况、系统组成及其状态、组分之间的物质、能量和信息的流动、系统的输出以及与外界的货币、物质等因子的交换等。然后，从庞杂的数据中进行抽象和简化，去伪存真，筛选出少量信息量大而又易于操作的关键因子。

（3）模型分析与模拟。根据拟定的目标和收集的数据，构建合适的数学模型。通过模型的运算，评价所选的模型类型和数据集是否合适，在模型和数据集合适的基础上，通过运算，找出关键组分和关键因子，找出系统各组分间的物质和能量的流通规律以及流通率变化对系统的潜在压力和影响效应，找出组分的灵敏性和系统平衡及稳定能力，找出反馈作用的强度和效应等。结合定性研究，评价和分析系统的整体行为特征和发展趋势，并进行综合评价。

（4）工程可行性评价。生态系统模型提供了复合生态系统的静态特征和动态变化性质，是生态工程可行性分析或决策分析的基础。通过可行性评价和决策分析，可以为管理和政府部门提供在不同社会、经济和自然资源条件下，生态工程实施的多条途径，从而，使经济效益、生态效益和社会效益达到最高。复合生态系统稳定性和存活进化的机会最大、系统恶化的风险最小等。

3. 技术路线

（1）建立互利共生网络。生态系统是多种成分相互制约、互为因果，综合形成的一个统一整体，每一成分的表现、行为、功能及它们的大小均或多或少受其他成分的影响，往往是两种或多种成分的合力，是其他成分与它的因果效应。而作为一个生态系统的行为和功能是各组分构成统一有机整体时才具备的，它并非各组分的行为、功能的简单加和或机械的集合。各组分的结构协调、组分间比量合适，整体功能将大于各组分的行为、功能的简单加和；反之，结构失调、比量不合适，前者将小于后者。生态系统内部结构和功能是系统变化的依据。因此，技术路线是着重调控系统内部结构和功能，进行优化组合，提高系统本身的迁移、转化、再生一些物质和能量的能力，以及对太阳能的利用率及自净作用与环境容量，充分发挥物质生产潜力，尽量充分利用原料、产品、副产品、废物及时间、空间、营养生态位，提高整体的综合效益。

将平行的、原本不相联结的种通过生态系统中的食物链的联结，形成互利共生网络，可提高效率，促进物质的良性循环。这类方法的典型例子很多，如鱼鸭混养、稻田养鱼、稻田养蟹和基塘系统（桑基鱼塘、草基鱼塘、菜基鱼塘、果基鱼塘、林牧复合生态系统和林农复合生态系统等。）

（2）延长食物链。在一个生态系统或复合生态系统中的食物链网或生产流程中，增加一些环节，改变食物链与生产流程结构，扩大与增加系统的生态环境及经济效益，以发挥物质生产潜力，更充分利用原先尚未利用的那部分物质和能量，促进物质流与能量流的途径畅通，称之为加环。

在生态工程中，加环是一种重要方法。根据加环的性质和功能，可以将它们归纳为四类：生产环、增益环、减耗环、复合环。所加入的环，往往起到上述各环的多种功能，例如，在一些农、林生态系统中，引入蜜蜂这一环节，它不仅可将原本分散在各植物的花中的花粉、花蜜，经蜜蜂转化后，生产出有经济价值的商品蜜、黄蜡、蜂王浆、蜂胶、花粉等，起到生产环作用；而且由于蜂蜜传媒授粉作用，使很多作物增产。

4. 生态工程发展中的不足

虽然生态工程在理论方法、设计原理以及应用中不断取得进展，但是在发展过程中仍存在不足，这主要体现在以下几个方面：

（1）范围不断扩展，但研究深度及力度不足；
（2）缺乏全局性的模型，模型功能简单化；
（3）评价方法多，但缺乏一个公认的较好的评价方法；
（4）对人类行为诱导的方法少。

思考题

1. 什么是干扰？举例说明干扰的类型。
2. 什么是退化生态系统？导致生态系统退化的原因有哪些？
3. 简述人类对生态系统干扰的方式、途径与特点。当前有什么新的发展趋势？
4. 生态系统退化的过程分为哪几种？其主要特征是什么？试举例说明。
5. 如何诊断生态系统的退化程度？诊断的方法有哪几种？

第七章 环境污染与生态环境影响评价

第一节 环境污染物与毒物

一、污染物与毒物

1. 污染物（pollutant）

通常，污染物是指进入环境后能够直接或间接危害人类的物质。还可以解释为：进入环境后使环境的正常组成发生变化，直接或间接有害于人类的物质。

实际上，污染物可以定义为：进入环境后使环境的正常组成发生变化，直接或间接有害于生物生长、发育和繁殖的物质。污染物的作用对象是包括人在内的所有生物。

环境污染物是指由于人类的活动进入环境，使环境正常组成和性质发生改变，直接或间接有害于生物和人类的物质。

2. 毒物（toxicant）

毒物是指对机体产生有害作用（毒作用）的化学物质。显然环境污染物属于毒物的范畴。外来化合物（xenobiotics）是指生物体内，正常生命活动中不产生的化合物。外来化合物包括环境污染物。

"毒物"是一相对术语，毒物与非毒物之间并不存在绝对的界限。一种化学物可能在某些特定条件下是有毒的，而在另外的情况下是无毒的。例如，铜和锌是机体内必需的微量元素，因为铜是动物体内形成血浆所必需的，而锌则是体内某些酶的结构或活性所必需的。但摄入过量的铜会引起呕吐、腹泻甚至红细胞溶解；过量的锌会引起哺乳动物广泛的生化紊乱。显然区分化学物质的有毒与无毒，必须考虑剂量。

有毒化学物质通过各种途径排放至大气、水源和土壤等人类环境中，通常称为环境毒物。毒物的种类按其用途及分布范围可分为工业毒物、环境污染物、食品有害成分、农业化合物、嗜好品、化妆品和其他日用品中的有害成分、生物毒素、医用药物、军事毒物和放射性同位素等。按毒物作用于机体的主要部位可分为作用于神经系统、造血系统、心血管系统、呼吸系统、肝、肾、眼和皮肤的毒物等。按毒物作用性质则可分为刺激性、腐蚀性、窒息性、致敏、致癌、致突变和致畸毒物等。此外还可按化学结构或形态分类等。

二、主要环境污染物及其环境毒理学效应

（一）重金属的环境毒理学效应

随着工业的发展，有害金属污染物排放，环境恶化日趋严重，已直接或间接地对生物和生态系统造成威胁。金属元素污染环境、进入机体，很不容易"消失"，易于逐渐在环境和生物体内蓄积，构成对人类的潜在危害。有害金属元素在生物体内完全是一种毒物，危害人体健康。排放到环境中的汞引起水俣病，镉引起"骨痛病"，导致震惊世界的公害事件，重金属环境毒理学效应突出。

重金属和配位体的相互作用、重金属的有机化、重金属的氧化还原反应、重金属的蓄积作用是重金属毒性作用的特性。重金属与生物成分的相互作用，即和大分子物质的作用可能是大多数重金属产生毒性效应的原因。毒性作用的受体可能是有催化作用的官能团、结构单元，或细胞膜上的转运成分，氨基酸、肽、蛋白质、核酸等生物成分多有与金属结合的基团。通常，进入机体的重金属，几乎不是以离子的形式存在，而是与生物成分发生反应，形成金属配合物或金属螯合物。

1. 汞

汞是典型的金属污染物。

（1）环境汞污染。在自然界中，广泛分布于地壳表层的大部分汞与硫结合成硫化汞。普通岩石中的汞含量均小于 200 μg/kg，地壳中的汞平均含量为 80 μg/kg。空气中的饱和汞浓度为 13.2 μg/m³；天然水中汞的本底浓度一般均不超过 0.1 μg/dm³；土壤中的汞含量一般不高于岩石。

大气汞污染的重要来源是含汞金属矿物的冶炼和以汞为原料的工业生产所排放的废气。土壤汞污染主要来自含汞农药和含汞污泥肥料，另外含汞污水灌溉农田时，土壤也会遭到汞的污染。水体汞污染的主要来源是含汞的工业废水的排放，以汞作为电极的氯碱工业是环境汞污染的祸首；其次为以汞的无机盐作为催化剂生产化工原料氯乙烯和乙醛的塑料工业；电池工业和电子工业等排放的废水也是水体汞污染的原因。

在大气、水和土壤环境中，汞不断进行迁移转化。大气中呈蒸气态的汞，在日光紫外线照射下可能生成甲基汞；大气中气态和颗粒状的汞，还可通过湿沉降或干沉降返回地面或水体。土壤中的汞可挥发进入大气；或直接被植物吸附；或被水中胶状颗粒、悬浮物、泥土细粒、浮游生物吸附、吸收入体内；或由降雨冲淋进入地面水和地下水。地表水中部分的汞可挥发进入大气，大部分汞以重力沉降，达到吸附共沉，而且汞对有机物中的巯基有较高的亲和力，能够结合在有机悬浮物上。底泥中的无机汞在细菌、微生物的作用下和维生素 B_{12} 的衍生物——甲基钴胺素作用，无机汞转化为有剧烈毒性作用的甲基汞。水生生物摄入的甲基汞可在体内蓄积，并经食物链的生物浓缩和生物放大，在鱼体内浓缩几万至几十万倍。1953 年，日本熊本县水俣湾周围发生的水俣病就是当地居民食鱼摄入甲基汞而发生的中毒性疾病，甲基汞是汞公害的病因。汞的甲基化是水体污染危害的主要致毒机理。

（2）汞的环境毒理作用。汞及其化合物可通过呼吸道、消化道及皮肤等途径进入机体，虽然可分布于全身各个器官中，但均以肾脏汞含量为最高。在给予汞后，汞在体内分布的递

减次序是：肾>肝>血液>脑>末梢神经。

各种汞化合物的通透性差异很大。金属汞被消化道吸收的数量甚微，通过食物和饮水摄入的金属汞一般不会引起中毒。金属汞蒸气侵入呼吸道时，可被肺泡完全吸收，并经血液运至全身。无机汞中的氯化汞为剧毒物质；有机汞中，苯基汞分解较快，毒性不大；而以甲基汞和乙基汞为代表的烷基汞化合物毒性最大。由新泻水俣病患者推算得出，70 kg 体重人体内甲基汞蓄积量达到 30 mg 时，可出现感觉障碍，蓄积到 100 mg 时则出现水俣病典型症状，故日本部分学者主张 100 mg 的蓄积量为中毒阈值。

汞进入体内后，对含硫化合物具有高度亲和特性，故汞离子与体内的各种含有巯基（—SH）的蛋白质极易结合形成汞的硫酸盐，因此一般认为 Hg-S 反应是汞产生毒性作用的基础。一些参与体内物质代谢的重要酶类，如细胞色素氧化酶、琥珀酸脱氢酶和乳酸脱氢酶等，它们的活性中心是—SH 基，当汞与酶中的—SH 基结合时，就可以使酶失去活性，影响酶的正常功能。汞与体内组织中的巯基、氨基、磷酸基、羰基等功能基团结合，使汞可进入细胞内，并造成细胞的损害。

烷基汞化合物通过破坏大脑和小脑的神经元而使动物死亡，同时被汞抑制或损伤的血脑屏障转运机制，不能供应神经元必要的氨基酸。有机汞化合物也可能是由于破坏了亚细胞结构，如溶酶体的膜，从而影响细胞的完整性。甲基汞化合物易溶于脂肪中，易通过血脑屏障而侵犯中枢神经系统，因此中枢神经系统损害的症状明显。

2. 镉

（1）环境镉污染。镉是相对稀少的金属，在地壳中的平均含量为 0.15～0.20 mg/kg。未污染的大气、水和土壤环境中镉的含量很低（一般分别为 0.002～0.005 μg/m³，0.01～10 μg/dm³，0.5 μg/kg 以下，指土壤干重）。随着生产活动的开展，镉已被广泛用于电镀、汽车、航空工业以及用于氯乙烯稳定剂、颜料、油漆、电器制造、印刷等行业。空气镉污染可来自开采矿石、冶炼金属、石油和煤的燃烧等工业过程，城市垃圾的焚烧也可导致镉含量增高。工业城市和冶炼车间附近空气镉污染的最高含量达到 0.06 μg/m³ 以上。水体镉污染可通过饮用水而直接被人体吸收，同时镉污染在水生生态系统中可沿食物链不断浓缩放大，海产品浓集的镉比海水高 4 500 倍。在风的扩散作用下，土壤镉污染范围有时达数十平方千米，镉污染土壤表层 20 cm，甚至 30～45 cm，土壤中镉含量在 1 mg/kg 以上，工业污染附近土壤的镉可达到 40～50 mg/kg，镉污染土壤上种植的庄稼，镉含量可达 0.5～1.0 mg/kg。污水灌溉对土壤中镉的蓄积有十分重要的作用，实测表明：污水灌溉污染了的土壤镉含量为对照土壤中镉含量的 4～6 倍。

（2）镉的环境毒理作用。在正常体内代谢中，镉不是一种必要的微量元素，环境中的镉，通过饮食进入人体的吸收率为 1%～6%，通过呼吸道吸收为 10%～40%。人体对来自空气的镉污染比来自饮食的镉污染更为敏感，镉进入机体后，主要与富含半胱氨酸的低分子质量（约 10 000）胞浆蛋白相结合，形成金属硫蛋白，并可分布到全身的各个器官。进一步的研究表明，被吸收的镉 1/2～1/3 选择性地储存于肝和肾，其次是脾、肺、胰腺、肾上腺和睾丸中，而脑、心、肠和肌肉中则无镉的存留或存量甚微。

蓄积性是镉对机体作用的重要特点，镉进入机体后主要可在肾、肝和脾中蓄积。当高浓度吸收镉时，临界器官是肺，主要症状是肺水肿。长期低浓度摄入镉时，临界器官是肾和肺，主要症状是肾功能损害，特别是低分子蛋白尿与肺气肿。人长期摄入受镉污染的饮水及食物

（粮食、蔬菜、水产品及畜产品等），可使镉在体内蓄积并导致慢性中毒。日本著名的公害病之一痛痛病（骨痛病）就是在这种条件下发生的慢性镉中毒的典型事例。据调查表明，日本发病区的大米平均含镉 0.5~0.8 mg/kg 以上。若当地居民以每日消费大米 300 g 计，则每日通过大米而摄入的镉就可达 300~480 μg。镉对鱼类和其他水生物都有强烈的毒性作用（表 7-1）。

表 7-1　镉对鱼类和其他水生物的影响（刘毓谷，等，1987）

镉化合物	质量浓度/（mg/dm³）	鱼类和其他水生物	作用
氯化镉	0.001 0	鲤鱼	经 8~18 h 致死
	0.016 5	鲫鱼	蒸馏水中经 8~18 h 致死
	0.10	水溞	致死
	0.90	藻类	抑制繁殖
硝酸镉	0.10	藻类	硬水中经 96 h 致死
	0.10	水溞	致死
	0.118	淡水鱼	致死
	0.30	丝鱼	经 7 天致死
	6.0	鲤鱼	经 36 h 致死
硫酸镉	1.042	水溞	经 3 h 致死

（二）大气污染物的环境毒理学效应

大气污染（atmospheric pollution）是指大气污染物或由它转化成的二次污染物的含量远远超过正常本底含量，对人体和生物体产生不良影响的大气状况。根据物理形态，大气污染物分为气态污染物和颗粒污染物，通常由煤和石油燃烧而排放的大气污染物中，气态污染物占 85%~90%，颗粒污染物占 10%~15%。按照化学形态，可将大气污染物分成含硫化合物、含氮化合物、碳氢化合物、碳氧化合物、卤素化合物、颗粒物质和放射性物质七类。大气污染的主要污染源来自工业企业、生活炉灶、采暖锅炉，交通运输工具火车、轮船、汽车、飞机等也可产生一定量的大气污染物。除了人类生产活动和日常生活这些主要的人为污染源外，天然污染源如火山爆发、森林失火也可导致大气污染。大气通常的化学成分是比较稳定的。氮气约占 78.09%，氧气占 20.95%，再加上氩、二氧化碳，共占大气总量的 99.999%。环境生态学研究的正是这些主要成分外的飘尘、二氧化硫、二氧化氮和一氧化碳等，只占大气的 0.001%。

二氧化硫是重要的大气污染物，历次世界范围内的严重大气污染事件，二氧化硫都是主要的大气污染物。

二氧化硫（SO_2）为无色而具有辛辣刺激性气味的气体，二氧化硫与二氧化氮、碳氢化合物共存时，经 7 h 后转化为三氧化硫的量可达 20%~30%。三氧化硫吸湿性强，可以由大气中的固体粒子吸附和催化，非常容易形成硫酸烟雾。酸雨可以使水体、土壤酸化，破坏森林，伤害庄稼，损伤古迹文物，影响人体健康和生物生存。SO_2 进入环境，主要来自含硫矿物燃料的燃烧，大约占 SO_2 含量的 80%；另外对于这种含硫矿物的开采和含有较高硫量的有色金属的冶炼，大约占 10%；同时化学工业的生产过程中也产生 SO_2。

二氧化硫极易与呼吸道表面的水相作用，吸水形成亚硫酸或硫酸。因此，人体短时间接触低浓度的二氧化硫，上呼吸道极易受到刺激，腐蚀损害；短期接触高浓度的二氧化硫，则可引起急性支气管炎，呼吸困难，以致死亡。

机体吸收二氧化硫后形成的亚硫酸反应性极强，能进行加成反应、置换反应、还原反应等多样作用。实验证明，亚硫酸在机体内可以与某些辅酶及底物反应，从而影响机体代谢机能。例如，在机体内形成的亚硫酸可与辅酶Ⅰ、黄素辅酶、醛类、酮类、叶酸、二氢叶酸以及不饱和脂肪酸反应，亚硫酸根离子还可以对氨基酸，特别是胱氨酸进行可逆加成反应硫氢化。

二氧化硫对微生物具有致突变作用，并且引起植物、动物细胞染色体发生畸变。诱变机理在于亚硫酸根离子是极强的亲核剂，因此与核酸分子中的尿嘧啶和胞嘧啶发生加成反应，生成 5,6-二氢尿嘧啶-6-磺酸和 5,6-二氢胞嘧啶-6-磺酸，从而改变核酸的结构，使遗传信息发生变化而致突变。但人体由于亚硫酸氧化酶的保护作用，容易控制亚硫酸的侵入危害。

（三）农药的环境毒理学作用

1. 有机氯农药

有机氯农药化学性质稳定，不溶于水，溶于多种有机溶剂。遇光和高温均不易分解，故可在自然界中长期残留，在土壤中消失 95%，需要数年至数十年。这类化合物挥发性低，吸入中毒的机会较少。一般主要经消化道进入机体，吸收后，主要蓄积在脂肪组织以及脂质含量较高的组织器官中，如大网膜、肾周围组织等。有机氯农药在机体内的代谢方式主要为脱氯化氢、脱氯和氧化反应。

有机氯农药为神经及实质脏器毒物，大剂量可引起中枢神经及某些实质脏器，特别是肝脏与肾脏严重损害。由于有机氯农药的化学性质稳定，对人体危害的特征是蓄积性和远期效应。

2. 有机磷农药

有机磷农药多为油状液体或晶体固体，具大蒜臭味，挥发性强，难溶于水，溶于多种有机溶剂，对光、热和氧稳定，遇碱迅速分解。有机磷农药可经消化道、呼吸道和皮肤吸收进入机体，大多数化合物经皮肤吸收快且完全。吸收后迅速分布到全身各组织器官，尤其以肝、肾以及肺中含量较高。大多数有机磷农药可通过血脑屏障，在体内代谢较快，故一般没有明显的蓄积作用。有机磷农药在机体内可进行氧化、还原、水解和结合反应，其中尤以氧化反应方式多样且活泼。

有机磷农药进入机体后的毒性作用，主要在于对胆碱酯酶活力的抑制，使其失去分解乙酰胆碱的能力，造成乙酰胆碱在体内大量积聚，引起一系列神经功能紊乱的中毒表现。有机磷农药有一些共同特点，即结构中含有亲电子性磷，也具有带正电荷的部分，结构与乙酰胆碱相近，因而能竞争性地抑制乙酰胆碱酯酶，即有机磷带正电荷部位与胆碱酯酶的阴离子部位结合，而亲电子性的磷则与胆碱酯酶的酯解部位结合，形成磷酰胆碱酯酶，此时不能再水解乙酰胆碱，因而造成体内乙酰胆碱的积累，导致神经传导功能紊乱。研究证明，有机磷农药对胆碱酯酶的抑制作用是不可逆的。某些有机磷农药同时使用具有联合作用，导致毒性增强。

3. 有机氮农药

有机氮农药，更多的是指氨基甲酸类杀虫剂，一般说来有机氮农药对人、畜毒性属于中等程度至低毒范畴。在土壤中的滞留时间不长，半衰期多数仅 1～4 周左右，但近年来的研究表明，它的残毒问题还有待探索。

4. 拟除虫菊酯类农药

拟除虫菊酯类农药，是与天然除虫菊素相似的化合物，大多数品种为黄色黏稠状液体或无色结晶，挥发性弱，不溶于水，易溶于多种有机溶制，有遇碱分解的特性。该类农药在体内代谢快，蓄积程度低。拟除虫菊酯杀虫剂是一类神经毒剂，其作用机理十分复杂。目前认为主要作用方式为抑制神经细胞离子通道，使神经传导受阻，可能直接作用于中枢神经系统的敏感部位，作用于神经肌肉联结处，降低肌肉膜的电兴奋电位。

三、影响毒作用的主要因素

（一）环境因素

1. 物理环境因素

（1）环境温度对毒性影响是较复杂的。研究发现，55 种化合物在 36 ℃高温中毒性最大，26 ℃时毒性最小。引起代谢增强的物质五氯酚钠在 8 ℃时毒性最小，而引起体温下降的物质如氯丙嗪等，则在 8 ℃时毒性最大。在同一类有机磷农药中，对硫磷在高温时毒性增强。沙林则在低温时毒性增高，冷刺激还能增强芳香族的羟化作用。人和动物在高温环境下，皮肤毛细血管扩张，血液循环和呼吸加快，加速毒物的皮肤吸收和经呼吸道吸收。通常高温可促进毒物的吸收，使毒性增强，而温度下降可使毒性降低。

（2）湿度可以促进化学毒物经皮肤吸收。实验证明，高温环境中，一些刺激性化学物质如氯化氢（HCl）、氟化氢（HF）、一氧化氮（NO）和硫化氢（H_2S），随湿度的增高吸收增强。高湿度也可加速毒物的水解作用，某些毒物在高湿条件下改变状态，如 SO_2 一部分可转化为 SO_3 和 H_2SO_4，使毒性增大。此外，高湿条件下，冬季易散热，夏季则反而不易散热，从而增加机体的体温调节负荷，影响毒物的毒性。

（3）气压一般情况下对毒物无明显影响。但气压增高时，往往影响大气中污染物的浓度，如世界烟雾公害事件中的急性中毒，与特殊的气象条件高气压变化有关。另外，气压降低，空气中氧分压明显降低，一氧化碳（CO）的毒性加大。大气压变化对化学毒物的影响，主要为氧分压的改变。

（4）生物体的许多功能随季节和昼夜节律产生规律性的变动。人和动物对化学物质作用的反应，也受季节和昼夜的影响。已有资料表明，大鼠肝细胞有丝分裂的昼夜变动十分明显。另外，大鼠吸收二氯丙烯的毒性，昼夜节律与肝内谷胱甘肽浓度的昼夜节律有关。

化学物质进入环境后，与水和大气混合，并逐渐被稀释，环境中的浓度大大降低，以致达到无损害程度。某些化学物进入水体或大气后，由于重力作用而逐渐沉降到地面或水底，使这些物质在大气或水体中的浓度降低。有些气体、胶体或离子状态的化学物能被大气中的灰尘、水滴和水中的胶体颗粒、悬浮微粒、浮游生物、泥沙等吸附而沉降。

2. 环境污染物的联合作用

环境中接触的很少是单一的化学物质，往往是多种环境污染物同时并存，并对机体同时产生生物学作用。实验表明，多种外来生物活性物质同时或在数分钟内先后作用于机体所产生的生物学作用，可以与其中任何一种物质单独分别作用于机体时所产生的生物学作用完全不同。环境污染物的联合作用类型如下：

（1）独立作用（independent effect）。即多种化学物质各自对机体产生不同的效应，其作用的方式、途径和部位也不相同，彼此之间互无影响。如果同时向动物输入两种化学物质，引起的死亡可能由某一化合物作用而引起，也可能是两种化合物分别引起，而不是由于两种化学物作用相加而引起。如果此种类型联合作用以动物死亡率来表示，则此种混合物的毒性作用相当于经过第一种化合物作用后存活的动物再受到第二种化学物的毒性作用；输入两种以上化学物质时可依此类推。

（2）相加作用（additive effect）。即多种化学物质混合所产生的生物学作用强度是各种化学物质分别作用产生的作用强度的总和（如 1+2=3）。在这种类型中，各种化学物质的生物学作用性质比较近似，或作用于同一部位或组织，而且各种化学物质的化学结构也比较近似，如按一定比例将一种化学物质用另一种化学物质代替，混合物的作用并无改变。常见的有机磷化合物如果同时与机体接触，其胆碱酯酶抑制作用往往呈现相加作用。

（3）协同作用（synergistic effect）。两种或两种以上化学物质同时或在数分钟内先后与机体接触，其对机体产生生物学作用的强度远远超过它们分别单独与机体接触时所产生的生物学作用的总和（如 1+2=10）。例如，四氯化碳与乙醇对肝脏都具有毒性，如果同时输入机体，所引起的肝损害比它们分别单独输入机体时严重。

（4）拮抗作用（antagonistic effect）。两种化学物质同时或在数分钟内先后输入机体，其中一种化学物质可干扰另一种化学物质原有的生物学作用，使其减弱或两种化学物质相互干扰，使混合物的生物学作用或毒性作用的强度低于两种化学物质输入机体时强度的总和（如 3+5=2，4+3=5）。

凡能使另一种化学物质的生物学作用减弱的化学物质，可称为拮抗物或拮抗剂（antagonist）。在此种情况下，也可认为是一种化学物质抑制另一种化学物质的毒性，所以也称为抑制作用。拮抗作用的机理有功能拮抗、化学拮抗、受体拮抗和干扰拮抗。

（二）化学毒物的理化性状

1. 物理性状与生物学效应

（1）溶解度。化学物质在体液中的溶解度大小与毒性强弱有关，溶解度越大，在体内吸收率越高，毒性也大。例如，三氧化二砷（As_2O_3）在水中的溶解度比三硫化二砷（As_2S_3）大 3 万倍，前者是剧毒物质，后者毒性很小或无毒。铅化合物在血清中的溶解度大小顺序为：氧化铅>金属铅>硫化铅，其毒性大小与溶解度一致。脂溶性物质如四乙基铅因亲脂性，易渗透至神经组织，对神经系统毒性大。汞化合物在肠内的吸收率，氯化汞为 2%，酯醇汞为 50%，苯基汞为 50%～80%，甲基汞为 90% 以上，甲基汞脂溶性高，故毒性很强。

（2）挥发度。化学物质的挥发度大小常与本身的熔点、沸点、蒸气压有关。化学物质的挥发度越大，在空气中的浓度就越大，通过呼吸道引起中毒的危险性就越大。有些物质挥发度很小，其毒性只有通过消化道或皮肤接触才有实际意义。例如，溴甲烷沸点为 4.6 ℃，CS_2、CCl_4、$CHCl_3$ 等在常温下易挥发，易通过空气对人体引起危害，而乙二醇（沸点 197.6 ℃）就不易挥发，对人体影响较小。

（3）分散度。分散度就是物质颗粒大小的程度，化学毒物的分散度越大，表示其颗粒越小，其化学活性也越大，同时越容易随空气吸入呼吸道深部，其危害性也越大。大于 10 μm 的空气微粒可以沉降，小于 10 μm 的微粒能在空气中长期停留，随呼吸侵入肺内造成危害。例如，直径为 5 μm 的粒子，5%沉积于肺泡，5%沉积于鼻和喉部，70%沉积于支气管中。而直径为 0.4 μm 的粒子可自由进出肺泡，在呼吸道和肺泡的沉积率很低。大粒子是靠冲撞和沉降作用沉积下来的，而直径小于 1 μm 的粒子主要是通过扩散作用沉积下来的。

2. 毒物的化学结构与毒性

毒物的化学结构决定其在体内参与和干扰的生化过程，决定毒作用的性质。例如，苯具有麻醉作用，并可抑制造血机能，但若苯环上的氢被甲基取代，形成甲苯或二甲苯时，对造血机能的作用就不明显；当苯环上氢被氨基或硝基取代时，易形成高铁血红蛋白，对肝脏具有毒性作用；而苯环上的氢被卤素所取代时，对肝脏也可能产生毒性。脂肪族烃类、醇类、醚类高浓度时均有麻醉作用，均由整体分子所引起，虽然化学结构不同，却表现出某些相同的作用。

20 世纪 60 年代，关于化学结构与生物学活性的定量相关性的研究，已应用多参数法综合考虑化学物质分子中取代基的多种特性，即其理化参数或物理化学描述符，并利用多元回归分析法找出化学结构和生物学效应的定量相关关系规律。这些方法统称为定量结构与活性关系法（quantitative structure activity relationship），简称 QSAR 法。因此 QSAR 就是用数学模型来定量地描述化学物质的结构与生物活性的相关关系。

（三）个体因素

1. 种属、品系和个体差异

由于机体的结构与功能方面存在不同程度的差异，因此，外来化合物在不同种属和品系动物体内的生物转运和生物转化过程不一定完全相同，以致其毒性作用也可能存在差异。种属品系和个体感受性（susceptibility），在量和质上的差异原因是多方面的。对于种属感受性差异，大多数情况可用代谢的差异来解释，也就是活化能力或解毒能力的差异，这些差异可能导致一些品系和个体感受性表现不同。就大多数毒物而言，人和动物的敏感性差异一般不大于 10 倍。

2. 年龄和发育

人和动物对毒物的反应，受年龄的影响，成年动物的 LD_{50} 与新生动物的 LD_{50} 之比值，可以在 0.002 ~ 1.6 之间波动。新生动物中枢神经系统的发育不全，故对中枢神经剂敏感性较差，而对中枢神经抑制剂较敏感；机体进入老年后，一切代谢功能减退，对一般化学物质的毒性作用较为敏感，但对于一些需经生物转化后才具有毒性作用的化学物质则相反。

3. 性别与激素

对大多数毒物而言，雌性动物往往较雄性动物敏感。例如，141 种化合物毒性的性别差异，雌、雄动物 LD_{50} 之比值，平均在 0.77 ~ 0.99 之间。也有少数化合物对雄性动物的毒性反而较高。对毒性的性别差异，主要与性激素和代谢毒物的功能不同有关。雄鼠肝脏中，无论是微粒体上毒物与葡萄糖醛酸的结合能力，或者是有机磷农药的活化作用都比雌鼠强。

4. 遗传因素

从遗传因素可加重某些有毒外来化合物对机体的不利影响的研究来看，先天性代谢缺陷或生理变异，可导致对某些化合物效应的敏感性。细胞中缺乏 6-磷酸葡萄糖脱氢酶的人，对苯、苯胺和乙酰苯胺等比较敏感，容易引起溶血，就是遗传因子直接影响毒性效应的结果。

5. 健康状况与营养

动物的健康状态、营养条件等，都能影响代谢水平和酶活性，也可影响毒性。营养状况不良，往往会使毒物在体内的生物转化减慢，并出现异常毒性表现，主要是通过对微粒体酶的抑制或诱导使化学物质的生物转化速度发生变化。微粒体为内质网碎片，内质网膜与其他生物膜相同，是由脂质分子与蛋白质组成的。膳食中脂类物质的脂肪酸组成，可以决定生物膜的结构特性，并因此影响其活性。

各种蛋白质的质和量不足，可使大多数外来化合物对机体毒性增强，例如，常见的马拉硫磷、对硫磷、六六六、滴滴涕以及黄曲霉毒素 B_1 都出现此种情况。但也有少数化学物质是在生物转化过程中形成毒性较强的代谢物，在此种情况下，如蛋白质营养状况不良，则由于生物转化过程减弱，其毒性反而较低。

第二节　环境污染物在生态环境中的迁移和转化

一、污染物在生物体内的吸收、分布和排泄

（一）污染物在生物体内的吸收（absorption）

吸收是指生物体接触的环境污染物通过各种途径透过机体的生物膜进入血液的过程。这一过程与氧和营养物质的吸收过程无本质差别。

1. 经消化道吸收

饮水和由大气、水、土壤进入食物链中的环境污染物均可经消化道吸收，消化道是环境污染物最主要的吸收途径。环境污染物在消化道中主要以简单扩散方式通过细胞膜被吸收。化学物质的分子由生物膜浓度高的一侧向浓度低的一侧转运，称为简单扩散。简单扩散可能是化学物质透过生物膜的主要方式。在简单扩散过程中，化学物质并不与膜起反应，也不需要细胞提供代谢能量。哺乳动物在胃肠道中还以特殊的转运系统，吸收营养物质和电解质物质，如葡萄糖、乳糖、铁、钙和钠的转运系统。环境污染物也能被相同的转运系统所吸收，外来化合物在消化道吸收的多少与其浓度和性质有关，浓度越高吸收越多；脂溶性物质较易吸收，水溶性易离解的物质不易吸收。

胃液酸度极高，弱有机酸（如苯酸）多以未电离的形式存在，它们易于扩散。脂溶性高，也易于吸收。而弱有机碱（如苯胺）在胃中高度电离，一般不易吸收。哺乳动物胃肠道具有

吸收营养物质和电解质的多种特殊转运系统。有些环境污染物可通过竞争作用，经过这些主动转运系统而吸收。例如，5-氟尿嘧啶（5-FU）的吸收即可通过嘧啶转运系统；铊、钴、锰可由铁蛋白转运系统而吸收；铅及某些具有二价正电荷的重金属可由钙转运系统而被吸收。小肠中的吸收与胃中相似，主要是通过单纯扩散。

2. 经呼吸道吸收

环境污染物经呼吸道的吸收以肺为主。肺泡上皮细胞层极薄，表面积大（$50 \sim 100 \ m^2$），而且血管丰富，所以气体、挥发性液体和气溶胶在肺部吸收迅速完全。吸收最快的是气体、小颗粒气溶胶（如烟雾）和脂/水分配系数高的物质。经肺吸收的外来化合物，直接进入血液循环而分布全身。这是呼吸道吸收的特点，与经胃肠道吸收不同。

气体、易挥发液体和气溶胶中的液体在呼吸道的吸收主要通过简单扩散。吸收情况受很多因素影响，主要取决于被吸收化合物的血液-气体分配系数 K，即气体在血液中的浓度（mg/dm^3）与在肺泡气中浓度（mg/dm^3）之比。分配系数对一种气体来说是一常数。例如，二硫化碳为5，苯为6.85，乙醚为15，甲醇为1 500，可见乙醚、甲醇比二硫化碳容易吸收。

气体在呼吸道的吸收还与相对分子质量、溶解度及肺通气量相关。气态物质的水溶性，决定其在呼吸道的吸收部位，水溶性高的化合物在上呼吸道被黏膜吸附；水溶性低的化合物，多进入呼吸道深部被吸收。对雾、粉尘等的吸收则取决于颗粒大小、比重、电荷及亲水性。小于 $10 \ \mu m$ 的尘粒可直接经呼吸道上皮呼吸。

3. 经皮肤吸收

皮肤并不具有高度的通透性，是一道较好的脂质屏障，将机体与外界环境隔离，使外来化合物不易穿透。但是有些外来化合物可以通过皮肤吸收，引起全身作用。例如，四氯化碳可通过皮肤吸收而引起肝损害。还有些农药可经皮肤吸收，甚至引起死亡，如某些有机磷农药。

（二）分布（distribution）

环境污染物经各种途径被吸收后，随血液和体液循环分布到全身组织细胞的过程叫分布。

环境污染物经吸收过程进入血液和淋巴液后，从理论上应均匀分布到全身各组织细胞，但是事实上并非如此，污染物在体内的分布并不均匀。各种化合物在体内的分布不一样，有些化合物极易透过某种生物膜，即可分布全身；有些化合物不容易透过生物膜，因此分布受到限制。各种生物膜对同种化合物的透过情况也不一致。有机污染物多在体内呈均匀分布，由于它们是脂溶性且非电解质。而无机污染物在体内则多呈不均匀分布，属电解质，根据它们的价态，在体内分布有一定规律。一价阳离子，如钾、钠、锂、铷、铯等，阴离子为五、六、七价的元素，如卤族元素等，一般在体内分布比较均匀；而二、四价的阳离子，如钙、钡、铝、铍、镭等，容易分布在骨骼中，镉、钌等由于与含巯基蛋白结合，多集中于肾脏。

此外，有些污染物由于具有高度脂溶性，可在机体某一器官浓集或蓄积。浓集或蓄积部位往往不是其主要毒性作用部位，仅起储存作用，储存的此种外来化合物往往不具活性。但也有例外，由于外来化合物在体内的储存部分与游离部分呈动态平衡，当游离部分逐渐消除时，储存的化合物可逐渐被释放进入人体循环。例如，DDT 可在脂肪中储存，此种储存的 DDT 并不影响脂肪代谢；但是在动物实验中，动物处于饥饿状态时，体内脂肪储备被动用，脂肪中储存的 DDT 就游离出来，并呈现毒作用。在体内储存或沉积的外来化合物，虽然不立即呈现毒性作用，却随时存在呈现毒性作用的可能性。

（三）排泄（excretion）

排泄是一种化学物质及其代谢产物向机体外转运的过程，是机体内物质代谢全过程中的最后一个环节。外来化合物的排泄包括化学物质本身（母体化合物）、其代谢产物以及结合物。排泄的主要途径是通过肾脏随同尿液排出和经过肝脏随同胆汁混入粪便中而排出。此外，还有经过呼吸器官随同气体呼出，通过皮肤随同汗液以及随同唾液、乳汁、泪液和胃肠道分泌物等排泄途径。肾脏是最重要的高功效排泄途径，其转运方式为肾小球滤过（被动转运中的滤过）、肾小管简单扩散和肾小管主动转运，其中简单扩散和主动转运更为重要。经肾脏随同尿液排泄的化学物质数量超过其他各种途径排泄的总和。但是其他途径往往对某一特殊化学物质的排泄特别重要，例如，由肺部随同呼出气排出一氧化碳，由肝脏随同胆汁排泄 DDT 和铅等。毒物的排出是机体对毒物的一种解毒作用。

二、污染物在生物体内的转化

污染物的生物转化（biotransformation）是指进入机体内的外来化合物，在体内酶催化下发生一系列代谢变化的过程，也称为生物代谢转化（metabolic transformation）。其转化成的衍生物称为代谢物（metabolite）。肝、肾、胃、肠、肺、皮肤和胎盘等都具有代谢转化功能，其中以肝脏代谢最为活跃，其次为肾和肺等。根据化学物质的结构和反应性，经过生物代谢转化，原无毒或毒性小的化合物，能够被转化成有毒或毒性大的产物，这种转化叫做生物活化作用（bioactivation）或生物增毒作用（toxication）。相反，有毒的化学物质经代谢转化变成无毒或低毒的产物，这种转化叫做生物灭活作用（biodetoxication）或生物解毒作用。

通常，生物转化过程是将亲脂性毒物转化成极性较强的亲水性物质，以降低其通透细胞膜的能力，从而加速排出。但是有些毒物经生物转化，在体内生成新的毒性更强的化合物，称为致死性合成（lethal synthesis）。例如，有机磷农药对硫磷和乐果，在体内分别可氧化成毒性更大的对氧磷和氧乐果；致癌物 3,4-苯并芘及各种芳香胺等，均需通过生物转化后，方可致癌；有机氯农药六六六可经不完全羟化形成环氧化物，进入细胞核，具有致癌活性。因此，污染物在体内的生物转化，与体内各组织器官的酶活性及相应的物理、化学、生化、生理效应的综合作用密切相关。嘌呤、类固醇、生物胺类衍生物等结构类似的毒物，可按体内营养物的代谢途径进行生物转化，而大多数污染物则通过一些非特异性酶的催化作用完成其生物转化过程。

（一）降解反应

污染物的生物转化过程中主要包括四种反应，即氧化、还原、水解和结合反应。通常将氧化、还原、水解称为外来化合物代谢转化的第一阶段（phase Ⅰ）或第一相（Ⅰ相）反应；结合反应为第二阶段（phase Ⅱ）或第二相（Ⅱ相）反应。在第一相反应中，外来化合物的分子往往出现一个极性反应基团，一方面使其易溶于水，更重要的是为下一步结合反应创造条件，使其有可能进行结合反应。大多数外来化合物都是先经过氧化、水解或还原反应，再经过结合反应，然后排出体外。

1. 微粒体混合功能氧化反应

大多数外来化合物的生物转化过程中都包括氧化反应。此种氧化反应主要由微粒体中的混合功能氧化酶催化。微粒体混合功能氧化酶（mixed-function oxidase，MFO）是镶嵌在细胞内质网膜上的一组酶，是毒物代谢反应的主要酶系。已经证明，该酶系主要由血红蛋白类（包括细胞色素 P-450 及细胞色素 b_5）、黄素蛋白类（包括 NADPH-细胞色素 c 还原酶和 NADH-细胞色素 b_5 还原酶）、脂类（主要是磷脂酰胆碱等成分）组成。其中细胞色素 P-450 最为重要，它是含有一个铁原子的卟啉蛋白，可以进行氧化还原。细胞色素 P-450 广泛存在于各种哺乳动物体内，鸟类、鱼类、两栖类，甚至细菌和真菌中都含有细胞色素 P-450。动物种属间混合功能氧化酶活性相差较大，甚至同一类不同品系也有差别，活性依下列顺序递减：哺乳动物>鸟类>鱼类。

许多结构不同的外来化合物，凡具有一定脂溶性者，都可被微粒体混合功能氧化酶所氧化，并形成相应的氧化产物。反应类型包括：① 脂肪族羟化（脂肪族氧化）；② 芳香族羟化；③ 环氧化反应；④ 氧化脱氨反应；⑤ N-脱烷基反应；⑥ N-羟化反应；⑦ 金属烷脱烷基反应；⑧ S-氧化反应。

2. 微粒体外的氧化反应

在肝组织胞液（cytosol）、血浆和线粒体中，有一些专一性相对不太强的酶，它们可以催化某些外来化学物质的氧化与还原。属于这一类酶系统的酶有醇脱氢酶、醛脱氢酶、过氧化氢酶、黄嘌呤氧化酶和单胺氧化酶（monoamine oxidase，MAO）等。例如，甲醇和乙醇一方面可在微粒体上通过细胞色素 P-450，在氧分子和 NADPH 存在下，被氧化为甲醛和乙醛；另一方面还可在醇脱氢酶作用下和受氢体 NAD 存在下，脱氢氧化成为酸，最后生成 CO_2 和 H_2O；此外，乙醇还可在过氧化氢存在下由过氧化氢酶催化成为乙醛和水。

3. 还原反应

毒物在生物体内可被还原酶催化还原，但是在哺乳动物组织内还原反应不活跃，而在肠道细菌体内还原反应能力是比较强的。含有硝基、偶氮基、羰基的外来化合物以及二硫化物、亚砜化合物和链烯（C_nH_{2n}）化合物容易被还原，但往往不容易区别此种还原作用是通过有关的酶类催化还是一种非酶反应，是 NADPH、NADH 等生物还原剂作用的结果。哺乳动物肝脏中可检出硝基还原酶（nitro reductase），在肾、肺、心脏和脑组织中也有此种还原酶，可在厌氧条件下由 NADPH 和 NADH 提供氢，催化硝基芳香族化合物还原。与此类似的还有偶氮还原酶（azo reductase），可催化芳香族偶氮化合物还原。例如，奶油黄（二甲氨基偶氮苯）和包括某些食用色素在内的偶氮色素都可通过这一方式还原。

4. 水解作用

有许多毒物，如酯类、酰胺类和含有酯键的磷酸盐取代物极易水解，水解后其毒性大都降低。在生物转化第一阶段各种反应中，与氧化和还原不同，水解反应不消耗代谢能量。在血浆、肝、肾、肠黏膜、肌肉和神经组织中有多种水解酶，微粒体中也有水解酶存在。各种水解酶中，酯酶（esterase）在哺乳动物体内分布最为广泛，能分解各种酯类化合物。机体内另一种常见的水解酶为酰胺酶（amidase），可将酰胺类化合物水解成为酸类和胺类。

（二）结合反应

结合反应是进入机体的毒物在代谢过程中与某些内源性化合物或基团发生的生物合成反应，特别是有机毒物及其含有羟基、氨基、羧基、环氧基的代谢物最容易发生。所谓内源性化合物或基团往往是体内正常代谢过程中的产物。毒物及其代谢物与体内某些内源性化合物或基团结合所形成的产物称为结合物。在结合反应中需要有辅酶和转移酶，并且消耗代谢能量。

毒物在代谢过程中可以直接发生结合反应，也可先经过氧化、还原或水解等第一阶段生物转化反应，然后再进行结合反应。一般情况下，通过结合反应一方面可使毒物分子上某些功能基团失去活性以及丧失毒性；另一方面大多数毒物经过结合反应，可使其极性（水溶性）增强，脂溶性降低，加速排泄过程，所以大都失去毒性或毒性有所降低，并排出体外。根据结合反应的机理，可将结合反应分成以下几个类型：① 葡萄糖醛酸结合；② 硫酸结合；③ 乙酰结合；④ 甘氨酸结合；⑤ 谷胱甘肽结合；⑥ 甲基结合。

三、污染物在食物链中的传递与放大

环境中污染物的浓度，具有明显的随营养级升高而增大的现象。污染物在食物链中的流动和积累，已构成对生态环境质量和人体健康的严重威胁。污染物在食物链中的传递与放大是环境生态学的主要研究内容之一。

生物富集（bio-enrichment）是指生物或处于同一营养级的许多生物种群，从周围环境中吸收并积累某种元素或难分解的化合物，导致生物体内该物质的浓度超过环境中浓度的现象。生物富集也称为生物浓缩（bio-concentration）、生物积累（bio-accumulation）或生物放大（bio-magnification）。生物富集通常随着食物链的延伸而急剧增大，其富集量通常用富集系数（或浓缩系数、积累系数，BCF）表示，例如，金属汞的富集系数等于鱼体内的汞含量除以环境（水、大气、土壤）中的汞含量。

1. 重金属的食物链积累

重金属具有沿食物链积累和放大的特征，营养级高的水生生物体内积累的污染物含量大于低营养级的生物。

镉污染在水生态系统中可沿食物链不断浓缩放大，非污染区贝类的镉含量为 0.05 mg/kg，而污染带贝类和墨鱼肝中镉含量为 420 mg/kg，浓缩倍数达 8 400。海产品浓集的镉可比海水中高 4 500 倍。土壤环境的镉污染也是通过食物链造成镉中毒的主要来源，由于镉污染土壤上生长的农作物，对镉的特殊吸收和浓集作用。镉污染土壤上种植的庄稼，镉含量可达 0.5 ~ 1.0 mg/kg。

汞污染对河流水生生物的影响表明，汞在鱼、贝类体内大量积累，其中甲基汞含量占汞总量的 70% 以上，严重影响食用价值。

重金属中，汞、镉、锌、铜、铅沿食物链积累和放大现象明显。其中汞和镉的食物链富集、积累对人类的威胁最大。天津蓟运河和沙漠地区的波韦尔水库的汞沿食物链积累的趋势十分相同，鱼类对汞的富集系数约为 3.0×10^3（表 7-2）。

表7-2　不同营养等级生物体内汞、DDT和六六六的含量

营养等级	汞/（mg/kg）		DDT/（mg/kg）		六六六/（mg/kg）
	蓟运河	波韦尔湖	纽约长岛	蓟运河	蓟运河
水	0.000 5	0.001	0.000 05	0.000 06	0.001 8
浮游生物	0.35	0.32	0.04	1.63	0.56
无脊椎动物	0.48	0.19	0.16～0.42	1.56	0.83
草食性鱼类	0.90	0.99	—	1.07	0.74
杂食性鱼类	1.30	1.28	0.94～1.28	5.87	1.04
肉食性鱼类	1.70	2.57	2.07	4.22	0.44
水鸟	3.30	—	3.15～26.4	2.63	11.54

2. 农药的食物链积累与放大

20世纪60年代，科学家发现野生动物和鱼类体内DDT、DDD残留量很高。由于其化学性质稳定，有机氯农药能够在环境中长期残留。有机氯农药具有很高的脂水分配系数，导致从水中和食物链途径积累于生物体，并且沿食物链逐级放大。牡蛎在0.1 μg/dm³ DDT海水中，40 d富集系数达到7万多倍。尽管DDT、六六六等有机氯农药已停止使用20多年，美国沿海贝类体内至今仍然能够检测出 DDT 的代谢产物。根据最近的调查研究，白洋淀鱼类体内的DDT 和六六六也仍然能够检测出，鲫鱼肌肉中的 DDE（DDT 的代谢产物）含量平均为14.1 μg/kg（湿质量），六六六21.0 μg/kg（湿质量）。和20世纪70年代相比，分别下降了54.2%和86.9%。

20世纪70年代中期，天津蓟运河汉沽河段受到汞、DDT、六六六的严重污染。河水和底泥中的汞、DDT、六六六通过不同途径进入生物体内，并沿食物链迁移和放大，特别是DDT生物浓缩与放大现象十分明显。可能由于底泥污染的影响，底层杂食性鱼类（鲤鱼和鲫鱼）肌肉DDT含量最高，达到5.87 mg/kg（湿质量），积累系数达9万倍以上，大大超过食用卫生标准。六六六也有明显积累，污染严重时，鱼体内有明显的六六六粉气味，失去食用价值。六六六的生物浓缩系数较小，一般在10^2数量级（表7-2）。

鱼的种类不同，从污水中直接富集农药的能力可有较大差异。例如，0.15 m 长的鳟鱼在DDD质量分数为10×10^{-12}的污水中，20 d后富集系数达到2 000倍；而食蚊鱼完成这一浓缩过程，只需要 24 h。同时一些试验的结果也指出，同种鱼类不同龄期，在富集能力上也有差异。与水生植物从污水中吸收农药的能力相比，污染环境中作物对农药的吸收要低得多。一般说来，陆生植物吸收土壤内残留农药的量要比土壤中的农药含量低得多。譬如，在种植大豆的土壤中含有质量分数10^{-6}的七氯，而在成熟大豆种子中七氯浓度为0.10×10^{-6}，是土壤中含量的1/10。相反，花生种植在七氯质量分数0.16×10^{-6}的土壤中，在成熟的花生种子中，农药的质量分数可达0.67×10^{-6}，为土壤中农药含量的4倍。

另外，土壤中残存的农药大多积贮在离表面土层 10 cm 左右处。例如，苹果园连续使用DDD 16年后，停用5年再测定土壤中农药的含量，结果表明DDD 异构体和分解产物的残留量约80%留在表土 10 cm 处。作物从土壤中吸收残存农药的能力，也有种类上的差异，试验表明，一般最容易从土壤中吸收农药的作物是胡萝卜，其次是草莓、菠菜、萝卜、马铃薯、甘蔗等。而番茄、茄子、圆辣椒、卷心菜、白菜等不容易吸收土壤中的农药。总的说来，根

菜、薯类吸收土壤中残存农药的能力较强，而叶菜类、果菜类较弱，仅黄瓜例外。至于作物品种间吸收农药的差异情况，有人比较了 10 种大麦品种吸收土壤中残存狄氏剂的能力，结果表明不同大麦品种实生苗中农药的残留量无显著差异。

从形成食品中农药残留的原因来看，生物富集与食物链是一个非常重要的途径。食物链有时也是造成生物体内农药富集的一种因素。一般肉、乳品中含有残留的农药，主要是禽畜取食了被农药污染的饲料，造成农药在有机体内的蓄积，尤其积累在动物体的脂肪、肝、肾等组织中。在动物体内的农药，有些也随乳汁排出，有些转移至卵、蛋中。

3. 多氯联苯的食物链积累

多氯联苯（PCB$_S$）化学性质比 DDT 更稳定，极易在食物链中积累，在南极企鹅和北极熊体内也有检出。一般海水鱼 PCB$_S$ 含量在 0.01 ~ 1.0 mg/kg 之间。美国大湖和哈得逊（Hudson）河鱼类 PCB$_S$ 多在 10 ~ 85 mg/kg 之间，个别高达 400 mg/kg，吃鱼水鸟体内 PCB$_S$ 达 300 ~ 1 000 mg/kg。

位于北美洲的世界最大的淡水湖群五大湖——苏必利尔湖、休伦湖、密歇根湖、伊利湖、安大略湖，总面积为 245 273 km^2，生息着各种生物。五大湖的黑背水鸟体内所含的 PCB$_S$ 浓度竟然达到湖水的 2 500 万倍！沿着食物链分析，浮游植物的 PCB$_S$ 含量为湖水的 250 倍，食用浮游植物类的浮游动物为湖水的 500 倍，食用浮游动物的糠虾（类似虾类的足节动物）为湖水的 45 000 倍，食用糠虾的鱼类为 83 万倍，最后是食用鱼类的黑背水鸟，竟高达 2 500 万倍。

浓缩的多氯联苯给黑背水鸟带来了生殖和行动异常。20 世纪 70 年代，安大略湖的黑背水鸟的生殖能力只达到往年的 10%。水鸟的雏鸟因为无力破壳而出，80% 死亡。1986 年和 1987 年，发现五大湖出现相当数量的水鸟雌性化和甲状腺肥大现象。

生物体内的环境荷尔蒙高度浓缩现象说明，环境中的化学物质，通过食物、水和空气进入生物体内以后，不断积累在内脏和血液等各个部分，远远超过环境浓度。同时，将带有雌性激素作用的环境荷尔蒙化学物质进行复合效应研究时，与这些物质单独存在时所产生的作用相比较，前者的雌性激素作用是后者的 1 600 倍。

第三节　环境污染物的毒理学评价

一、环境污染物的毒作用和毒性

（一）环境污染物的毒作用

环境污染物在空气、土壤及食物中的存在形式与条件，决定机体接触毒物的途径。毒物发挥作用首先必须以有利于吸收的剂型存在，吸收进入机体后的毒物在全身组织中分布，发生代谢转化——活化或降解，进行排泄。毒物和毒物的代谢物在靶器官（target organ）中达到一定剂量，并与该器官发生相互作用，才能产生有毒效应。

环境污染物进入机体后具有暴露相（exposure phase）、毒物动力学相（toxicokinetic phase）

和毒效相（toxic effect phase）三个相应过程。暴露相决定机体接触毒物的途径、有效浓度或剂量，因而毒物吸收的有效性取决于暴露相。毒物在体内的吸收、分布、代谢及排泄在毒物动力学相进行，毒物经吸收到达体循环的剂量部分，可分布到作用器官，也可储存在某些器官或组织中。毒物在体内还能够代谢转化，或经代谢灭活转化成毒性小的化合物，或经代谢活化转化为毒性更大的代谢产物。最后经体内的肝脏和肾脏代谢排泄。毒物动力学过程包括毒物和机体两方面的相互作用，即毒物及代谢产物对活体的影响和活体对毒物的影响。毒效相中，毒物或其代谢活化产物与作用部位分子相互作用，引起一系列生物化学和生物物理的改变，最后导致可观察到的毒效应。

毒物进入机体，通常不是作用于进入部位，而是通过血流运送到靶器官。毒物对机体各个器官的作用并不完全一致，它们只对部分器官直接产生毒效应作用，这些器官称为靶器官。例如，甲基汞的靶器官是脑，镉的靶器官是肾和肺。毒物的靶器官可以是接触吸收该毒物的器官，也可以是远离接触吸收部位的器官。例如，大气污染物二氧化硫（SO_2）可直接刺激上呼吸道气管和支气管；而大气污染物铅，经过肺的吸收进入机体后，则主要作用于神经系统和造血器官。

（二）毒物的剂量与毒性

1. 毒性（toxicity）

毒性是一种污染物质对生物体造成损害的能力。毒性较高的物质用相对较小的数量即可造成一定损害，而毒性较低的物质，必需较多的数量才呈现毒性。毒性关键在于物质接触生物体的具体情况和条件。其中最重要的是机体接触的剂量。因此涉及污染物对机体可能造成的损害时，必须考虑它们与生物体接触的剂量、方式、途径和时间分布。

中毒可以说是各种毒性的综合体现。中毒可能是急性的，也可能是慢性的，介于两者之间称为亚急性或亚慢性中毒。急性中毒（acute toxicosis）为在短时间内，大量毒物进入机体，引起中毒，症状严重甚至死亡。慢性中毒（chronic toxicosis）是少量毒物长期逐渐进入机体，在体内蓄积达到一定程度后出现中毒症状。亚急性或亚慢性中毒介于急性中毒和慢性中毒之间，界限并不十分明显。

2. 剂量（dose）

剂量的概念较为广泛，可指给予生物体或生物体接触的数量、毒物被吸收进入生物体的数量、毒物在关键器官或体液中的浓度。由于对毒物被机体吸收的数量和在关键器官或体液中的浓度进行测定较为复杂，一般指给予生物体的数量或与生物体接触的数量，并以相当于单位体重的数量表示（mg/kg 或 cm^3/kg）。通常由呼吸途径进入生物体的毒物毒性，以在空气中的质量浓度（单位：mg/m^3、mg/dm^3）表示。有的学者认为采用每单位体表面积的数量，即 mg/m^2 表示更为精确，特别对那些影响代谢的毒物，毒性用 mg/m^2 为单位，更能减少种属差异。需要指出的是，毒物与靶分子的相互作用是按物质的量之比进行的。因此采用毫摩尔单位即 $mmol/m^2$ 或 mmol/kg 等单位可能更为妥当。例如，四乙基铅、砷化氢和氰化氢的 LD_{50} 值都是 $0.051 mg/dm^3$，毒性似乎相同；如果用微摩尔（$\mu mol/dm^3$）单位表示，则它们的 LD_{50} 值分别为 0.15，0.71 和 $1.8 \mu mol/dm^3$，其中以四乙基铅毒性最大，毒性是不相同的。

不同剂量的污染物质对生物体可呈现不同性质或不同程度的损害作用。要揭示其毒性大小及其对接触者的潜在危害程度，即毒物在环境中浓度达到多高或有多少量进入生物体内才能引起中毒，必须采用统一指标来表示毒物的毒性，而且在量的概念上必须具备同一性和等效性。表示毒性的常用指标参数如下：

（1）致死剂量（lethal dose，LD）或致死浓度（lethal concentration，LC）。引起机体死亡的剂量（浓度），称为致死剂量。但是在一个群体中所引起死亡个体的多少有很大程度的差别。因此，必须进一步明确下列概念。

①绝对致死剂量（LD_{100}）或绝对致死浓度（LC_{100}）。指能引起一群动物全部死亡的最低剂量。所谓"一群"中所包括的个体数，一般可能是 10、50、100 或更多。

②半数致死剂量（LD_{50}）或半数致死浓度（LC_{50}）。指能引起一群动物 50%死亡所需的剂量。LD_{50} 数值越大，毒性越小；反之毒性越大。

（2）最大无作用剂量（maximal no effect level）或最大无作用浓度。即在一定时间内，按一定方式或途径与生物体接触，根据目前的认识水平，按照最敏感的观察指标或一定的检测方法，未能观察到任何损害作用的最高剂量。严格说来，"无作用剂量"一词不确切，因为只是没有观察到损害作用，并非绝对无作用，所以应称为"未观察到作用的剂量"，即 NOEL（no observed effect level）。文献当中常常采用 NOEL。

最大无作用剂量是评定外来化合物毒性作用的主要依据，并可以其为基础，制订人体每日容许摄入量（acceptable daily intake，ADI）和最高容许浓度（maximum allowable concentration，MAC）。

安全浓度（safe concentration，SC）是指在进行全生活周期（complete-life cycle test 或 full life stages test）或持续几代的慢性试验时，对试验动物无影响的毒物浓度。安全浓度还可以根据化学物质的急性毒性，由经验公式或者由急性毒性乘以一定的系数得到。

（3）最小有作用剂量或最小有作用浓度（minimal effect level）。最小有作用剂量是能使生物体某项观察指标发生异常变化所需的最小剂量，即能使生物体开始出现毒性反应的最低剂量。最小有作用剂量略高于最大无作用剂量，也可称为中毒阈剂量（threshold level）。在进行生态系统的研究时，也可称为生态阈剂量。

（4）效应剂量（effect dose，ED）或效应浓度（effect concentration，EC）。在某一期限内导致某一特殊反应的毒物剂量或浓度，如平衡丧失、生长抑制等。表示方式为 ED_{50} 或 EC_{50}，ED_{50} 为半数有效剂量，EC_{50} 为半数有效浓度。

二、环境污染物毒性的评价方法

（一）一般毒性评价

环境污染物一般毒性评价采用体内试验方法，根据实验生物染毒时间的长短或次数分为急性、亚急性（亚慢性）、慢性，以及长期（long-term）和终生（life-time）毒性试验。常规工作中，依据特定受检物的要求和目的安排一般毒性评价的内容。

1. 急性毒性评价

急性毒性（acute toxicity）是指外来化学物质大剂量一次或 24 h 内多次与机体接触后，在短时间内对机体引起的毒性作用。研究受试物大剂量给予受试动物后，在短时间内所引起毒作用的这一过程，称为急性毒性试验（acute toxicity test）。根据这一试验所获得的结果，可阐明外来化学物质的相对毒性及毒作用的特点和方式，确定毒作用剂量-反应（效应）关系，为进一步进行其他毒理试验的设计提供有价值的直接参考依据。

（1）急性致死毒性试验。评价急性致死毒性的指标就是死亡。死亡是各种环境毒物共同的最严重的效应，易于观察且不需要特殊的仪器设备。急性致死毒性是比较衡量毒性大小的公认和基本方法。在急性毒性中，一般常采用半数致死量或称半数致死剂量（median lethal dose，LD_{50}）来表示受试物的急性毒性大小。LD_{50}是根据动物试验的观察结果，经统计学处理后求得的计算值，它不受试验中存在的敏感性特别高或耐受性特别大的动物影响，剂量-反应关系比较灵敏，而且重现性较好，误差也较小。LD_{50}值越小则毒性越大，反之则毒性越小。受试物的毒性强弱，常按LD_{50}值大小粗略地进行等级划分，一般分为5级，即剧毒、高毒、中等毒、低毒、微毒。但不能以此来区分反映受试物毒性作用的特点。

（2）水生生物急性毒性试验。水生生物的急性毒性试验是评价环境污染物毒性的重要手段，对于控制工业废水排放已成为一种常规的监测方法。鱼和大型无脊椎动物常用来进行 96 h LC_{50}的急性毒性试验，而某些无脊椎动物的半数效应反应，即 EC_{50} 试验更为普遍。

2. 蓄积毒性评价

蓄积作用（cumulation）是指外来化学物质进入机体的速度或数量超过机体消除的速度或数量，造成外来化学物质在体内的不断积累作用。化学物质在体内消除速度通常以生物半减期表示。具有蓄积作用的外来化学物质，如果较小剂量与机体接触，并不引起急性中毒，但是如果机体与此种小剂量的外来化学物质反复多次接触，一定时间后可出现明显中毒现象，称为蓄积毒性。蓄积毒性是评价某些外来化学物质亚急性和慢性中毒的主要指标。

蓄积毒性评价采用蓄积系数测定法。蓄积系数（cumulation coefficient，K_{cum}）表示化学物质的功能蓄积程度，常用多次染毒所引起某种效应之总量 $ED_{50}(n)$ 与一次作用时所得相同效应的剂量 $ED_{50}(1)$ 之比来表示。实验一般用小鼠或大鼠。观察指标常用的有死亡和受试毒物对机体的特异性损害等。

K_{cum} 值的大小，表示蓄积作用的强弱，K_{cum} 越小，表示受试物质的蓄积性越大。按 K_{cum} 的大小可将蓄积性分为四级（表7-3）。

表 7-3　蓄积性分级

K_{cum}	蓄积作用
<1	高度蓄积
1～	明显蓄积
3～	中等蓄积
5～	轻度蓄积

蓄积毒性测定，首先按常规方法进行受试动物的 LD_{50} 和 ED_{50} 实验，求出 $LD_{50}(1)$ 或 $ED_{50}(1)$。然后按固定剂量连续染毒或剂量定期递增染毒，测定 $LD_{50}(n)$ 或 $ED_{50}(n)$。

3. 亚慢性毒性和慢性毒性评价

亚慢性毒性作用（subacute toxicity）是指机体在相当于 1/10 左右生命期间，少量、反复接触某种外来化学物质所引起的损害作用称亚急性毒性作用（也称亚慢性毒性作用）。研究受试动物在其 1/10 左右生命时间内，少量反复接触受试物后所致损害作用的观测过程，称亚急性毒性试验或亚慢性毒性试验，也有称短期毒性试验，是慢性毒性的预试步骤。

慢性毒性作用（chronic toxicity）是指外来化学物质在动物生命周期的大部分时间内或整个生命周期内持续作用于机体所引起的损害。其特点是剂量较低和时间较长，而且引起的损害出现缓慢、细微、容易呈现耐受性，并有可能通过遗传过程贻害后代。

慢性毒性试验也称长期毒性试验，是指在试验动物生命的大部分时间或终生时间内，连续长期接触低剂量受试物的毒性试验。

（二）特殊毒性评价

通常采用致突变试验来检测化学致突变性。致突变试验能检测环境污染物产生细胞遗传物质损伤，导致可遗传性改变的程度，预测环境污染物对生物体细胞的致突变性和致癌性。致突变试验方法很多，采用的生物系统也很多，真菌、细菌、细胞株和哺乳动物等。根据所检出的突变类型，可分为基因突变试验和染色体畸变试验。根据采用的试验材料，可分为微生物试验法（包括细菌、真菌、酵母等）、昆虫试验法（果蝇）、哺乳动物细胞株试验法和哺乳动物试验法。根据试验时间的长短，可分为短期致突变试验和长期致突变试验。根据发生突变的细胞，可分为体细胞突变试验和生殖细胞突变试验。根据试验的方式，可分为体内试验（in vivo）和体外试验（in vitro）。

1. 细菌回复突变试验

细菌回复突变试验（bacteria reversion or backward mutation test），即鼠伤寒沙门氏菌/哺乳动物微粒体酶试验法，也称微粒体间介法（microsome mediated assay），是一种利用微生物进行的体外基因突变试验法。通常叫 Ames 试验。Ames 法检测结果与动物致癌作用相符率较高（可达 90%），其假阳性和假阴性率较低（约 10%）。一般 48 h 可出结果，方法简便，费用也较低。

2. 染色体畸变分析法（chromosome aberration assay）

染色体畸变分析法是直接观察在致突变物作用下，生物体的细胞染色体发生的结构或数目改变，也称细胞遗传分析法（cytogenetic analysis）。染色体畸变分析可在体细胞进行，也可在生殖细胞进行。这类试验可在体内也可在体外进行。一般常用动物骨髓细胞和外周血细胞代表体细胞，以睾丸精原细胞代表生殖细胞。

3. 微核试验（micronucleus test）

微核是染色体断裂碎片在分裂间期留在子代细胞内形成的小块物质，微核也可能由于细胞分裂时纺锤丝受损所致。在致突变物作用下，细胞微核出现率与染色体畸变之间有明显相关，故能反映染色体畸变情况。作为化学致突变物的初步筛检较为适宜，不能完全代替染色体畸变分析法。通常，骨髓细胞或精原细胞直接进行染色体畸变分析被公认为是可靠方法。

4. 姊妹染色单体交换试验（sister chromatid exchange test，SCE）

许多化学致突变物可以引起姊妹染色单体交换率增加，其出现频率与染色体畸变频率之间呈相关关系，而且有些致突变物在不能引起其他类型突变浓度下，仍可使姊妹染色单体交换数目大大增加，所以，姊妹染色单体出现频率，即平均每个细胞姊妹染色单体交换的数目，可作为化学致突变作用的灵敏观察指标。

三、环境污染物的毒理学安全评价程序

目前，世界上已投入生产和销售的化学物质已达 1 000 万种之多，其中大约有 10 万种已投入市场，而且每年估计有近千种新的化学物质相继投入生产和使用。人类长期直接或间接地接触这些化学物质，它们可能引起的毒性以及致畸、致突变和致癌作用，越来越受到人类的共同重视和关注。因此，为防止外来化学物质对人体可能带来的有害影响，对各种已投入或即将投入生产和使用的化学物质进行毒性试验研究，据此作出安全性评价，就成为一项极为重要的任务。为便于将彼此的试验结果进行比较时有共同基础的评价，推动安全性评价工作的开展，按照安全性评价对毒理学试验的最基本要求和目前技术水平的具体情况，制订一个相对统一的毒性试验和毒理学评价程序有着重要的意义。

对一种外来化学物质进行安全性毒理学评价时，应尽可能地取得被评价物质的化学结构、理化性质和纯度等资料；人的可能接触途径，实际摄入量资料；人群对被评价物质接触后反应的流行病学资料；动物毒性试验和体外试验资料；对环境的接触及影响的资料等。在安全性评价中，对于那些尚未投入生产和使用的化学物质，仅依据它的毒性试验结果进行评价时，一方面必须注意试验的局限性，因为不可避免地是用动物或体外试验系统所获得的结果外推到人，其推断不一定总是准确的。另一方面虽然毒性试验结果在多数情况下能较好地表明受试物的可能危害性，然而仍需继续对人群做好细致的流行病学观察。

下面对获得进行毒理学评价重要依据的毒性试验安排程序作一简略的论述。一种受试物的毒性试验资料获得的过程，主要包括试验前的准备工作和按毒性试验程序进行一系列的试验观察工作。

（一）试验前的准备工作

1. 收集受试物有关的基本资料

（1）受试物的化学结构。各种化学物质的毒性与其结构有一定的关系。同一类化合物，由于结构不同，其毒性也有很大差异。因此，可以根据某化学物质的结构来预测其毒性。例如，脂肪族碳氢化合物，随着碳原子数的增加，其毒性也增大；不饱和的碳氢化合物中，不饱和程度越大，其毒性也越大，如乙炔>乙烯>乙烷。化学结构与致癌性的关系，虽然目前的研究还不能简单地根据一个化合物的结构而很确切地推断出来，但依据其化学结构和类型可大致估计它的致癌性，并可推测对敏感动物哪些组织器官可能具有作用，从而为生物学检验提供一定的线索。例如，许多亚硝胺类化合物对哺乳动物的致癌性可随其取代基不同而有所差异，其中二苯甲基、二丙烯基和二丁基亚硝胺主要诱发肝癌和食管癌，后者还可诱发膀胱癌。

（2）物理化学性质和纯度。化学物质的物理化学性质和纯度与毒性也有一定关系，溶解度越大则毒性越大。例如，三氧化二砷（As_2O_3）溶解度比三硫化二砷（As_2S_3）约大 3 万倍，故前者毒性远远大于后者。沸点低、易挥发、蒸气压高的化学物则易引起吸入中毒。固体化

学物质粒度越小，分散度则越大，进入环境中能长久悬浮于空气中，容易被吸入而引起中毒。在体内外环境中稳定性较大的化学物质，则可加强其对机体接触作用的机会，其毒性就会越大。化学物质中带有电负性的基团，如硝基（—NO_2）、氰基（—CN）等均可与机体中带正电的基团相互吸引，从而使毒性增强。一种化学物质的毒性，若主要来自其中所含的杂质，则其纯度越大，毒性也就越小，反之毒性越大。

（3）受试物的应用情况及其用量。目的是了解人类接触受试物的可能途径及摄入的总量，其发生的社会效益、经济效益、人群健康效益等方面的基本资料，以便为进行毒性试验及经过毒性试验后，对受试物综合分析取舍及生产使用的安全措施提供参考。

2. 受试物样品及试验动物

受试物应是实际生产和使用中人类直接或间接接触的样品。原料、成分、配方、工艺流程和产品规格要稳定。为掌握分批样品统一规格，必要时采用紫外或红外分光光度计、气相色谱仪测试的资料，控制不同批样品纯度的一致性。

各种动物对不同化学物质的生物反应性，往往具有很大的差异。为使动物的试验结果更能反映人体的情况，因此希望在试验所观察到的毒性反应与人接近，这就要求所选的动物种类对受试物的代谢方式尽可能与人类相似。在毒理试验研究中，除特殊情况要求外，一般试验多采用大鼠，此外小鼠、地鼠、豚鼠、家兔、狗或猴也可供使用。另外，试验中最好采用纯系动物。因为这些动物具有稳定的遗传性，动物的生理常数、营养需要和应激反应都比较稳定，所以对外来化学物质的反应较为一致，试验中个体差异小，重复性好。

（二）安全性毒理学毒性试验程序

一个完整的系列毒性试验程序，包括对受试物进行各种毒性作用检测的一系列试验。绝大多数情况下，做完特定的试验之后，即可对受试物的安全性作出可以接受的或是不可接受的鉴定，或者尚需继续试验才予以确定。1986年，我国卫生部颁布制定的《食品安全性毒理学评价程序（试行）》和《农药毒性试验方法暂行规定（试行）》等，就是依据试验的基本要求并考虑到目前我国的具体情况而制定的。

1. 食品安全性毒理学评价程序

该程序包括：第一阶段急性毒性试验；第二阶段蓄积性毒性、致突变试验；第三阶段亚急性毒性试验和代谢试验；第四阶段慢性毒性（包括致癌试验）试验。

凡属与已知物质（指经安全性评价并允许使用者）的化学结构基本相同的衍生物，则可根据一、二、三阶段试验结果，由有关专家共同进行评议，决定是否需要进行第四阶段试验。

凡属仿制的又具有一定毒性的化学物质，如果多数国家已经批准允许使用，并有安全性的证据，或世界卫生组织已公布日允许量（每人每日允许摄入量）者，同时我国的生产单位又能证明我国产品的理化性质、纯度和杂质成分及含量均与国外产品一致，则可先进行第一、二阶段试验。如果试验结果与国外相同产品一致，一般不再继续进行试验，可进行评价。如评价结果允许用于食品，则制定日允许量。凡是产品质量或试验结果方面与国外资料或产品不一致，应进行第三阶段试验。

第一阶段试验：本阶段试验的目的，其一是了解受试物的毒性强度和性质；其二是为蓄积性和亚急性毒性试验的剂量选择提供依据。试验的项目均为急性毒性试验，实验材料为大鼠和小鼠。试验结果，若 LD_{50} 或 7 d 喂养试验的最小有作用剂量小于人的可能摄入量 10 倍，则放弃下一步试验；若大于 10 倍，可进入下一阶段试验；凡 LD_{50} 在 10 倍左右者，应进行重复试验或采用另一方法进行验证。

第二阶段试验：本阶段试验的目的在于：① 了解受试物在体内的蓄积情况；② 对受试物是否具有致癌作用的可能性进行筛检。本阶段试验包括蓄积毒性和致突变试验。

$LD_{50}>10$ g/kg 者，则可不进行蓄积毒性试验。采用蓄积系数法进行试验时，实验材料可选用大鼠和小鼠，若试验结果蓄积系数 $K<3$，为强蓄积性，则不再继续试验；$K \geqslant 3$ 为弱蓄积性，可进入以下试验。采用 20 d 试验法时，也要求大鼠和小鼠，每个剂量组雌雄各半，其中应有一剂量组为 $1/20 LD_{50}$，试验结果若 $1/20 LD_{50}$ 剂量无死亡，但是有剂量反应关系，为中等蓄积，无剂量反应关系为弱蓄积；若 $1/20 LD_{50}$ 组有死亡，且有剂量反应关系，表示强蓄积毒性。致突变试验包括如下项目：体外试验为细菌致突变试验——Ames 试验或大肠杆菌试验和 DNA 修复合成试验；整体动物试验为体细胞突变试验——微核试验、骨髓细胞染色体畸变分析试验；生殖细胞突变试验——睾丸生殖细胞染色体畸变分析试验和精子畸形试验。

根据受试物的化学结构、理化性质以及对遗传物质作用的终点不同，结合体内、体外试验及体细胞和生殖细胞的原则，在以上两大类中选择三项进行试验。对试验结果的判定如下：① 如三项试验结果均为阳性，则表示受试物可能具致癌作用，故无论其蓄积性如何，应予以放弃。② 如三项中两项为阳性结果，且受试物为强蓄积性者，则一般应予以放弃；如为弱蓄积者，则应由有关专家评议，根据受试物的重要性和人可能的摄入量等，综合考虑后决定。③ 如三项试验中只有一项为阳性结果，则需再选择两项其他致突变试验，如体外淋巴细胞染色体畸变分析、姊妹染色单体互换试验。若补充试验的两项均为阳性结果，则无论受试物的蓄积性如何，均应放弃；如有一项为阳性，而受试物又属弱蓄积毒性者，则可进入第三阶段试验。④ 如三项试验结果均为阴性，不论受试物的蓄积毒性如何，均可进入第三阶段试验。

第三阶段试验：本阶段试验包括亚急性毒性试验和代谢试验。亚急性毒性试验的目的，一是在不同剂量水平长期喂养后，观察受试物对动物的毒性作用和靶器官，并确定最大无作用剂量；二是了解受试物对动物繁殖及对后代的致畸作用；三是对慢性毒性和致癌试验的剂量、观察指标等的设计选择提供直接的参考依据；四是为评价受试物能否应用于食品或为制定其卫生标准提供依据。

试验项目包括：90 d 喂养试验、喂养繁殖试验、喂养致畸试验和传统致畸试验。前三项试验可用同一批动物，一般为大鼠。致畸试验的选择可根据受试物性质而定。若任何一种致畸试验结果已能作出明确评价，不要求作另一种致畸试验；但其结果不足以作出评价时，或在有关专家共同评议后认为需要时，则应进行另一种致畸试验。

结果判定应根据以上试验中任何一种最敏感指标的最大无作用剂量（mg/kg）：① 小于或等于人的可能摄入量的 100 倍者，表示毒性较强，应予以放弃；② 大于 100 倍而小于 300 倍者，可进行慢性毒性试验；③ 大于或等于 300 倍时，则不必进行慢性试验，可以评价。

代谢试验的目的是了解受试物在体内吸收、分布和排泄速度以及蓄积性，寻找靶器官，为选择慢性毒性试验的实验材料提供依据，分析无毒代谢产物的存在形式。试验项目包括：胃肠道吸收；测定血液浓度、计算半衰期和其他动力学指标；主要组织和器官的分布状况；排泄物尿、粪、胆汁分析，有条件可进一步对代谢产物进行分离和鉴定。

第四阶段试验：本阶段试验的目的：① 找出只有在长期接触受试物后出现的毒性作用，尤其是进行性或不可逆的毒性作用以及致癌作用；② 根据试验结果，确定最大无作用剂量，为最终评价受试物能否应用于食品和制订其卫生标准提供依据。

试验材料为大鼠或小鼠。试验项目为慢性毒性试验（致癌试验）。试验结果判定为依据慢性毒性试验所得的最大无作用剂量（mg/kg）：① 小于或等于人的可能摄入量的 50 倍者，表示毒性强，应予以放弃；② 大于 50 倍而小于 100 倍者，需由有关专家共同评议；③ 大于或等于 100 倍者，则可考虑日允许量。如果任何一种剂量发现有致癌作用，且有剂量-反应关系，则须由有关专家共同评议，进行评价。

2. 环境安全性毒理学评价程序

在我国《农药毒性试验方法暂行规定（试行）》中，提出了相应的一系列试验程序如下：

（1）急性毒性试验；

（2）亚急性毒性试验；

（3）慢性毒性试验；

（4）致畸、致癌、致突变试验；

（5）中毒作用机理及动物体内代谢的研究；

（6）生产和使用现场劳动卫生学与人群流行病调查；

（7）确定农药的急性毒性分级标准。

环境安全性毒理学评价程序（农药），主要包括动物试验和在生产及使用环境中接触人群的调查研究两大部分。对于毒性大、产量高、接触面广的农药，更应注重程序中的关于生产活动环境的卫生学及接触人群的流行病学调查研究，了解受试农药对生产和使用人员健康的有害影响，提出相应预防措施的科学依据。

第四节 生态监测与生态环境影响评价

一、生态监测的概念和理论依据

1. 生态监测的概念

目前，关于生态监测的定义大体有以下几种看法：

（1）生态监测是生态系统层次的生物监测（biological monitoring）（刘培哲，1989）。

（2）生态监测是比生物监测更复杂、更综合的一种监测技术（王焕校，等，1986）。

（3）生物监测包括生态监测（沈韫芬，等，1990）。

（4）生物监测又称生态监测，是以活的生物作为指示器检测水质状况，评价其对生物生存的优劣程度（黄玉瑶，2001）。

无论是生物监测还是生态监测，都是利用生命系统各层次对自然或人为因素引起环境变化的反应来判定环境质量，都是研究生命系统与环境系统的相互关系。凡是利用生命系统（无论哪一层次）为主进行环境监测的方法和手段都可称为生态监测。

2. 生态监测的理论依据

生物与其生存环境是统一的整体。环境创造了生物，生物又不断地改变着环境，两者相互依存、相互补偿、协同进化。这是生物进化论的基本思想，是生态学最重要的理论基础之一，同时也是生态监测的理论依据的核心。

（1）生命与环境的统一性和协同进化是生态监测的基础。按照进化论的理论，原始生命始于无机小分子，它是物质进化的结果。生命的产生是地球上各种物质运动综合作用的结果，从这种意义上说，环境创造了生命，生命是适应于环境的一种特殊的物质运动。

然而，生命一经产生，又在其发展进化过程中不断地改变着环境，形成了生物与环境间的相互补偿和协同发展的关系。群落原生演替就是这方面典型的例子。生物群落从低级阶段向高级阶段发展——小生境的物种多样性增大、结构和功能趋于相对稳定和完善的"顶极"状态。在这一过程中，环境则由光秃秃的岩石裸地向着小生境增多的方向演变。原生演替是生物改变环境和两者协同发展的过程。生物与环境间的这种统一性，正是开展生态监测的基础和前提条件。

（2）生物适应的相对性决定生态监测的可能性。适应是普遍的生命现象，生物的多样性包括了适应的多样性。南极大陆是地球上最寒冷的地方，年均气温为-25 ℃，最低气温达-88 ℃。即使在这样极端的环境条件下，生存的已知动物仍达 70 余种。这个区域水体中生活的许多鱼类，能够合成不同寻常的生化物质——抗冰蛋白，它可降低鱼类血液的冰点。据分析，南极海水的冰点为-1.8 ℃，而含有抗冰蛋白的鱼类的血液冰点是-2.1 ℃，这就保证了这些鱼类在该海域里能够安全生活。

当存在人为干扰时，一种生物或一类生物在该区域内出现、消失或数量的异常变化都与环境条件有关，是生物对环境变化适应与否的反映。生物的适应具有相对性。相对性是指生物为适应环境而发生某些变异，椒花蛾（*Biston betularcas*）的工业黑化现象就是生物适应环境的一种变异；另外生物适应能力不是无限的，而是有一个适应范围（生态幅），超过这个范围，生物就表现出不同程度的损伤特征。以群落结构特征参数，如种的多样性、种的丰度、均匀度以及优势度和群落相似性等作为生态监测指标，就是以此为理论依据的。正是生物适应的相对性才使生物群落发生着各种变化。

（3）生物富集是污染生态监测的依据。生物富集即生物浓缩现象，是生物中的普遍现象之一。人类的干扰、环境污染、某些人工合成的化学物必然要被生物吸收和富集，而且还会通过食物链在生态系统中传递和放大。当这些物质超过生物所能承受的浓度后，将对生物和整个群落造成影响或损伤，并通过各种形式表现出来。污染生态监测就是以此为依据分析和判断各种污染物在环境中的行为和危害的。

（4）生态结果的可比性。生态结果的可比性是因为生命具有本身共同的特征。这些共同的特征决定了生物对同一环境因素变化的忍受能力有一定的范围，即不同地区的同种生物抵抗某种环境压力或对某一生态要素的需求基本相同。

二、生态环境影响评价的程序及其方法

（一）生态影响评价的程序

参考我国《环境影响评价技术导则——非污染生态影响》中对生态影响评价所下的定义：

"通过定量揭示和预测人类活动对生态影响及对人类健康和经济发展的作用,分析确定一个地区的生态负荷或环境容量。"其内涵正体现了复合的生态系统。然而复合生态系统的自然、经济和社会三者的关系错综复杂,给评价带来了极大的困难。目前在实践中,仍然以对自然生态系统的评价为主,适当对社会、经济的某些问题进行分析和评价。

生态环境影响评价的基本程序与环境影响评价是一致的,可大致分为生态环境影响识别、现状调查与评价、影响预测与评价、减缓措施和替代方案等四个步骤。

(二)生态环境影响评价的方法

生态环境影响评价方法正处于探索与发展阶段,尚不成熟,各种生物学方法都可借用于生态环境影响评价,下面仅简单介绍几种方法。

1. 生态图法

该方法也称为图形叠置法,以同一张图上表示两个或更多的环境特征重叠,用在生态影响所及范围内,指明被影响的生态环境特征及影响的相对范围程度。用此复合图直观、形象、简单明了,但是不能作精确的定量评价。

编制生态图有两种基本手段:指标法和选图法。生态图主要应用于区域环境影响评价,如水源地建设、交通线路选择、土地利用等方面的评价。对于植被或动物分布与污染程度的关系,可以叠置成污染物对生物的影响分布图。

2. 列表清单法

该方法针对将实施开发的建设项目的影响因素和可能受影响的影响因子,分别列在同一张表格的行与列内,并以正负号、其他符号、数字表示影响性质和程度,逐点分析开发的建设项目的生态环境影响。该方法是一种定性分析方法。

3. 生态机理分析法

按照生态学原理进行影响预测的步骤如下:

(1)调查环境背景现状和搜集有关资料。

(2)调查植物和动物分布、动物栖息地和迁徙路线。

(3)根据调查结果分别对植物或动物按种群、群落和生态系统进行划分,描述其分布特点、结构特征和演化等级。

(4)识别有无珍稀濒危物种及重要经济、历史、景观和科研价值的物种。

(5)观测项目建成后该地区动物、植物生长环境的变化。

(6)根据兴建项目后的环境(水、气、土和生命组分)变化,对照无开发项目条件下动物、植物或生态系统演替趋势,预测对动物和植物个体、种群和群落的影响,并预测生态系统演替方向。

根据实际情况,评价过程中可以进行相应的生物模拟试验和数学模拟。

4. 类比法

类比法分为整体类比和单项类比,后者可能更实用,是一种比较常用的定性和半定量评价方法。整体类比是根据已建成的项目对植物、动物或生态系统产生的影响,预测拟建项目的生态环境效应。该方法被选中的类比项目，应该在工程特征、地理地质环境、气候因素、动植物背景等方面都与拟建项目相似，并且项目建成已达到一定年限，其影响已基本趋于稳定。在调查类比项目的植被现状时，包括个体、种群和群落变化，以及动物、植物分布和生态功能的变化情况；然后再根据类比项目的变化情况预测拟建项目对动物、植物和生态系统的影响。

5. 综合指数法

通过评价环境因子性质及变化规律的函数曲线，将这些环境因子的现状值（项目建设前）与预测值（项目建设后）转换为统一的无量纲的环境质量指标，由好至差用 1~0 表示，由此可计算出项目建设前、后各因子环境质量指标的变化值。然后，根据各因子的重要性赋予权重，得出项目对生态环境的综合影响。

6. 系统分析法

多目标动态性问题采用系统分析法，在生态系统质量评价中使用系统分析的具体方法有专家咨询法、层次分析法、模糊综合评价法、综合排序法、系统动力学、灰色关联等方法，这些方法原则上都适用于生态环境影响评价。这些方法的具体操作过程可查阅有关书刊。

7. 生产力评价法

绿色植物的生产力是生态系统物流和能流的基础，它是生物与环境之间相互联系最本质的标志。该方法的评价由下述分指数综合而成。

（1）生物生产力。指生物在单位时间所产生的有机物质的质量，即生产的速度，单位为 $t/(hm^2 \cdot a)$。

（2）生物量。指一定空间内某个时期全部活有机体的数量，又称现有量。在生态环境影响评价中，一般选用标定相对生物量作表征指数（P_b）。

$$P_b = \frac{B_m}{B_{mo}} \tag{7.1}$$

式中　B_m——生物量；

B_{mo}——标定生物量；

P_b——标定相对生物量，P_b 值越大，表示生态环境质量越好。

（3）物种量。指单位空间（如单位面积）内的物种数量。生态环境影响评价中也用标定物种量的概念，并且将物种量与标定物种的比值，即标定相对物种量，作为评价的指标（P_s）。

$$P_s = \frac{B_s}{B_{so}} \tag{7.2}$$

式中　B_s——物种量，种数/hm^2；

B_{so}——标定物种量，种数/hm^2；

P_b——标定相对物种量，P_s 值越大，环境质量越好。

8. 生物多样性定量评价

生物多样性一般由多样性指数、均匀度和优势度三个指标表征。

9. 景观生态学方法

景观生态学方法通过空间结构分析、功能与稳定性分析，评价生态环境质量状况。景观是由拼块、模地和廊道组成，模地为区域景观的背景地块，是景观中一种可以控制环境质量的组分。模地判定是空间结构分析的重点。模地判定依据三个标准：相对面积大、连通程度高和具有动态控制功能。采用传统生态学中计算植被重要值的方法进行模地的判定。拼块的表征采用多样性指数和优势度，优势度指数由密度、频度和景观比例三个参数计算得出。景观生态学方法体现了生态系统结构与功能结合相一致的基本原理，反映出生态环境的整体性。

三、生态风险评价原理

生态风险评价（ecological risk assessment）是 20 世纪 80 年代发展起来的一种新的环境影响评价方法，是应用定量的方法来评估各种环境污染物（包括物理、化学和生物污染物）对人类以外的生物系统可能产生的风险及评估该风险可接受的程度的一套程式。风险评价是保险业中使用的方法，如估计死亡和财产损失等风险发生的可能性和程度，其核心问题是定量估计事故发生的概率。参考保险业中使用的一些评价方法，评价大气、土壤、水域环境变化或通过生物食物链对人体健康可能产生的影响，称为环境风险评价（environmental risk assessment）。环境风险评价包括人类活动、自然灾害对人类及自然的影响。应用风险评价方法专门评估自然环境可能发生的变化及变化的程度称为生态风险评价。

近年来生态风险评价主要是由于面源污染的影响，特别是人们认识到人类自身是全球生态系统的组成部分，生态系统发生不良改变直接或通过食物链途径间接影响或危害人类自身的健康。通过科学和定量的生态风险评价，为保护和管理环境提供科学依据。

生态风险评价包括预测性风险评价（predictive risk assessment）和回顾性风险评价（retrospective risk assessment）。生态风险评价的范围包括点位风险评价（site risk assessment）和区域风险评价（regional risk assessment）。

（一）生态风险评价的内容及程序

首先要了解所要评价的环境特征及污染源情况，判断是否需要进行生态风险评价。如果需要评价，再选定评价终点，并进行暴露评价与效应评价。暴露评价与效应评价的结果结合起来进行风险表征及评价风险产生的可能性与影响程度。评价结果为风险管理提供科学依据。

（二）生态风险评价的基本方法

生态风险评价的核心内容是定量地进行风险分析、风险表征和风险评价，因此应设计能定量描述环境变化产生影响的程序与方法。在生态风险评价中主要应用数值模型作为评价工具，归纳起来有以下三类模型：

1. 物理模型（physical models）

通常用于环境评价的物理模型是实验室内各种毒性试验数据，如鱼类毒性试验的结果。这些实验生物代表某些生物或整个水生生物的反应情况。污染源及其受纳水体的反应数据也可作为评价的依据。预测某个水库是否会发生富营养化，常常利用附近类似的、已发生富营养化水库的资料，即应用类比研究的方法进行评价。渔业科学家提出的有些数据模型和计算机技术也可用于评价污染对鱼类资源可能产生影响的生态风险评价。

2. 统计学模型（statistical models）

应用回归方程、主成分分析和其他统计技术来归纳和表述所获得的观测数据之间的关系，作出定量估计，如毒性试验中的剂量效应回归模型和毒性数据外推模型。

3. 数学模型（mathematical models）

应用数学模型定量说明各种现象与原因之间的关系。自然界十分复杂，不可能用数学模型完全表达出来，常用假设和简化的方法来评价。生态风险评价一般要求在已知的基础上预测未来或其他区域可能发生的情况，对于大幅度和长期的预测，单独用统计学模型是不够的。数学模型能综合不同时间和空间观测到的资料，可根据易于观察到的数据预测难以观察或不可能观察到的参数变化，能说明各种参数之间的关系，以提供有价值的信息。应用于生态风险评价的数学模型有两类，即归宿模型和效应模型。

（1）归宿模型（fate models）。模拟污染物在环境中的迁移、转化与归宿，包括生物与环境之间的交换、生物食物链（网）中迁移、积累等各种模型。

（2）效应模型（effect models）。模拟污染物对生物的影响与胁迫作用，包括：个体效应模型（organism-level effect models），如毒物动力学和生长模型等，涉及个体生物的吸收、积累导致死亡的风险；种群效应模型（population-level effect models），如毒物对种群增长、繁殖、扩散、积累的影响模型以及毒物与种群关系或浓度效应关系模型等，其中包括许多渔业资源管理中发展起来的模型；群落与生态系统模型（community and ecosystem models），在效应模型中这类模型最为多样，包括微宇宙、中宇宙、区域与自然景观生态系统中能流模型、物质循环模型、自然生态系统食物网集合模型等。

不确定性（uncertainty）是生态风险评价的主要特点。引起不确定性的因素主要有三方面：自然界固有的随机性、人们对事物认识的片面性、实验和评价处理过程中的人为误差，也就是自然差异、参数误差和模型误差。定量描述这些不确定性是生态风险评价的核心。

由于生物与生物、生物与环境之间的相互关系十分复杂，用统计学和数学语言加以描述方面存在着不同的争议。因此，有关模型需要加以验证。验证的方法包括实验性验证、参考杂志上发表的权威评论和实际应用检验。此外，还要吸收专家的意见，在生态风险评价中专家的判断常常有重要的作用。

思考题

1．如何理解污染物、毒物和外来化合物三个概念？
2．简述影响环境污染物毒作用的因素。
3．比较污染物在生物体内迁移与在食物链中的传递特点。
4．污染物安全性毒理学毒性实验程序主要有哪些步骤？
5．举例说明生态环境影响评价的程序与方法。

第八章 生态系统管理

生态系统管理（ecosystem management）包括生态系统和管理两个重要概念的集合，是属于学科交叉的研究领域。生态系统是地球上实际存在的生态学系统的基本单位，是当代生态科学研究的主要层次。管理是人类的一种重要实践活动，是由一个组织机构通过决策、计划、组织、指挥、协调和控制等创造性工作，以实现预期目标的过程。它强调管理是一个有目标的活动，并且是一个过程，就是实施决策计划，进行组织指挥和协调控制。管理学已经成为我国教育部学科分类表所列 12 大类之一，它是培养各种组织的管理人才的专业。

生态系统管理概念的提出时间并不长，20 世纪 80 年代国际上出现了许多有关生态系统管理的论著。1988 年，Agee & Johnson 的《公园和野生地生态系统管理》被公认为是第一本相关专著，之后又有多本类似的专著问世，如 Cordon（1994）的《生态系统管理》，Maltby（1996）的《生态系统管理：科学和社会问题》，Yaffee（1996）的《美国生态系统管理：最新经验评价》。到 1966 年由 Christensen 等起草的《美国生态学会关于生态系统管理的科学基础的报告》是有关生态系统管理的定义、要素、作用、管理原则等比较系统的论述，同年美国生态学会（ESA）在其主办的刊物 *Ecological Applications*（6 卷 3 期，692-747 页）上开设"论坛"，组织政策制定者、研究人员、管理人员撰写了 18 篇文章对这个报告发表意见，阐述自己对"生态系统管理"的理解。目前，生态系统管理委员会已经成为世界自然保护联盟下设的 6 个委员会之一，2002 年以来不断出版简报（www.iucn.org/themes/cem）。美国有许多大学设置了生态系统管理的专业。我国在 20 世纪 90 年代末引入生态系统管理的概念，赵士洞等（1997）和任海等（2000）讨论了生态系统管理的概念及其要素，于贵瑞（2001）在《应用生态学报》（12 卷 5 期，787 页）介绍了"生态系统管理的概念框架及其生态学基础"。中国科学院应用生态学研究所和地理研究所等单位都设置了生态系统管理研究组或研究课题。一般说来，当前，在我国湿地生态系统和干旱生态系统是研究重点。

全球环境基金（GEF）是目前重要的国际环境基金，由世界银行、联合国发展计划署（UNDP）和联合国环境规划署（UNEP）共同管理。其第 12 项业务规划就是综合生态系统管理。2005 年 1 月，中国全球环境基金（www.gefchina.org.cn）中央项目执行办公室已经公布第一批综合生态系统管理示范点共 10 个，分布在甘肃、青海和新疆，而内蒙古、宁夏和陕西的示范点在第二批启动。

因此，无论在国内还是国外，生态系统管理已经成为生态学研究一个新的热点。

一、生态系统管理的定义

生态系统管理的概念提出至今还不到 20 年，但是由于各位科学家的研究对象和专业背景不同，其定义也不完全相同，而争论却不少（于贵瑞，2001；傅燕凤，1998）。在此我们不想过多涉及，而选用 1996 年美国生态学会 Christensen 等起草的报告中的定义：生态系统管理是指具有明确和可适应的目标，通过政策、协议和实践活动而实施的，依据我们对生态作用和过程的最好理解，在进行监测和研究的基础上，对生态系统进行使其组分、结构和功能保持良好性持续的可适应管理。这个"定义"包含下列要点。

（1）生态系统管理必须要有明确的目标，它是由决策者最后确定的，但同时又具有可适应性，即可以根据实际情况进行修改。这是指如何决策方面。

（2）生态系统管理是通过制定政策、签订种种协议和具体的实践活动而实施的，是为了维持生态系统的可持续性。这是指如何管理方面。

（3）生态系统管理的基础是人类对于生态系统中各成分间的相互作用和各种生态过程的最好的理解。这就是说，只有充分地了解生态系统的结构和功能，包括种种生态过程，并根据这些规律性和社会情况来制定政策法令和选定各种措施，才能把生态系统管理好。

一个能被普遍接受的"生态系统管理"定义仍处在发展之中，但一致的意见是生态系统管理强调的是整体性，是对生态系统所有组分（生物的和物理的）及其相互关系进行组合，可持续性是生态系统管理的核心和前提。

在本章中，我们是从生态学方面来讨论生态系统管理问题。此外，管理是人类自己通过种种手段和行动把各种自然生态系统（当然也包括人工生态系统，如农田生态系统）管理起来，使其更好地为人类服务（即人类的福祉，human well-being）。这是比研究高一个层次的人类实践活动，也是科学研究的最终目的。我们在这里想要说明和强调的是，生态系统管理是比研究生态系统更加复杂的"执行"（implementation）行动。

二、进行生态系统管理的原因

为什么要进行生态系统管理？

这是因为地球上的生态系统和人类以极其复杂的相互依赖关系紧密地联系在一起。人类依靠生态系统供养，它为我们提供各种产品和服务，如喝的水、吃的食物、呼吸的氧气、制造衣服用的纤维、建筑用的木材等，生态系统对人类的生存起着至关重要的作用。反过来，人口增长和人类快速的经济活动也会对生态系统的结构和功能产生影响，导致生态系统平衡失调和功能衰退。生态系统的持续健康需要人类的善待和关怀。

然而，在 20 世纪，特别是第二次世界大战以后，世界人口增加迅速，已经超过了 60 亿。人类栖息的空间、赖以生存的产品和生态系统服务都来自于各种生态系统这些人类需求也同时大幅增长。新千年生态系统评估结果表明，生态系统能够忍受胁迫的能力是很有限的：农业生态系统不断受到破坏，森林生态系统的面积不断减少，草地荒漠化，海洋鱼类资源崩溃，生物多样性丧失严重，大气层温室气体浓度增加，耕地缩减，环境污染加剧，石油、水等自然资源日趋短缺，自然灾害的发生日益频繁。人类已经意识到，再对自然生态系统采取袖手旁观或掉以轻心的态度，人类有可能破坏自己的生存环境及其各种生态系统而走入绝境。100年以前仅有少数有远见的人认识到生态系统的持续能力对于人类生存的重要性。但是近年来，许多政府领导和科学家已经明确指出可持续力对于人类持续生存的重要意义，甚至制定专门法律把可持续发展定为国家发展战略。

人类为什么会造成这种人与自然严重不协调的局面，可以从主观和客观两个方面分析。在主观上，人类只重视短期的经济利益，而轻视对于自然生态系统的保护的重要性。在客观上包括三方面：① 人类缺乏生物多样性相关知识；② 对于生态系统的功能和动态更是广泛地缺乏认识；③ 生态系统的开放性与相互联系性在尺度上往往超越了管理的界限。

人类也逐渐认识到，必须最终把所有各种生态系统都管理起来；并且应该充分相信，在良好管理下，生态系统给人类提供产品和服务的功能是可以持续的。这当然不是说所有的管理方式都能达到这种自我持续水平，而是要使管理必须有科学的依据和良好的管理制度和措施，并在管理过程中逐步完善。

三、生态系统管理的目标

一般认为有两个管理目标：① 管理必须使生态系统得以持续；② 要使生态系统同样能对我们的后代提供产品和服务。换言之，持续力（sustainability）是普遍认为的生态系统管理的中心目标。但是，要使生态系统维持持续能力，并不意味要维持原来状态不变，实际上，变化和进化是生态系统的内在特征，是物种及生态系统长期进化的结果。把生态系统固定在某一个不变的状态，在短期上是徒劳的，而在长期上也是注定要失败的。为此，人们必须承认生态系统的动态特征。

另一种提法是，生态系统健康（ecosystem health）是生态系统管理的目标。1990 年 10 月和 1991 年 2 月分别在美国马里兰和华盛顿召开了生态系统健康的专题会议，并确定生态系统健康为环境管理的目标。管理是着眼于保持和维护生态系统的结构和功能的可持续性，保证生态系统健康。

由于生态系统有很多个变量，所以生态系统健康的标准也是多方面的、动态的。生态系统是有结构（组织）、有功能（活力）、有适应力（弹性）的。综合这三方面，组织、活力和弹性就是生态系统健康的具体反映。换句话说，健康就是系统所表现的以上三方面测量标准。

四、可持续发展战略与持续力

我国已经将可持续发展立为基本国策。当然，人类朴素的持续发展的思想由来已久，但问题是并未引起足够重视。

1972 年斯德哥尔摩人类环境会议的宣言是"为了当代和后代，保卫和改善人类环境已成为人类的紧迫目标"。

联合国大会于 1983 年建立了"世界环境与发展委员会"，在挪威前首相夫人的领导下编写出版了《我们共同的未来》一书，该书被认为是 20 世纪后半叶最重要的文件之一。该书将"可持续发展"定义为："既满足当代人的需求，又不对后代人满足其需求的能力构成危害的发展。"这其中包括两个重要的概念，即需求与发展。

1991 年由世界自然保护联盟（IUCN）、联合国环境规划署和世界野生生物基金会（WWF）共同发表的《保护地球：持续生存战略》对持续发展的定义是："在生存与不超过维持生态系统承载力的情况下，改善人类的生活质量"，并指出"发展不应以其他集团或后代为代价，也不应危及其他物种的生存"。该书提出了可持续生存的 9 条原则和 130 个行动方案。

生态系统持续力应包括价值、内容和规模（尺度）三方面。

（1）持续力依赖于受管理面积的大小。一般说来，受管理面积较小的区域，它与周围景观的相互作用就相对更强，因此要求有更强程度的管理。

（2）持续力也依赖于要求持续的过程的变化速率。例如，热带森林生态系统的管理往往以百年计，可能按国家法律来制订规划；渔业管理可能要若干年，视其变化速率来定。这些都随时间而变化。

（3）持续力还依赖于生物多样性的复杂程度和物种对环境的适应能力。生物多样性参与生态系统的重要过程，维持生态系统过程的运行，对生态系统过程有重要贡献，能增加生态系统对干扰的抵抗和恢复，提高生态系统的稳定性和对环境条件长期变化的适应力，是生态系统持续发展和维持生产力的物质基础和中心环节。因此保护生物多样性是生态系统管理的重要内容之一。

生态系统持续力的维持还与当地的人口和社会经济状况有关，需要政府、管理者、利益相关者（stakeholder）、科学家和社区居民共同参与。

因此，持续力的研究范围比生态科学还要广，持续力要求把生态系统与社会事业机构系统相结合。持续力所涉及的内容，至少包括人口、社会、经济、资源和环境等多方面的整体的协调发展。

五、生态系统管理与人类地位的双重性

在实行生态系统管理过程中，人类具有双重地位，即人对生态系统的管理和人类自己接受管理，也就是人类是管理行动的主人，同时又是被管理的对象。

管理是指人类对生态系统的管理，它要依靠人的推动和执行，但这并不表明人类可以任意和无节制地利用自然资源和任意改造自然环境。人类的历史已经充分地证明了这一点。

从生态学的角度而言，人类是生物圈的一个组成成分，其生存依赖于其他组分。今日的地球及其生态系统，由于人类科学技术的高度发展，特别是第二次世界大战以后世界经济飞速发展的 70 余年，已经把地球上各种自然生态系统变成了人类统治的生态系统。美国 *Science* 杂志于 1997 年第 277 卷 5 325 期曾以此为专题，组织了 6 篇文章和 3 个新闻作了详细的论述。这一方面表明人类的进步不但给人类自己带来幸福，同时也带来很多负面效应，即人类自己生存的环境受到破坏。此专题的结论是人类必须保持生物圈中其他生物物种共存，不能恣意杀戮它们。为此，人类必须节制自己的欲望，节制生育，削减资源消耗，保护生态环境，鼓励重复利用，发展无污染的工农业和循环经济等，以使地球永葆青春。

关键的问题是在人类发展经济过程中，必须注意人与自然的协调发展。我国近年来提出的科学发展观的内容就包括了人与自然的和谐发展。科学发展观的内涵包括人与自然的和谐发展以及人的和谐发展，一般来说，前者是后者的基础。

1994 年 4 月在北京举行了"21 世纪中国的环境与发展研讨会"，会上一致认为管理问题的症结在于：最关键的、根本的是人的悟性、人的素质，包括所有社会成员，更重要的是领导层、决策层成员。提高人类的生态意识或环境意识，持续发展的意识是当前的和长远的重要任务，要规范人的行为法规、政策和制度，这正是管理生态系统的重要内容。人类不仅要合理管理好种种自然生态系统，包括管理好土地、水和生物等资源；同样，甚至于更重要的，是要管理人类自己的活动，包括人类的思想意识和世界观以及在此思想影响下的人类行动。

由此可见，生态系统管理所承认的人的作用是：不仅人类活动是造成生态系统持续力降低的最重要原因，而且也是达到可持续管理目标所不可少的、生态系统的一个组成成分。人类对于生态系统的影响无处不在。我们不仅应该尽量减低负面影响，而且，在当前人口和资源需求不断增加的情况下，需要更加强有力的、明智的科学管理。

六、生态学是生态系统管理的科学基础

人类在实践上已经具有一定的生态系统管理经验，例如，农田就是一种管理程度相当高的生态系统，还有河口的水产养殖系统、栽培的森林。但是，这些管理的目标一般只是为了获得各种产品，即把管理目标主要瞄准在获取最大的产量和经济效益上，而不是长期的可持续能力；并且还忽视了这些高度管理生态系统的持续力，也是密切依赖于受管理生态系统周围的其他很少受到管理的生态系统的。

造成这种错误的生态系统管理倾向的主观原因是，管理者的思想上获取经济效益的要求，压倒了受损生态系统带来的未来风险，从而忽视了对于环境和生态效益的评估。客观原因则主要有下列三方面：① 对生物多样性方面的信息相当贫乏；② 对生态系统的功能和动态，普遍地存在认识不足；③ 生态学研究对于超出管理界线外的生态系统的开放性、相邻生态系统之间的相互关系、生态系统组成成分之间的相互连接性方面的知识，还是相当落后。因此，对于生态系统管理更为重要的是提高人们的生态学意识和努力去克服这些缺点。

生态系统管理实践中，一些生态学原理起了十分重要的作用，如生态因子作用原理，生物对环境适应原理，种群调节与管理原理，环境容纳量原理，种间相互关系原理，生态位理论，群落演替理论，干扰理论，岛屿生物地理学理论，集合种群与空间异质性理论，生态系统多样性、稳定性与复杂性理论，生态系统能量流动与物质循环理论，关键种理论，铆钉假说与冗余假说等。

生态学作为生态系统管理的科学基础，下面几点是特别值得强调的：

（1）空间和时间尺度是极其重要的。生态系统的功能包括物质和能量的流动、输入和输出，生物有机体之间的相互作用。为一个过程的研究和管理所确定的时空界线，往往不适用于另一过程的研究和管理。因此生态系统管理要求有更宽广的视野。

（2）生态系统的功能依赖于它的结构、生物多样性和整体统一性。生态系统管理探求生物多样性持续的目的是因为它能加强生态系统抗干扰的能力。因此，生态系统管理承认，任何一个生态系统的功能复杂性是受周围系统的严重影响的。

（3）生态系统在时空上都是有变动的，是动态的。时间尺度的变化和空间上景观的变化，都导致出现不同龄的斑块，斑块和片断化对生态系统结构和功能的影响，对于生态系统管理而言同样是极为重要的。

生态系统管理所遇到的最具挑战性的问题是：我们要了解和管理的生态系统是处于不断变化和进化之中的。古生物学家证实，我们今天在陆地和淡水生态系统中所见到的物种集合体都是在相当近的地质年代出现的，有许多物种形成的时间只不过在 10 000 年左右，这反映了物种对于全球环境变化的反应。我们对于海洋生态系统的复杂性和变动尺度的了解，可以说还只是开始，这包括从海流和海温的季节变异到厄尔尼诺/南方涛动等（EL Nino-Southern

Oscillation Cycle）周期现象，再到长期和大尺度的盐度和海温变化。

（4）不确定性（uncertainty）和突发事件。生态系统的复杂性带来不确定性。人类管理的种植业和养殖业系统一般是从环境中索取或以功利主义为主的管理系统，容易降低生物多样性和系统复杂性，从而使这些生态系统缺乏稳定性，抵抗不确定性和突发事件的能力下降。我们应该承认，目前人类预测复杂自然生态系统行为的能力还是相当有限的。对于出现突发事件，如地震、海啸等，更是难以预测。因为生态系统管理不可能排除这类突发事件和不稳定性，所以，只要时间和空间尺度足够大，这类事件总是有可能发生的。正因为如此，对于生态系统管理，要求做好充分的思想和物质准备，实施生态系统的长期监测和可适应管理，以减轻或避免事件带来的危害，减少不确定性事件发生。

七、生态系统管理的步骤

美国生态学会生态系统管理科学基础委员会的报告（Christensen 等，1996），对于生态系统管理提出下列 8 项必须的要求：① 以长期持续力为基本目标；② 目的清楚，具有可操作性；③ 有良好的生态学模型和充分的理解；④ 对生态系统的复杂性和组成成分之间的相互连接性有良好的了解；⑤ 充分认识到生态系统的动态特征；⑥ 要注意生态系统的尺度效应与上下关系；⑦ 承认人类是生态系统组成中的一个成员；⑧ 承认生态系统管理是可适应的管理。

管理行动的后果，主要看决策是否合理。决策就是从被选方案中作出选择，目的是达到某些希望的目的，避免出现负面的不想要的结果。决策过程大致包括下列步骤：

第一步：确定不同人的作用

这包括决策者（官员、土地所有者或其指派人）、分析者（科学家、专家）、利益相关者和管理者。

第二步：确定管理的面积和范围

这包括研究面积、生产力、物种组成、年龄分布、特征等。目的是了解系统的输入和输出、组成成分及各成分间相互作用等。

第三步：确定管理目标

目标应包括需要达到的和应避免的方面，管理目标来源于国际、国内和社会群体，包括各种利益相关的代表。

例如，森林持续发展的标准（the montreal process working）包括：

① 保护好生物多样性；

② 维持森林生态系统的生产能力；

③ 维持森林生态系统的健康和活力；

④ 保护和维持土壤资源和水资源；

⑤ 维持森林对于全球碳循环的持续贡献；

⑥ 维持和强化森林生态系统对于人类社会所提供的各种长期的社会、经济利益；

⑦ 保持和加强为森林保护和持续管理所需要的各种法律的、制度的、经济的结构和框架。

第四步：对要达到的目标提出可测定的标准

标准最好是正的定量数字，如高数值就可以表示人们想要的状态，最好能对许多管理目标提出一个标准化的综合价值（summary value）。

第五步：尽可能提出多种可供选择的、有创造性的管理方案

多种选择是重要的，如 10 种，包括"无行动选择"，这样，决策者就有比较大的选择余地，在各种选择之间进行比较和权衡，并考虑不同目标的兼容性。

第六步：确定每一种管理方案的优劣程度（此步由专家来完成）

在生物多样性保护目标中，对于生物栖息的种种生境类型来说，要从中筛选出一定数量的生境类型进行保护（可称为生物多样性粗过滤），而对于一种关键物种的保护，重要的是管理好其关键栖息地（称为细过滤）。

第七步：向决策者和利益相关者解释清楚每一种选择对于每个目标的关系

由专家和分析者解释，说明其中可以应用各种教育方法和手段，使决策者能透彻地了解。这个过程是反复的，允许决策者和利益相关者提出问题和要求，以进一步说明目标、可测量标准、各种选择和分析，包括前述各个步骤。

如果所决策的问题是没有多大争论的，也许一个专家就可以解释清楚，包括对经济的、野生动物保护的和娱乐旅游的等目标在内。如果对决策问题的争论很大，多个学科的专家共同讨论是重要的，这就好像要求多科医生会诊一样。专家也有责任预估每一种选择执行的后果中可能出现的不确定性和意外，因为自然生态系统是复杂的，随机事件是难以完全避免的。一个专业的专家要向别的专家学习，保持客观和无私的态度也是重要的。

第八步：由决策者确定哪一种选择是最好的

当决策者对各种选择感到满意时，就要挑选一种管理方案以付之执行。只有一种选择，延迟就意味是暂时的"无行动"选择。决策者的选择是自由的，但是其选择表明了他们重视的倾向。

第九步：决策者把选中的方案移交给管理人员执行、监测和反馈

在此阶段中，管理人员直接对决策者负责并执行他们所选择的管理方案。此阶段还包括监察和反馈，如不断地改善管理质量，协调运转，实施合同管理和后面要提到的可适应管理。

一项好的决策能实现最想要的目的，具有最小的负面后果。然而，几乎没有一项决策能实现所有想要的目的和预期的结果。

生态系统管理的过程可总结为：明确被管理的生态系统，分析并描述系统状态→确定具体的管理目标，提出可测量的标准→制订多项可供选择的管理方案→决策→形成可供实施的管理方案→执行可供实施的管理方案→研究监测系统对管理行为的响应→对系统状态进行评价→总结管理方案的不足并进行调整→执行调整后的可供实施的管理方案。如此反复，不断完善，最终实现生态系统可持续的目标。

八、可适应的生态系统管理

20 世纪 90 年代，生态学家与管理学家创造了"可适应的生态系统管理（adaptive ecosystem

management，AEM）"的思想（Carpenter，1998）。如前所述，"可适应"在此意味着可修改的或可调整的。AEM思想宣称，现有生态系统生态学的知识是十分不完全的，而对任何一次管理活动都应该视为一种试验。换言之，AEM是一个反复的过程，把每一次管理方案的实施活动视为试验过程，监测执行中的各种变化，并对其后果进行评估、比较，然后再设计，再进行新的实施试验……如此反复循环、不断地完善，螺旋式地前进。

生态系统的资源在开发利用的早期一般是很丰富充足的，调节措施几乎是没有的。随着开发利用的加强，生态系统资源变得有限，调节措施逐渐变得更加复杂，新的难题也就相继产生。这个时期可能长达数年或数十年。管理的行政机构变得更加有效率，但同时也变得更加僵化和缺少灵活性，要改变政策措施也变得更加困难。就在行政管理机构逐渐变得目光短浅、态度僵化之时，受管理的生态系统和社会依旧处于变化之中，最后，所采取的主要措施也就明显地成为不可接受的。当受管理的生态系统成为社会不期望的面貌时，其对于资源的利用政策可能会发生社会矛盾，或者两者兼有。于是，一个新的过程就开始了：事业管理人员、科学家、企业主等对于旧的政策措施、生态系统现状和社会需求进行再分析、再权衡；模型研究和试验工作可能有助于发现新的、有用的政策措施；创新性的科学、有革新精神的管理者就有可能出现，或通过再组织队伍，放弃旧的政策措施，并转变为新的利用制度。

由此可见，生态系统管理不是一个连续进展的过程，而是蹒跚地前进的过程，长期的停滞与短期的革新相结合，试验、发现矛盾、学习和创新相交叉。

生态系统管理是管理者与科学家相结合和共同协作的过程，这种合作并不代表新的交叉学科。各学科的学者保持自己的学科核心思想，在与其他学科专家合作中增加新的研究课题，并且，一般很难预料到哪些方面核心知识在解决新课题中是最重要的，因为要解决的课题在生态系统管理过程中是不断变化的。当一个新的问题产生的时候，可能要组织新的队伍，其成员可能具有不同的基础知识和技能，但各学科的核心知识和技能将在管理中起重要作用，并在协作过程中不断地更新和创新。

九、生态系统管理的方法和技术

生态系统管理需要我们及时、准确、全面、客观、连续地获取生态系统各方面、多时空尺度的尽可能多的信息数据，以全面了解生态系统的状态、快速分析生态系统发生的变化、客观地预测生态系统可能发生变化的趋势，从而为管理决策提供依据。传统的生态调查方法和技术已无法满足当前生态系统管理的信息数据收集和分析处理的需要，必须借助现代的科技手段和电子计算机信息处理技术。关于应用生态系统管理新方法和技术，可以参考1995年国际环境联合会研究服务报告（94-430 SPR）。该报告提出了以下技术：

（1）GIS，地理信息系统；

（2）GPS，全球定位系统；

（3）GAP分析，生物多样性保护的地理学途径分析；

（4）TERRA，陆地生态系统区域研究和分析实验室的工具和技术。

美国生物科学研究所的GAP分析提纲，是一种绘制土地覆盖和脊椎动物在全国分布的计划，包括200多个代理单位和私人团体，是在国家方针指导下的一种由下到上的研究。

GAP分析着眼于生物多样性各种指标的分布：陆地脊椎动物、土地覆盖类型、植被类型，并且搞清楚这些多样性指标与土地面积的比例的分布状况（Scott 等，1993）。

陆地生态系统区域研究和分析实验室（TERRA，the terrestrial ecosystem regional research and analysis laboratory，Ft. collins Colorado）是一种国家、州和私人实体协作的组织。不同学科的工作人员创建了为未来的全球变化研究的各种工具和技术，这些工具、技术对于生态系统管理有同样的用处。报告中叙述了 TERRA 的两个计划，包括研究和应用技术、全球变化和生态系统管理之间的交叉连接。

十、生态系统管理个案研究

个案一：澳大利亚堡礁的生态系统管理

珊瑚礁生态系统是公众和科学家历来公认的人类财富，特别是其观赏和娱乐价值。交通的发达使人类对于珊瑚礁的消耗和破坏迅速增加，加之陆地排放的各种污染，使海洋生态系统服务功能大为下降。大堡礁海洋公园管理部门在 1992 年提出了保护世界上最著名而且多样化的珊瑚礁生态系统的管理计划（Fernandes 等，2005）。

珊瑚礁生态系统的服务功能是多种多样的，有些用途是彼此矛盾的。新管理计划认为，分区（zoning）管理是解决用途互相冲突的办法。在整个公园内禁止开采油气和矿产、乱丢垃圾、潜水用渔叉捕鱼。园中分三类主区，大致相当于自然保护地的核心区、实验区和缓冲区。管理部门从 1999 年开始就与各利益相关团体和阶层进行非正式交流，讨论公园内各种类型栖息地的有代表性、可以作为潜在禁猎区（no-take area，大致与核心区相当）的计划。

交流和讨论的步骤是：描述整个保护地的生物多样性；评估已有的禁猎区的适合度、分布和数量；辨认和确定潜在禁猎区，并从社会、经济、文化和管理等方面因素提出潜在利益最大和负面影响最小的禁猎区；编制分区草案和征求公众意见；最后提出新禁猎区网方案，并组织监测新分区方案的效果。这些步骤是彼此重叠且全部经公众讨论的，并把各种意见和信息带入决策过程，有选择地进入新规划方案。其过程长达 5～6 年，通过大量工作，从下到上和从上到下相结合，公众、各利益相关集团代表、科学家、管理专家和政府集合，反复交流和协商完成了新方案的制订。到 2005 年，达到的主要结果有下面三点：

（1）禁猎区的大小标准，最小的直径不少于 20 km；

（2）每个栖息地类型的禁猎区网（network of on-take area）的面积，至少占该栖息地总面积的 20%；

（3）整个大堡礁保护地总面积中，禁猎区网的总面积约占 33%（以前旧的管理计划中只占 4.5%）。

获得这些成果的重要经验如下（Fernandes 等，2005）：

（1）最重要的问题是经常与公众、各利益相关集团、科学家、管理专家和政府之间进行广泛的交流，并深入讨论以前保护大堡礁中出现的问题、潜在危险、新目标和对策。

因为在交流一开始，当局就发现社会公众对于旧管理方案存在的缺陷和可能出现的风险了解甚少，而对于解决问题和制订新方案的兴趣不大。这表明，在公众没有把问题及其危害弄清楚以前，对于新方案提出的加强保护力度和通过分区解决问题是不感兴趣的。

（2）应用预防原理。大堡礁已有的资料说明了关键物种的数量已有下降迹象，特别是那些受渔业捕捞影响的物种。由于现有科学知识离完善尚有距离，作决策的关键是使计划成功，为此采取预防对策是必要的。

（3）使用独立的专家。这里所谓独立专家是指与保护大堡礁没有直接利益攸关的专家，他们在广泛的讨论中易被大家接受，也便于批评以前的计划方案，从而制订出更切合实际的方案。在这次大堡礁海洋公园1992年提出的保护珊瑚礁生态系统新管理计划中，独立专家就作出了特殊的贡献。

（4）及早地让利益相关集团及其代表参加方案的制订。利益相关者包括渔商、娱乐商、旅游工作者、传统业主、本地社群和政府、研究和管理人员等。

（5）在联邦立法，运用法律权威。

（6）争取政府和有关部门支持。

（7）帮助解决渔民转业问题。

个案二：综合生态系统管理方法在中国西部的实施

中国西部土地荒漠化面积占全国90%以上，水土流失占全国80%以上，每年受荒漠化危害造成直接经济损失达540多亿人民币，加剧了西部农村的贫困，成为制约中国西部地区可持续发展的主要瓶颈和障碍。2005年1月，中国政府与全球环境基金（GEF）合作，启动了中国西部干旱生态系统土地退化防治项目，并采用综合生态系统管理理念实施中国西部退化土地治理。主要目的是促进中国西部生态环境改善，创立一种跨行业、跨区域、跨领域的可持续的自然资源综合管理框架（江泽慧，2005）。该项目正在实施之中，预计用时10年，计划投入经费15亿美元。有关下面实施的更具体情况可以参考 www.gefop12.cn。该项目主要强调以下几个方面。

（1）科学认识土地退化规律是全面、持久地开展综合生态系统管理活动的基础。

土地退化的原因很复杂，大气运动和水循环受到干扰、过度耕作和放牧、森林植被破坏等都可能成为土地退化的因素。要把我国土地退化的防治工作提高到一个新的水平，就必须坚持系统、深入地分析中国土地退化防治所面临的各种矛盾和问题，抓住并针对不同地区的主要矛盾和问题开展工作。开展中国西部地区干旱生态系统综合管理的实践，发展基于现代科学、技术和政策、制度框架的综合生态系统管理的新的成功模式并加以推广。

（2）准确把握综合生态系统管理方法，在实践中不断探索和完善。

实施生态系统综合管理是可持续自然资源管理的重要途径，也是全新的尝试，需要我们在实践中不断探索和完善，准确把握，正确运用。对综合生态系统管理的运用，只有遵循整体性原则，从全球着眼，从局部着手，采用多学科交叉的方法，揭示土地退化过程的机理，才能从系统和整体的高度上，提出土地退化的趋势预测、影响评估和可行性对策。应该说，中国西部地区土地退化治理是一项宏大的系统工程，既要从局部治理着手，又要有整体规划，考虑水、土、气、生物等各方面的因素，运用综合生态系统管理的方法，以达到总体上最优的生态平衡。尤其是要在低产农田园地改造（如坡改台）、退耕还林还草、水土流失治理、水资源管理、沙漠化防治、生态环境保护、湿地保护、土地恢复与复垦、草地恢复与草场管理、森林保护、植树造林等方面，加大退化土地防治的力度。

（3）加强多部门的协调与合作，充分发挥各方面积极性。

综合生态系统管理需要不同部门、机构的协调和合作，特别是负责林业、农业、畜牧业、水利、环保、国土、科技、财政、规划以及立法的机构。土地退化防治的行政管理涉及农业、林业、环保、水利、国土资源等许多政府部门。因此，在土地退化防治中，需要各部门的共同参与和积极配合。部门之间、中央与地方之间和中方与亚洲银行之间的密切合作以及中外专家队伍之间的开放式交流与合作，是充分发挥各方面积极性，实施好项目的重要途径。

（4）加强各类人员培训和能力建设，提高参与人员的专业水平。

综合生态系统管理需要自然科学和社会科学的结合，采用农学、畜牧学、林学、生态学、动物学、植物学、社会学、经济学和法学等多学科知识来解决问题。关键是要更好地理解生态系统的自然特征，以及社会、经济和政治因素对生态系统的影响。土地退化防治工作涉及面广、业务性强，要求各部门、各地区参与人员不仅要具有较强的专业水平，还要熟悉相关法律、法规和政策，特别是要熟悉和掌握综合生态系统管理知识与方法，这是确保土地退化防治工作顺利实施并取得重大成效的关键。为此，在土地退化防治工作中，必须把加强项目参与人员的业务培训作为一项重要工作来抓。《联合国防治荒漠化公约》国际培训中心于2004年在北京正式成立。我们要充分利用这一国际性平台，广泛开展国际间的培训与交流，充分利用国内外科技资源和人才资源，加强综合生态系统管理及其在控制和防治土地退化领域的思想传播与技术培训工作，为我国乃至全球土地退化防治的科技水平、管理水平和工程建设水平的提高作出新的贡献。

十一、生态系统管理面临的问题及挑战

生态系统管理的重大科学理论问题中，有许多方面，如① 生态系统的结构、功能和过程；② 生态系统的整体性与边界；③ 生态系统在时空尺度上的动态变化与不确定性；④ 生态系统的干扰与系统平衡及稳定性机制；⑤ 生物多样性在生态系统中的功能、作用；⑥ 生态系统的复杂性与生物间的相互作用，还没有被科学家们充分地阐明。

Reichman 等（1996）认为生态系统管理面临的最大挑战是我们需要更加全面地理解维持人类生命支持系统的复杂的生态过程，并如何把对这些过程的了解整合到生态系统管理和决策过程中去。

生态系统不仅复杂，而且还因其开放性和不断地受到干扰，尤其是人类活动的影响，而经常处在"不平衡"的状态，没有特别明显的或可预测的终点，因此管理者运用具体的管理模式去追求生态系统单位输出量的目标会遇到困难和挫折（Reichman 等，1996）。

《美国生态学会关于生态系统管理的科学基础的报告》（Christensen 等，1996）指出：生态系统管理面临挑战的部分原因是我们试图理解和管理的区域是不断发生变化的，在地球生物区 40 亿年的历史过程中，地球环境变化相当显著，地球上的生态系统在时间和空间尺度上自我发生的动态变化的复杂性和难以预测性，都对人类管理生态系统可持续能力提出挑战。

生态系统管理的总目标是维持生态系统产品和服务功能的可持续性。我们需要对生态系统是否处于可持续状态或可持续程度如何以及管理行为对可持续性的影响进行评价，然而由于生态系统的复杂性、开放性和经常受到干扰，系统内部各组分的关系复杂，导致生态系统可持续性很难测量，生态系统可持续状态的不可知性给管理成效评价带来了难度，给管理决策带来了影响。

对生态系统边界进行描述是生态系统管理的前提和基础，也是保护、恢复和监测研究的需要。我们需要在生态系统定义的尺度上[如分水岭、流域、景观、迁移路线、生物区（bioregions）、大气圈]管理生态系统（Gerrlach & Bengston，1994）。然而，生态系统通常是在自然的而不是人为定义的、具有较大尺度的范围内运行，其生态学边界经常会穿越不同的政治或行政边界，需要我们跨越不同的政治（或行政）和法律权限，跨越不同的国家、地区、种族、文化和不同管理部门、不同学科领域进行生态系统管理协调。由于各种利益冲突和认识上的不一致，协调会遇到很多困难，以致生态系统的政治边界和生态学边界的不一致很难得到妥善解决。

生态系统管理必须与自然运转的方式同步（Gerrlach & Bengston，1994），由于我们对生态过程了解有限，制订的管理计划很难满足这项要求。生态系统管理需要较大的时间尺度，但我们制订的管理目标的时间尺度通常只限制在管理者的任职期限内或一代决策者的生命期限内，在此管理期限内很多目标实际上不可能实现。管理实践中时间尺度如何确定依然具有不确定性。

实现生态、经济、人类福利可持续协调发展是对生态系统管理的全面挑战。仅维持生态系统的结构、功能完整性和可持续力是不够的，以不损害经济发展做这件事同样必要。相反，只强调生态系统的产品和经济效益，而不是长期的可持续力也不行。我们需要维持经济、人类福利和生态系统的统一性和整体性，不能将它们孤立起来。在生态系统管理实践中，既要保障经济不断发展、人类福利不断提高，又要实现生态系统的可持续性，确实是一件不容易的事情。

缩小生态系统管理成本和收益在分配上的不公平性将是生态系统管理的一项新的挑战性任务。由于为生态系统服务是面向全球的，是没有行政区域和地区国界的，能使人人受益，这使人们很容易想到生态系统管理的费用如何在不同国家和地区分担，曾经因自然资源已有极大受益的国家和只有很少受益的国家对环境问题是否负同等责任提出讨论。普遍的观点认为已经从自然资源利用中获更多利益的那些人经常回避环境成本，把环境责任推给别人，而大部分环境成本一直由贫穷地区和贫穷国家负担，并且他们得到相对少的利益。由于大多数贫穷落后地方的人是有色人种，这样环境种族歧视（environmental racism）就产生了。反对环境种族歧视，为了平等利用自然资源的权利斗争一直在进行，环境公平运动将是生态系统管理的又一项重要任务。

生态系统管理强调的是系统论和生态系统的整体性，因为生态系统各组分是相互依赖、相互联系的，因此我们不可只改变生态系统的某个方面。然而，由于我们对生态系统各组分间相互作用的复杂性认识有限，管理实践中经常是某个难题解决了，相应的一些新的不可预见的问题又出现了。

生态系统管理需要决策者、管理者、科学家和利益相关者之间的协作。科学家常常是从专业的角度考虑问题，对社会经济问题关注较少，侧重于生态系统的完整性和可持续力；决策者和管理者则多是从社会经济层面考虑问题，对科学问题了解不多，看重的往往是短期的利益和解决实际问题；利益相关者则完全关注自己的利益，常以科学家们对生态系统的功能和过程了解得还不够充分，对社会系统、经济系统和生态系统之间的相互作用还知道得不多，以及生态效应的滞后性为理由，干扰决策者们决策和管理者们管理。

人是生态系统的组成部分，是生态系统的管理者，同时又是生态系统的干扰者和破坏者，个人追求公共资源最大利益化的行为有时候会产生难以承受的环境代价。例如，森林过度采伐导致生物多样性丧失，森林旅游游客过多导致环境质量下降。还经常说我们要"管理环境""管理自然资源"，似乎人类完全处于支配地位。那么人在生态系统管理中究竟扮演的是什么角色，起什么样的作用?在生态系统管理决策中应该如何考虑人的因素?

美国生态学会生态系统管理科学基础委员会（Christensen 等，1996）认为，虽然科学家能确认生态系统管理行动计划的有效性和可靠性，但是它的可接受性和可行性也许与社会和政治的认可存在更紧密的联系，而不是管理技术的可行性。表明生态系统管理不仅仅是艰难的科学问题，而且还涉及政治、经济、社会甚至文化的复杂性。例如，资源管理的适合尺度，管理事务中最难的是政府内部与政府之间的关系；围绕着土地使用计划和财产所有权的政治争论；涉及基于资源经济的资源恢复问题；以及牧场经营、伐木、捕鱼和其他依赖传统资源方式生活的文化基础等。

可见，生态系统管理面临的问题主要包括两方面：一是科学问题，二是与"人"有关的生存、需求、利益、文化、政治、法律等社会问题。尽管生态系统管理面临许多问题和挑战，但是为了管理地球的生命支持系统，我们必须继续努力，尝试利用综合生态系统管理的管理方法，运用生态学、管理学、社会学、经济学、资源学和环境学的知识去管理它，并将之推向深入。

十二、生态系统管理的未来及展望

生态系统管理概念经过近 20 年发展，达成最广泛的共识就是把维持生态系统可持续力作为生态系统的管理目标。在未来的生态系统管理活动中依然坚持这个目标，依然会强调以下几个方面：生态系统是复杂的、处于动态变化之中的、开放的系统，具有许多不确定性；生态系统完整性管理；人是生态系统的组成部分；生态系统管理不仅仅涉及科学问题，还涉及社会、经济和文化问题，需要科学家、决策者、管理者、利益相关者和公众共同参与，需要全球协作，跨越政治边界和协调。适应性管理依然是生态系统管理采用的基本方法。

在科学问题上，依然要加强生态系统管理的重大科学和理论问题研究，未来的研究热点主要涉及：生态系统的结构、功能和过程，尤其是维持生态系统健康、多样性和生产力的关键生态过程；生态系统的边界和整体性；生态系统的稳定性、复杂性、不确定性的评价和抗干扰能力及可持续力的维持机制；生物多样性在生态系统中的功能、作用，特别是生态学上重要物种的作用；生态系统各组分相互作用机制；生态系统在大时间尺度上的变化以及生物多样性和生态系统的进化潜力；生态系统多样性形成及退化机制；生态系统恢复的生态学基础；生态系统管理成效评价指标体系建立；人类活动对生态系统的影响；生态系统对社会经济发展的承载能力评价等。

在生态系统管理类型上，要由森林生态系统的管理，逐渐向水域、湿地、草地、荒漠、农田等各种生态系统类型推进，深入探讨不同类型生态系统的可持续管理模式以及恢复和重建技术，特别要加强那些已严重退化和极度脆弱的生态系统的管理，切实解决人类面临的各种资源与环境问题，如生物多样性丧失、水资源短缺、土地荒漠化、草地退化、湿地缩减、渔获下降等，确保各类生态系统的服务功能和可持续力。

在生态系统管理的尺度上，要从全球考虑，局部着手。生态系统管理的最终尺度是全球，既要在发达国家实施生态系统管理，更要向发展中国家和不发达国家推进，要跨越不同政治边界和法律界限进行全球生态系统管理和协作，要打破生态系统的政治边界，使之与生态学的边界一致。只有这样，生态系统管理行动才会见效，否则就像《CO_2排放的国际公约》《拉姆萨公约》《生物多样性公约》《濒危物种贸易公约》等，如果缺少国际间的协作将无法履行。同时也必须重视区域或局部尺度上的生态系统管理，探讨区域可持续发展战略和资源管理策略，对重点区域生态系统管理的科学问题开展专题和综合研究，因为全球生态系统管理依赖区域的或局部的管理成功。另外要在更大的时间尺度上管理生态系统，不能只关心自己的短期行为，而不关心可持续发展。

在管理技术上，要充分依赖先进的技术手段，如 GIS、GPS、遥感（RS）、GAP 分析以及计算机信息处理技术，在更大的时间和空间尺度上及时、准确、全面地采集处于动态变化之中的生态系统的监测数据，并进行分析、优化和加工处理，建立生态数学模型，进一步描述和阐明生态系统的变化过程和预测未来可能发生的变化，并将获得的这些信息全部用于可适应管理决策之中，以减少众多的不确定性因素。

在管理决策上，应从长远制订生态系统管理目标，要把人的因素和人的需要放在第一位，全面平衡那些来自不同利益的需求和冲突。哪些生态系统需要保护管理，应当根据社会的需求、价值观和利益来制订，要瞄准国家保护战略和可持续发展战略，由社会来选择。科学家能够指出不同生态系统管理目标的内涵和这些管理目标是否实际，但不能就目标的选择作出决策。

在管理措施上，要不断完善和建立健全相关的保护自然资源与自然环境的国际公约，要促使履约国切实履行义务；加强自然资源与自然环境保护立法，依法进行管理；加强自然资源可持续利用政策和技术研究。

未来的生态系统管理将不是一般意义上的自然管理活动，而是人类对自然资源和自然环境管理的一种方法、思想和理念，是实现"人与自然"和谐的一种途径，是基于"可持续目标"的管理而不是"问题"的管理。

思考题

1．什么是生态系统管理？简述生态系统管理的主要原则。

2．生态系统管理的途径与技术有哪些？

3．生态规划与设计的内涵是什么？

第九章 全球生态环境保护与可持续发展

生态环境问题一直伴随着人类文明的演化而存在和发展。进入 21 世纪后，人类社会面临的主要环境问题及其特点是什么?人类对这些问题的解决有了哪些新的认识和行动呢?本章将对此作简要介绍。

第一节 全球生态环境问题及其特点

跨入 21 世纪后，人类社会面临的一系列生态环境问题，仍然是 20 世纪困扰人类社会的人口增长、全球气候变化、生态环境破坏、资源短缺、生物多样性锐减等问题。在新世纪里，人类对于发展与环境相协调的意识会更加强烈，措施也更加积极。环境问题依旧非常突出，生态环境保护的任务仍然十分艰巨，实现全球可持续发展的道路也还很艰巨。

一、人口增长

在面临的诸多重大问题中，人口问题仍是最基本和最突出的问题。人口持续增长和与日俱增的个人消费对未来粮食、能源、资源、环境等诸多方面提出的新挑战，必将对世界政治、经济和社会发展等产生多种影响。

（一）人口问题的特点

1. 总数继续增长，持续时间接近百年

现代社会的人口增长具有显著的惯性，它一旦形成快速增长态势，就需要几代人的努力才能得以控制，这是人口种群变动的一条重要规律。21 世纪，世界人口总数将持续增长，人口密度随之加大。据联合国有关机构的预测，若按中位预测方案，世界人口将在 1990 年 52.95 亿的基础上，到 2100 年达到 102 亿，而后会停止增长;若按高位预测方案，世界人口在 2100 年以后还要持续增长一段时间，总人口最高值将达到 140 亿甚至更多;按最理想的低位预测方案，即更严格的控制人口增长，世界人口可望在 2095 年稳定在 93 亿。根据历史经验，世界人口是按照稍微高于中位预测水平变化的。所以，世界人口持续增长的趋势至少将延续到 2100 年。

2. 两种畸形增长，导致两极分化的趋势更明显

20 世纪世界人口增长的基本态势，是低增长或负增长的"发达国家型"及高增长的"发展中国家型"，这种趋势在 21 世纪还将会继续维持相当长的时间。世界人口规模的扩大，将主要来自发展中国家。在 2000 年以后，世界新增人口有 95% 来自发展中国家，2020 年以后则增为 97%（联合国《人口问题简辑》，1991）。发展中国家人口的这种超速增长，给经济和社会发展带来的压力越来越大。"越穷越生，越生越穷"的恶性循环会越演越烈。相反，发达国家的人口增长缓慢，不少国家甚至会出现负增长，劳动力不足及老龄化并存日趋明显。人口问题上这种"南快北慢"的格局若不缓解，经济发展和生活水平"南低北高"的现状就难以改观。这种两极分化所导致的国际社会不稳定因素也将越积越多，这会影响全球经济、政治和社会的健康发展。

3. 人口质量令人关注

就全球范围而言，发达国家和发展中国家经济发展的不平衡和面临的人口问题的形式不同，健康水平、文化程度、接受教育的机会和知识层次也有很大区别。许多发展中国家陷入经济落后→人口增长→人口质量下降→经济更落后的困境。发展中国家的这种恶性循环对人口质量的影响，将是 21 世纪人口增长不可忽视的问题。

4. 性别比例可能失衡

从数量上看，20 世纪男性多于女性，男性比例偏高的特点比较突出。但是，21 世纪更快的生活节奏和新出现的诸如环境荷尔蒙之类的问题，使得雌激素对人类、尤其对于男性生理和后代性别会产生影响。世界人口性别比例失调和严重的老龄化趋势将变为不可忽视的问题。

（二）人口的变化动态对社会、经济和资源等的影响

1. 对粮食和农业的影响

根据对人口增长趋势的预测，2050 年，世界粮食需要总量将增加 110%，这意味着需要开垦更多的土地来满足对粮食的需求，这将对所剩不多的森林、草地等自然生态系统造成越来越大的压力，更多地区的淡水供应也将更加紧张。

（1）粮食供给与耕地变化。据美国农业部统计，1950—1984 年间，全世界粮食产量的增长速度远远超过了人口的增长速度，1984 年以后，粮食产量的增长开始落后于人口的增长，到跨入 21 世纪时，世界人均粮食产量已经下降了 7%（平均每年下降 0.5%）。因人口增长而产生的诸多矛盾中，食品供应是最基本、也是最为尖锐的矛盾。

与粮食生产相关，人口的增长既需要增加耕地，又要不断占用大量的农业用地来解决居住和城市化各种设施的需要，耕地的减少将成为突出问题。由于耕地面积的减少，越来越多的国家面临失去"养活自己"能力的危险。这种形势已在人口增长最快的国家，如巴基斯坦、尼日利亚、埃塞俄比亚和伊朗出现。1960—1998 年间，这些国家的人均耕地面积已减少了 40%～50%。据保守估计，到 2050 年，这 4 个国家的总人口将达到 10 亿多，即使农田面积不再进一步减少，其人均耕地面积也要再减少 60%～70%，即人均耕地面积仅有 300～600 m²，

还不到 1950 年人均耕地面积的 1/4。

（2）海产品和畜产品。1950 年以来，人类对海洋生物的消耗量增长了 5 倍。目前，每年的海洋捕捞量为 9 300 多万吨，这已接近或达到了其所能承受的阈限。据预测，到 2050 年，全球肉类消费量将从 1997 年的 2.11 亿吨增长到 5.13 亿吨，这将加大对谷物供应的压力。

2. 对资源和能源的影响

与工业革命前相比，现代社会的人类生活对资源和能源的消耗量明显增加，随着人口的增加，对资源和能源的需求矛盾还会进一步加剧。

（1）森林资源和生物多样性。以往人类历史的大部分时间里，全球森林面积一直是随着人口的增长而减少的。在 21 世纪的一段时间内，对森林资源的破坏还不会停止，尤其严重的是，随着森林的破坏，生物栖息地的面积不断缩小，生物多样性锐减，物种灭绝的速度还将加快。现在，是自 6 500 万年前白垩纪末恐龙灭绝以来，动植物物种的最大灭绝期，这个时期物种灭绝的速度，是自然灭绝速度的 100～1 000 倍。

（2）淡水资源。据国际水资源管理机构的估计，到 2050 年，将有 10 亿人生活在面临缺水的国家中。河流干涸、湖泊消失、地下水位下降使许多国家的淡水供应危机日趋严重。水是生命之源，水资源的严重不足必将直接威胁人类的生存。

（3）能源。过去 50 年，全球能源需求的增长速度是人口增长速度的 2 倍。预计到 2050 年，随着发展中国家人口的增长和生活水平的提高，能源的消耗将更多。工业化国家的能源需求量将增加 5 倍。而且，一段时期内仍然以矿物燃料为主。人均能源消耗量的这种高增长，即使人口低增长率也会对能源的总体需求产生极大影响。

3. 对生活质量的影响

1950 年以来，全世界的劳动力从 12 亿增长到 27 亿，超过了就业机会的增长。两种不协调的增长将直接影响到人们对住房、健康保障和教育的获得能力，即影响到人们的生活质量。

（1）收入与住房条件。据最近几年的统计分析，人口增长率下降最快的发展中国家的收入增长最快，如韩国、中国（包括台湾地区）、印度尼西亚、马来西亚。事实再一次证明，只有真正控制了人口的增长，各国的发展才能健康、快速，人民的经济收入才会提高。在 21 世纪，如果要实现世界经济的可持续发展和提高各国人民的生活水平，就绝不能忽视对人口增长的有效控制。

据联合国统计，目前全世界至少有 1 亿人没有住房，这一数字相当于墨西哥的总人口数。如果将擅自占据房屋者和其他无稳定住所或临时居住人员计算在内，无房居住的人口数将高达 10 亿。今后若不能实现人口增长的有效控制，无住房阶层的人数还将会继续增加。

（2）教育和医疗。未来 50 年内，在世界人口增长最快的一些国家（主要分布在中东和非洲），儿童人口将平均增长 93%，到 2040 年非洲的学龄人口将增长 75%。在那些儿童人口不断增长的国家（不包括对成年人实施的继续教育问题），国民教育的投入需要大幅度地增加，否则，不仅满足不了国民要求接受教育的愿望，而且还将加剧经济落后的恶性循环。在经济欠发达国家，医疗保障的形势也是非常严峻的，婴儿的死亡率一般都很高，人口的平均寿命也远远低于发达国家。

（3）生活环境。在全球各大洲，由于人类的开发和人口增长，自然生态环境的面积不断缩小，尤其是人口迅速增长已经超出当地资源承受能力的国家和地区，人口的增长使居民的正常生活环境难以得到保证，无清洁的饮用水、无稳定住所、无保暖的设施等。而在一些特大城市，人们也没有平静和安宁的生活，居民被噪音、污浊的空气、喧闹的人群所困扰。不断增加的人口还增加各种垃圾的数量。21 世纪，大量废弃物的治理任务还相当艰巨，即使在许多人口较稳定的工业化国家，抛入掩埋式垃圾场和排水道的垃圾也会持续增多。

二、全球气候变化

全球气候变化是全球变化问题的一部分。所谓全球变化，是指"可能改变地球承载生物能力的全球环境变化（包括气候、土壤生产力、海洋和其他水资源、大气化学以及生态系统的改变）"。全球变化在地球的整个演化过程中没有停止过，而且时慢时快。现在，人们高度重视这个问题，是因为强烈的人为干扰因素参与到自然生态的演变之中，使得这个问题更为复杂。气候变化对全球生态环境的影响最广泛、最深刻，产生的影响效应有利有弊。

自地球诞生以来的整个进化过程中，全球气候经历了不同时间尺度的变化，通常分为 1 万年以上即地质时期的变化、近几千年来历史时期的变化和 19 世纪末至今 100 多年的变化。气候变化一般包括气温、降水和海平面变化 3 个方面的内容。研究表明：过去 100 年里，全球平均气温上升了 $0.2 \sim 0.5$ ℃，全球海平面上升了 $10 \sim 25$ cm；全球陆地降雨量增加了 1%。如果对目前的温室气体排放不采取有效控制措施，预计到 2050 年，全球气温将升高 $1 \sim 3$ ℃；全球海平面将上升 $15 \sim 100$ cm；降雨强度可能会进一步增加。从数据的绝对值看，上述变化的结果似乎并不惊人，然而这是全球的平均水平。而气温、降水和海平面及其变化速率在全球的分布是不均匀的，这会导致某些地区短时间内发生急剧的气候变化，如高温、飓风和暴雨等极端天气的频率增多等。极地温度的升高将导致冰川融化，加速海平面的上升，这对沿海地区的威胁是相当严重的。

近 100 年来，全球气温变化的总趋势是普遍变暖。但有两个值得注意的特点，一是从 19 世纪到 20 世纪 90 年代，全球气温的变暖并不是持续的，从 20 世纪 40 年代到 70 年代气温约下降 0.05 ℃；二是全球气温变化有明显的地域性差异，就每个国家或地区而言，增暖幅度也不同，不少地区的气温变化很小，甚至有些地区的气温反而呈下降趋势。

对引起全球气候变化原因的分析，主要有"温室效应"、植被变化、大气气溶胶作用等。

1. 温室效应

目前，普遍的看法认为"温室效应"（green-house effect）是造成全球气候暖化的主要原因。所谓温室效应，是指存在于大气中的某些痕量化学物质和存在于对流层中的臭氧具有吸收太阳能在近地表的长波辐射从而使大气增温的作用，具有这种作用的气体被称为"温室气体"（green-house gases）。实际上，在人类存在之前，温室效应和温室气体就已存在，如大气中的 CO_2 气体和水蒸气等，就具有让太阳辐射透过地球表面，而对地球表面散发的长波辐射又有强烈吸收的作用，减少地表向外层空间的能量净排放，这就是"自然温室效应"，其作用是维持地球与大气层之间的热平衡。而人类社会对化石燃料的利用，对森林砍伐以及工业发展等，破坏了地球上的"自然温室效应"所形成的热平衡，由此而引起的气候变暖称为"人为温室效应"。温室气体主要包括二氧化碳、甲烷、氧化亚氮、氯氟烷烃、六氟化硫和臭氧等，它们对全球变暖的贡献不同。

植被破坏也是引起温室效应的原因之一。植物最基本的代谢功能就是吸收 CO_2、释放氧，植被减少必然引起二氧化碳吸收量的下降，从而间接引起大气中 CO_2 浓度的升高。据估计，目前因全球森林植被破坏引起的 CO_2 浓度上升约占 CO_2 增加总量的 24%。

2. 水　气

水气在大气中的含量很低，但对大气的影响很大。其变化会通过许多途径影响全球气温。水与汽之间的转化需要释放或吸收大量热能。因此，空气中水分含量的多少和变化必然对气温产生影响。目前，全球许多地区由于降水减少，气候长期干旱导致土地沙漠化，造成了植被的减少、生态系统调控能力降低，其最终结果是促使气温升高；降水的减少会影响空气湿度和土壤水分，使地表温度变化剧烈，对气温的调控能力降低；全球降水多少和空气湿度高低，会对河流和水库蓄水、植物生长及低层云量产生影响，最终也要对气温变化产生影响；水气的输送和水分循环会引起太阳能在大气中重新分布，进而对大气环流以及气候变化造成很大影响。

3. 植被变化

植被对全球气候变化的影响除与二氧化碳的吸放有关之外，还与下列因素有关：① 森林、草原等生态系统具有极强的活力和调节功能，这个系统的减弱必然会对全球气候变化产生影响；② 植被对太阳能具有吸收、反射的作用，植被的减少将改变到达低气层及地表层大气的太阳能分配，从而对气候产生影响；③ 地球上的植被尤其是分布于热带和亚热带的雨林对全球气流循环有调节作用；④ 植被对土壤、大气及地下水的平衡分布起着重要调节作用。

4. 大气气溶胶

大气气溶胶是通过对阳光的散射作用而对全球气候变化产生影响的，它能造成天空浑浊和能见度降低，进而影响对流层能量平衡，使低层大气和地表温度下降。此外，火山爆发、地球自转速率变化、大气污染和冰山退缩等都会对气候变化产生不同程度的影响。

全球气候变暖既对人类带来某些有利的影响，同样也带来许多不利的后果。例如，全球性气温升高将带来气候变迁，原来适宜人类居住的地方，可能会因气候条件的恶化变得不适宜人类居住；同时，原来不适宜人类居住的地方，可能会因气候条件的改善变得适宜人类居住；全球性增温还可能会使一部分地区的农牧业产量增加，也可能使另一部分地区的农牧业产量下降。全球气候变化导致的影响主要有如下几个方面：

（1）影响人体的健康。气候变化会导致极端（如炎热）天气频率的增加，使患有心血管和呼吸道疾病的病人死亡率增高，尤其是老人和儿童；传染病（疟疾、脑膜炎等）的频率会因病原体（病菌、蚊子）易于繁殖和更广泛的传播而增加。

（2）影响水资源的时空分布。温度升高会导致水的蒸发和降雨量变化，从而可能加剧全球旱涝灾害的频率和程度。

（3）改变原有的植被类型和物种结构。区域性的森林等植被中，原有物种的变迁可能会因来不及适应气候变化的速率而消亡；全球一些特殊的生态系统（如常绿植被、极地生态系统等）及候鸟、冷水鱼类等会因气候变暖而面临生存困境；温度升高还会增加病虫害等自然灾害的发生。

（4）导致海平面的升高。全球性的气候暖化会造成海平面上升，这对经济相对发达的沿海地区将产生重大影响。据估计，在美国，海平面上升 50 cm 的经济损失为 300 亿 ~ 400 亿美元；同时，海平面的上升必将使海滩的面积相应减少。

（5）对农业生产的影响。由于气候变化，某些地区的农业生产可能会因为温度上升，农作物产量增加而受益，但全球范围农作物的产量和品种的地理分布将发生变化，农业生产可能必须相应改变以往的土地使用方式及耕作方式。

三、生物多样性锐减

生物多样性（biological diversity 或 biodiversity）是地球最显著的特征之一。它是地球上的生命经过几十亿年进化、发展的结果。生物多样性是指地球上所有生物——动物、植物和微生物及其所构成的综合体，通常包括遗传多样性、物种多样性、生态系统多样性和景观多样性四个层次。野生种灭绝、局部范围灭绝、亚种灭绝和生态灭绝是生物多样性丧失的几种常见形式。

生境破坏、资源过度开发、环境质量恶化和物种的入侵，是造成物种灭绝的"灾害四重奏"（Diamond，1989），而人类活动对生境的破坏包括自然生境的退化、消失和生境破碎化现象（fragmentation），是当前生物多样性大规模丧失的主要原因。生物多样性的大量丧失和有限生物资源的破坏已经直接或间接地制约了经济发展和社会进步。在过去的 4 个世纪中，人类活动已经引起全球 700 多个物种的灭绝，包括大约 100 种哺乳动物和 160 种鸟类。其中 1/3 是 19 世纪前消失的，1/3 是 19 世纪灭绝的，另 1/3 是近 50 年来灭绝的。20 世纪最后 10 年里灭绝生物物种将比前 90 年所灭绝物种的总和还要多。据联合国资料表明，2000 年一年地球上就有 10% ~ 20%的植物消失。进入 21 世纪，生物多样性还会以前所未有的高速丧失。

由于人类活动的干扰，直接或间接地使很多物种濒临灭绝的边缘。引起物种灭绝或濒危最重要的人为干扰有以下五个方面：

1. 栖息地的破坏

即生境丧失、退化与破碎。近百年来，森林面积大幅度减少，湿地被开发或退化，使许多物种失去了生存所需要的生态环境。

2. 滥杀滥捕

许多野生动物种群数量的锐减甚至灭绝，不是由于生境的破坏，而是因为具有"皮可穿、毛可用、肉可食、器官可入药"的价值而遭灭顶之灾的，如大象、犀牛、藏羚羊等；人们为了食用山禽野味，也捕杀了大量的野生动物。

3. 盲目引种

盲目引种也是造成物种多样性减少甚至灭绝的重要原因。例如，15 世纪欧洲人相继进入毛里求斯，随之引入了猴子和猪，这使当地 8 种爬行动物、19 种鸟类先后灭绝。有的学者估计，盲目引种对濒危、稀有脊椎动物的威胁程度达到 19%，而对岛屿物种则更是致命的。

4. 环境污染

人类向自然界排放的各种有毒物质对环境造成的污染，使生态系统中生物的食物链和生存基础被破坏，污染对物种的影响是缓慢的、积累的，但作用又是极其深刻的，有人形象地把某些环境污染的作用比喻为"致生物于死地的软刀子"。

5. 气候变化

由于全球性的气候变化，特别是气温的升高和降水的减少，许多生活在温湿生境中的动植物不得已而迁移。例如，由于气候的变暖，欧洲地区 34 种蝴蝶的 2/3 在 20 世纪内向北迁移了 245 km；但像某些蜗牛、甲虫等动物就只能忍受灭绝之灾。

生物多样性是人类社会和经济发展的支撑和资源。生物多样性的减少，可导致生态系统为人类社会提供的生物生产价值和各种服务价值的大幅度降低。前者如木材、毛皮、水果、药用植物等，后者是生物多样性锐减引起的最重要的影响，如植物的光合作用、保持水土、调节气候等非消费性的服务价值，包括动物的作用，如昆虫类为作物传授花粉、传播种子等。更为重要的是，生物多样性的减少会使物种资源库枯竭，未来的新品种培育和科学研究的价值将随之受影响。生物多样性是生态系统中生物链的基础，生物链最大的价值在于形成了相互联系的"生态网络"以维护人类的生存。毫无疑问，如果地球上只剩下人类自己，人类也绝不可能持久地生存下去。

四、资源短缺的危机加剧

人口的继续增长，必将增加对矿产、燃料、原料以及各种可更新资源的消耗，加快某些稀有和短缺资源的枯竭。资源短缺将成为制约未来世界经济和社会发展的重要因素。在人类所需要的各种资源中，最基本和最重要的是以下几类资源。

1. 水资源

世界水资源研究所认为，21 世纪全世界将有 26 个国家的 2.32 亿人口面临缺水威胁，另有 4 亿人口所生活地区的用水速度将超过水资源更新的速度，1/5 的世界人口可能饮用不到符合卫生标准的淡水。而且，水资源的危机不仅表现在数量匮乏上，还表现在水质的恶化方面，即"水质性缺水"。由于环境污染，可饮用水和地下水的质量一直在恶化。全世界陆地淡水资源分布是很不均匀的，北非和中东很多国家降雨量少，蒸发量大，径流量小，淡水人均占有量很少，而冰岛、厄瓜多尔和印度尼西亚等国，若以每公顷土地的径流量作比较，人均水量是缺水国家的 1 000 倍以上。

2. 土地资源

土地作为资源，主要表现在面积和质量两种属性上。仅就总量而言，全球无冰雪覆盖的陆地面积为 $13.3×10^7 \text{ km}^2$，目前世界人均占有量为 2.5 hm^2。从绝对值上看，这个数字是不小的。但还必须考虑土地质量这个属性，因为陆地总面积的 20% 是位于极地和高寒区，有 20% 属于干旱区，20% 为陡坡地，15% 是岩石裸露，缺少土壤和植被，这些共占陆地面积的 70%。其余 30% 较适宜于人类居住，即可作为耕地、住宅、工矿、交通等用地。按此计算，全世界人均占地仅为 0.75 hm^2；其中耕地仅占适宜人类居住地的 60% ~ 70%，人均耕地 0.45 ~ 0.53 hm^2，人均粮田仅 0.12 hm^2。

3. 能　源

能源可从不同角度分类为一次能源和二次能源、常规能源和新能源、可再生能源和不可再生能源等。21世纪能源问题将有如下特点：① 在一段时期内能源消耗主要还是不可再生能源。全世界目前已探明的剩余可开采能源储量很有限：石油尚可开采40年，煤炭可开采200年，天然气可开采40年。所以，积极寻找替代能源是新世纪必须高度重视的问题。② 消耗水平的差异仍将继续存在，但使用总量将继续增加。发达国家对能源的消耗量还要继续增大，其中，占世界人口5%而消耗世界能源25%的美国，消耗强度也还要持续增长。随着人口增长和经济的发展，发展中国家的能耗需求和消耗强度也将有大幅度提升。

4. 矿产资源

矿产资源具有不可再生性、可耗竭性、区域分布不平衡性、动态性等特点。20世纪70年代末，美国矿务局曾对一些矿产资源的寿命进行了预测，得出的结论是，14种主要矿产资源的可开采时间为20～300年不等。这个预测可能不十分科学和准确，但可供开采的矿产资源总量确实是有限的。随着人类需求的不断增长，某些不可再生资源的耗竭是不可避免的。在本世纪内，矿物资源短缺的问题可能会凸现出来。

从理论上讲，可再生资源是不会枯竭的。但实际上，若不能积极保护和科学利用也会变成有限的。例如，对鱼类过度滥捕，就会使鱼类种群繁衍速度变缓，质量下降甚至绝种。不可再生资源虽说是有限的，但其本身却具有可被再利用的潜在价值，使其转变为无限的现实价值。因此，要用发展的观点来认识资源问题，既要看到有限性，又要看到它的潜在性和无限性。为此，在解决资源问题上，要切实搞好两个根本性转变：一要力求做到资源的合理配置；二要使经济增长方式从粗放型转变为集约型，使有限的资源实现充分利用和综合利用。另一方面，更要加速科学技术的进步，从各方面提高勘探、开发、冶炼、合成等技术能力，以获得

新的资源或替代品，不断开辟新的资源空间和具有战略意义的开放领域如海洋等。

五、环境酸化

若能源结构无大的改变，环境酸化将可能成为21世纪全球性重大环境问题之一。环境酸化首先是大气环境的酸化，即大气含有大量人为排放的酸性气体。自然界自身也排放酸性气体，但就总量而言，人类活动的排放量约占总排放量的2/3。由于产业结构和布局上的差异以及气候条件的不同，人为排放的酸性气体具有不均匀性和传播性的特点，这使得某些局部地区环境酸化的程度比较严重，有的地区甚至酸性降水（pH 低于5.7）成灾。土壤酸化是酸性气体随降雨、降雪或直接进入土壤所致。酸度增高的土壤，改变了动植物已经适应的生存条件，从而影响农业生产、森林生长和生物的生存等。土壤酸化还能影响营养元素的地球化学循环，造成有毒有害元素（如铝）的活化等。同时，大部分酸沉降首先是降落到土壤上，然后由地表径流汇入江河和湖泊等水体，引起水体酸化。最早发现水体酸化现象的，是20世纪50年代末60年代初英国谢菲尔德地区的沼泽地表的水酸化。后来在加拿大、美国东部和瑞典、挪威南部以及中国西南地区，也发现了水体酸化现象。

环境酸化对人类生活及赖以生存的生态环境具有极其严重和深刻的影响，而且酸化污染

是区域污染，土壤和水体酸化又是长期酸沉降的结果，更难于治理。目前，大气环境酸化方面的研究主要集中在减少二氧化物、氮氧化物等酸性气体排放方面，如煤的脱硫技术、减少汽车尾气排放等；而在土壤和水体酸化方面的研究主要包括：酸沉降作用下，金属铝的地球化学生物特征；溶解有机物在土壤和水体酸化过程中的作用；环境酸化缓冲容量及临界负荷；适合特定流域或区域的酸化模型的建立；结合酸沉降负荷、地质特征、水文条件等因素进行的酸化敏感性区划和酸化趋势预测等。

六、环境荷尔蒙的威胁

环境荷尔蒙是扩散于环境中、能使人和动物的生殖机能产生混乱并形成生殖障碍的一类化学物质的总称。它是被人类广泛使用并积累于环境中的合成化学物质。最具有代表性的是DDT 等农药、PCB（多氯联苯）类工业化学物质、二噁英等致癌物质以及作为女性使用的雌素酮等合成荷尔蒙 DES（己烯雌酚）类医药品。当人和生物长期接触、使用这些物质或生活在有这类物质的环境中时，其内分泌系统、免疫系统、神经系统就会慢慢出现功能紊乱。

1. 环境荷尔蒙的主要来源

环境荷尔蒙主要存在于空气、水和食物中。

空气中的荷尔蒙有 3 个来源：焚烧垃圾废物；生产过程中的某些泄漏；建筑材料、家具、日用品的挥发物。最典型的是二噁英，它是二苯基-1,4-二氧六环及其衍生物的通称，也是迄今为止已知物质中毒性最强的化合物之一，有很高的致死性，其毒性是人们熟知的氰化钠的130 倍、砒霜的 900 倍。此外，人类在生产过程中泄露的荷尔蒙物质还有合成树脂加工过程中的可塑剂，喷洒在农田、绿地、树木、果林地的某些农药等。值得注意的是，房屋装修中用到的很多材料中也含有易挥发的荷尔蒙化学物质。

水中的荷尔蒙类物质主要来自于工厂排放的工业废水、生活污水及雨水。降雨后的空气格外清新，其原因是降雨带走了空气中的污浊成分，其中就包括上面所提到的散发在空气中的二噁英等荷尔蒙类化学物质。这些带有荷尔蒙成分的微粒子被水中的藻类、微生物、浮游生物、鱼类摄入后，便在其体内蓄积，并通过食物链的渠道影响到人类。

食物中若含有荷尔蒙类物质，对人类的危害最大。如今，各种农作物的生产几乎都离不开农药和化肥，而许多农药则含有荷尔蒙类物质，它们在杀死害虫的同时，也严重地污染了农作物。虽然现在世界各国已相继禁止使用 DDT 等某些农药，但它们所产生的危害却不是短时间内能消除的。

2. 环境荷尔蒙的危害及防治对策

有关环境荷尔蒙对人和生物影响的研究还刚刚开始，对其许多危害还不完全清楚。但某些荷尔蒙类物质被摄入动物体内会干扰动物自身激素的功能，使动物的生殖机能受到影响而出现生殖异变现象。最近出现的人类男性精子数减少、年轻女性的不孕症、生殖器官异变、乳腺癌等都与荷尔蒙分泌的异常有直接关系。当荷尔蒙影响到了性荷尔蒙以外的其他荷尔蒙，如甲状腺荷尔蒙、副肾皮质荷尔蒙时，则会造成神经系统和免疫系统的功能障碍，而这些障碍又会导致许多社会问题的发生。环境荷尔蒙对自然界中其他生物的危害也极为严重。目前，已被证实环境荷尔蒙对生物有影响，如鱼类、鸟类的大量非正常死亡（鲸的集体自杀），动物的雌雄变异、畸形，某些物种的灭绝等。

对环境荷尔蒙危害的初步研究结果使人们意识到，过去那种认为"排放到环境中的有毒物质的浓度只要低于一定值便无害"的看法和做法是错误的，至少是片面的。现在，科学家们正在积极研究解决环境荷尔蒙危害的办法，并初步采取一些行之有效的防治措施，如禁止焚烧各种垃圾废物；禁止生产和使用含环境荷尔蒙化学物质的剧毒农药，而用害虫的天敌去抑制害虫；简化居室的装修并尽可能保持室内的通风良好；室内盆栽能吸收有害气体的花草；研制无磷洗涤剂；少食用高脂肪食品；适当延长清洗蔬菜、水果的时间或增加清洗次数，以清除表面残留的农药等。

第二节　人类对环境问题的新思考及行动

21 世纪，对于人类来说不是一个简单的时间延伸，更意味着进入了一个决定自身命运的重要时期。创造了高度精神文明和巨大物质财富的人类，在严峻的生态环境问题面前，正以新的视野全面地审视人与自然这个既古老又不断有新意的基本问题。值得欣慰的是，为解决许多重大的全球性环境问题和实施可持续发展，人类已在理论思考和具体实践两个层面上，做了积极努力并有了很大进步。理论层面的进步主要表现在生态道德观和发展观方面，而实践层面则是对传统生产、生活方式和模式的改进，以及加强对自然生态环境的维护等方面。

一、环境与发展问题的理性思考

（一）现代生态道德与生态伦理学

生态道德（ecological morals）是人类在 20 世纪中叶对日趋严峻的生态环境问题反思和觉醒的产物。面对全球性生态环境问题，许多学者提出了"人类如此对待自然界是道德的吗"？"人类社会是否需要一种新的道德，对有关人类的活动行为予以调节呢"？这就是现代生态道德观产生与发展的社会背景。有的学者认为，当今时代是环境革命（environmental revolution）的时代，它是指人们对生态系统及人在其中的地位和作用的认识发生了根本性转变，并由此引发的一系列生产方式、价值观念和伦理规范等社会生活和文化生活的变革。所谓生态道德，是指人类所特殊拥有的，凭借社会舆论、内心信念以维护人与自然生态系统整体和谐发展为目标和善恶标准，在心理意识、情感、观念和行为习惯上调节人与自然关系的规范体系（郭铮儒，1998）。因此了解生态伦理学的基本知识，有益于对这种变革的意义和重要性的认识，有益于科学观的树立。

1. 生态伦理学及其研究内容

生态道德属于道德的规范体系，它是生态道德意识、生态道德关系和生态道德活动的统一。系统体现生态道德观的是"生态伦理学"（ecological ethics），这是一门阐述关于人与自然关系中生态道德的学科，是生态学与伦理学相互渗透而形成的交叉学科，学科的任务是应用道德手段从整体上协调人与自然的关系。它的产生与发展大致经历了孕育、建立与发展三个时期。19世纪末至20世纪初是生态伦理学的萌芽时期，其基本观点是，大自然创造了动物、植物和人类，人类不能随意统治大自然。20世纪30年代，美国生态学家 A. 莱奥波尔德（A. Leopld，1933）撰写的《大地伦理学》一书中阐述了生态伦理学的思想，此著作可看作生态伦理学诞生的标志。20世纪70年代后，西方生态伦理学进入了发展繁荣时期，主要表现为：反思了人类对待大自然的态度，探讨了主流价值观与环境主义价值观的相容性；把对人类后代的关怀纳入了生态伦理学的视野，把道德关怀对象从人扩展到其他生命；系统地阐述了人类对所有生命、物种及生态系统应承担的道德责任。20世纪90年代后，生态伦理学进入新的整合时期，或称为学科的成熟期，其主要标志是力图使生态伦理学与生态环境保护的实践紧密结合，实现与多元文化思潮的融合，拓展生态伦理学更大的思维和应用空间。

根据我国学者的研究（叶平，1994），生态伦理学的研究主要有以下三方面：

（1）研究人对其他人应尽的生态道德义务和责任。"其他人"的含义包括当代人之间和代际之间的生态道德问题。这部分研究的生态学理论依据是生态环境系统的内在联系性，人类生活的生态系统是相互依存的，也就是说，局部人对环境的态度和行为方式必然对地球上其他大多数人的利益产生影响，提倡全人类的利益是当代人的历史使命。

（2）研究人类对其他生物应尽的生态道德责任和义务。这部分研究的具体内容分为三个层次：① 动物伦理学问题，主张对待有感觉的动物的态度和行为具有生态道德意义，无故造成有感觉的动物不必要的痛苦是违反道德行为的。② 生物伦理学问题，主张所有生物都有生命活力，它们也都以各自不同的方式保护自身的生机，生物有其生存权。人类作为道德代理人，应该把对生物的行为纳入道德考虑。③ 濒危物种伦理学问题，认为是人类造成了物种的加速灭绝，因此，保护濒危物种和它们的栖息地是人类应承担的责任和义务。

（3）研究人类对地球生态系统的职责和义务。这类研究主要关注两方面的问题：① 研究生物个体与生物群落或生命网络之间的整体关系，揭示它们之间机能整体性的特征；② 研究生态过程，揭示水、空气和土壤对人和其他生物的不可取代的价值等，探究既有益于自然动态平衡，又有益于人类生存和发展的生态机制，引导人类文化发展的方向，进而推动对地球生物圈的维护。

由以上可见，生态伦理学的确切地位应属于社会学中的哲学范畴。

2. 生态伦理的某些理论观点

作为一门独立学科，生态伦理的研究内容也在不断丰富，但从环境生态学角度，生态伦理学的下列理论观点是极其重要的。

（1）非人类中心主义的生态伦理观。这一伦理观有许多不同观点和主张，但主要可概括为生物中心主义和生态中心主义。生物中心主义的核心观点，是把价值的焦点归于生命体，包括动物、植物和微生物。代表人物是施韦兹，他认为人类应该崇尚生命，无论什么时候，人类都不应该无故杀害动物，毁灭任何生命形式。人类对其他生命形式的生存和杀害都应该经过伦理学的"滤波"。生物中心主义尊重生命的伦理观，与现代生态科学的科学结论是相同的。按着生态学的理论，自然界不存在无价值的生命，每一物种的存在都占据生态系统中的一个生态位，都值得人类加以保护和尊重。生态中心主义是由 A. 莱奥波尔首先提出的。与

A. 施韦兹的观点不同，他在 1949 年正式发表的《大地伦理学》中，不是着眼于人类对待个体生物的态度和行为，也不是以生物个体（神经）感受痛苦的能力为尺度来划分是否纳入伦理考虑的范畴，而是结合生态学在 20 世纪 40 年代提出的生态系统这一新概念，提出了以自然生态系统中各环境即"大地"健康和完善为尺度的整体观，故又称为"地球整体主义"。他强调，大地并不是一项商品，而是与人共存的一个"社区"。

（2）人与自然协同进化的生态伦理观。实际上它是非人类中心主义观点的一种。人与自然协同进化包括两方面：一是反对把地球环境承载能力看成是固定不变的和只有停止经济增长才能与环境保持和谐的观点；二是相信社会可使用科学技术和生产力，按环境演化的客观规律促进环境定向发展，从而增强地球环境的承载能力，即增强社会发展的自然基础，在社会与环境进化的动态过程中寻求协调与和谐。这种定义内涵表述了人与自然相互作用中人的能动性，对人类利用科学技术按照环境演化规律促进定向发展的信心；突出了人与生物的本质区别，提倡在人与自然相互作用中求得和谐与共同发展；主张人与自然协同进化，绝不是主张让人类"回归自然"或"退回自然"，而是提醒人类不要继续坚持已使自身陷入困境的"统治自然"的观念。

人与自然协同进化的伦理观，是确立在人是生物圈整体系统中一个组成部分的基础上，所以人类在与自然的相互作用中不能随心所欲，要承认和关注生物圈整体性对人类行为的选择和制约。这种制约作用是由生态系统中存在的、交织复杂的各种生态关系决定的。具体地说，是生态系统中的四种生态关系在起作用，一是生物个体之间的关系即种内关系；二是个体与种群的关系，包括与同种和不同种的种群的关系；三是不同物种间的关系，这是相互依存和相互制约的复杂关系；四是物种与生态系统整体的关系，也就是生态系统的结构关系。这四种关系的相互交织既是生态平衡和整个生物圈"协同性质"的基础，也是人类需要规范自身行为的原因所在。破坏这种稳态的生态关系，就会带来不良后果。例如，在生态系统中，一个物种的消失，常常会导致另外 10～30 种生物的生存危机（《珍稀植物保护与研究》，中国环境科学出版社，1991）。

（二）可持续发展的生态伦理观

可持续发展观及其理论对于环境科学和现代生态学等学科的发展都产生了深刻的影响和巨大的推动，有关这方面的内容将在下一节中详细介绍，这里仅就可持续发展的伦理学内涵作简要概述。从伦理学角度看，可持续发展观的核心是公平与和谐。公平包括代际公平以及不同地域、不同人群之间的代内公平；和谐则是指全球范围内人与自然的和谐（徐嵩龄，1999）。可持续发展思想的提出，针对的是人与自然和谐关系遭到严重破坏的现实，因此，人与自然和谐的原则是可持续发展的根本原则。根据生态伦理学的观点，这个根本原则的实施还需要明确两点：首先，人有正当的理由介入自然环境中去，即"介入原则"。其理由是，构成世界的所有生物中，只有人具有理性，具备从根本上改变环境的能力，人能够破坏环境，也能够改善环境。其二，自然环境对人类行为具有制约力，即"制约原则"。因为，人虽具有理性，但还不足以推论出人是宇宙间的唯一目的，是其他一切自然事物的价值源泉。这两点的重要意义是概括了人和自然这个相互依存、相互作用的共同体的基本关系。这些原则就是可持续发展的生态伦理观，正确认识和掌握它们对于可持续发展的实施是重要的。当前，人类社会的现实发展中，仍有许多违反可持续发展伦理观的行为，而且又缺乏力量有效地抑制或改变这种趋势，因而使某些人对可持续发展的实践产生了怀疑，具体实践中也遇到了一定困难。但是，可持续发展的理论能否实施的问题，其实质是人类自身的理性能否最终战胜非理性的问题。从生态伦理学的角度，"人类有两个家园，一个是他的祖国，另一个就是地球"。可持续发展思想是人类社会生存发展出现危机后，世界各国人民经过认真反思提出来的，它既是人类的需要，又是理性思考的选择。所以，从长远利益看，不合理的发展方式和行为是不能持久的。

二、人类行为方式的重要转变

理性的思考必然带来行为的改变，正确的生态伦理观和发展观的提出及确立，促使人类的传统生产和生活方式发生了重要转变。这些变化包括对高消耗、高污染工业部门的治理、改造；积极发展高新技术产业和绿色产业；加强对环境质量的管理与监控；加大对自然生态系统的保护和受损生态系统恢复的力度等。

（一）工业生态学

在工业污染控制的整个历程中，人们曾在"末端治理"上投入了大量的精力和财力，但收效并不理想。现在经过理性反思，人们终于开始了以转变传统生产模式的形式彻底解决环境问题的实践。工业生态学也正是在这种需求下产生和发展起来的。

工业生态学是指依据生态学的原理，根据可持续发展和资源充分利用的原则，研究和进行工艺设计，以使工业生产系统及其与环境之间进行的物质流和能量流，实现原材料循环再利用、减少资源消耗和降低环境污染或对环境无伤害为目标的科学。工业生态学的具体研究内容主要包括 4 个方面：① 零排放。寻求建立循环利用全部被使用的物质而无废物排放的工业生产系统，除外部输入能源外，力求建立一个闭环系统，能够回收和循环使用生产中所产生的所有物质。实际上，真正达到零排放几乎是不可能实现的。目前，零排放实现较好的是能源系统中使用的氢燃料和以电能为动力的汽车。② 替代材料。积极需求对环境"友好"的新材料。③ 非物质化。非物质化理论认为，随着技术的进步，工业活动的增多和经济的增长不一定要伴随所需物质量的增加，资源消耗是可以减少的。如通过各种创新技术，可从矿物中更有效地提取有用物质，可以改善材料的性能，减少材料的使用量以及促进废物再利用等技术而实现非物质化。④ 功能经济。这是工业生态学的一个理论观点，认为一种产品是代表向消费者提供特定功能的一种手段。当人们转变常规看法，把产品看成是向最终用户提供的某种功能时，资源的使用量和废物排放量将会大大减少。例如，当人们不买汽车这种产品本身，而只买汽车运送乘客和物品的功能时（即不买产品，只买服务），汽车制造商将会想方设法延长汽车的使用寿命，并且提高废旧汽车的回收价值，从而可减少资源消耗和废物排放。

工业生态学的发展，将给人类社会的工业生产和活动带来全新面貌，人们将不必投入大量的资金用于建立昂贵而又对环境造成二次污染的填埋场和废物处理厂；工厂经营者将通过改进工艺设计来减少废物和污染而提高效益；制造商们将更加关心产品的整个生命周期；工程师们也将以诸如"分解设计""回收设计"和"环境设计"等新概念来替代以前经常用到的

"加工设计"和"装配设计"等。在 21 世纪，工业生态学的发展和应用将为解决环境与发展问题而提供有效的途径。

（二）ISO 环境质量标准体系

ISO 是国际标准化组织的英文名称（International Organization for Standardization）的缩写。该组织是非政府性国际机构，其宗旨是"便于国际合作和统一技术标准"，目的是在世界范围内促进标准化工作及其有关活动的开展，以利于国际间物资、信息、环境保护等方面的交流和互相服务，主要任务是制定国际标准，协调世界范围内的标准化工作，与其他国际组织合作研究有关标准化问题。20 世纪 60 年代，基于环境污染问题特别是空气和水质污染日益引起世界各国的普遍关注，ISO 于 1971 年成立了 TC146 大气质量委员会和 TC147 水质量委员会，1986 年成立了土壤质量委员会（TC190），1991 年成立了固体废弃物委员会（TC200），1993 年又成立了环境管理委员会（TC207），专门研究环境战略的标准化问题，对于加强环境质量的管理和监控发挥了积极作用。1987 年，该组织推出了 ISO9000 质量体系系列标准，其关注范围由制定单个产品的质量标准进入质量管理领域。ISO9000 标准为设计和记录一个企业的质量管理程序和具体做法提供了指导，在世界范围内得到了各国企业的广泛认同。ISO14000 系列标准体系并不规定具体的操作方法或企业必须遵守的、数值化的或其他形式的性能标准，它的宗旨是为企业提供一个有效的环境管理体系的基础，帮助企业达到其环境目标和经济目标。ISO14000 具有权威性、普适性、自愿性、可操作性和持续性等基本特点。现在，符合 ISO 标准已经成为贸易活动中建立相互信任的基石。

（三）自然保护

加强对自然生态环境和自然资源的保护，已成为人类的共识。在 21 世纪，对种种类型生态系统的保护仍将继续加强，另一方面，将把整个生态环境的保护、建设与经济发展紧密结合起来。自然保护区的面积还会相应扩大，以加强对珍稀和濒危物种资源的保护。自 1872 年建立了世界上第一个自然保护区至今，现在世界各国共有面积在 1 000 hm^2 以上的各种类型自然保护区 4 000 多处。自然保护区是依据法律、经政府批准确定的，具有生态学特殊价值或功能性质的各类特定保护区域（包括陆地、水域和湿地等）的总称。保护对象主要是著名的、典型的生态系统及其所含生命系统所构成的特殊生态功能。联合国教科文组织已把自然保护区占国土总面积的百分比，作为衡量一个国家自然保护事业及科学文化发展水平的重要标志。

水产资源保护的任务将会加重。这不只是因为世界人口增长造成的食物压力，而且也是保护水生生物资源的需要，尤其要保证有经济价值动植物的亲代、幼体、卵子、孢子等进行繁殖的需要。饮用水资源地保护的任务也十分紧迫，要确保提供安全卫生的饮用水，以保障人民的身体健康。森林资源的保护既要严格控制对其采伐，又应注意气候变化带来的一系列影响，如火灾、病虫害的增加，生物物种分布的变化，外来物种的引进等。

由于土地资源的紧张，加强水土保持，防止水土流失，保护和合理利用水土资源，是发展农业生产的根本措施，也将是 21 世纪生态环境保护的重要任务。生态景观保护的意义更重要，它的保护需要制订区域景观整体保护规划和多功能的动态保护对策。文物保护将成为 21 世纪环境保护的一个热点，它是进行民族优秀文化传统教育和爱国主义教育的需要，是加强科学研究的需要；同时，它又是各国发展旅游产业的条件保证。

进入 21 世纪后，我国的环境保护事业采取了许多新的举措，有了积极进步。主要表现在全面落实《中国 21 世纪议程》中的承诺，在保持经济快速发展中，积极保护和建设生态环境，实施可持续发展战略：主要措施是：① 将自然保护纳入社会经济发展计划，包括进行了详细的自然资源状况普查；健全经济、社会发展和环境保护综合评价指标体系；合理确定自然资源保护和改善环境质量在国民经济计划中的投资比例等。② 规范有关自然保护的法律和法规，加大执法力度。加强部门间的协调，摈弃只顾部门生产和企业经济效益而忽视对整体自然生态和环境质量保护的现象。③ 运用经济杠杆如信贷、税收等手段的调控作用，促进自然资源的综合利用，鼓励综合开发利用及合理增殖自然资源和区域社会、经济与环境的发展协调。④ 政府重视。各级政府和部门都把自然保护工作列入重要议事日程，作为实现经济建设、社会健康发展的内容和保证条件，认真规划和落实。

（四）积极推进绿色文明

绿色文明是内涵非常丰富的概念，其实质是提倡一种人与自然和谐的生产、生活和文化的社会形态，包括绿色工业、绿色农业、绿色消费等。绿色文明的生态学含义，是指人类在开发利用自然，进行生产和生活消费的过程中，从维护社会、经济、自然系统的整体利益出发，尊重自然、保护自然，注重生态环境建设和生态环境质量的提高，使现代经济社会发展建立在生态系统良性循环的基础之上，以有效地解决人类经济社会活动的需求同自然生态环境系统供给之间的矛盾，实现人与自然的协同进化和社会、经济、环境三者的协调发展。所以，许多学者认为，21 世纪，绿色道路是人类的唯一选择。

绿色文明的内容涉及人类社会生产和生活的方方面面。下面，仅就几个方面的内容进行简要介绍。

1. 绿色技术

绿色技术主要是指企业选择的工艺和开发的新品种，在生产和消费过程中对资源能充分利用并对生态环境不构成损害的技术和产品。绿色技术是当今国际社会各类工业生产发展的一种趋势。近年来，绿色技术迅速发展，在防治污染、回收资源、节约能源三大方面形成一个庞大的市场，包括产品开发、信息服务和工程承包等。据不完全统计，在 20 世纪末，绿色技术与产品的全球市场销售已接近 6 000 亿美元。在这一市场角逐中，发达国家占绝对优势，如美国的脱硫、脱氨技术，日本的粉尘、垃圾处理技术，德国的污染处理技术等，均在世界上处于领先地位。目前，以占领世界绿色产品市场为目的、争夺绿色技术制高点为中心的国际竞争已经开始。无污染的"绿色汽车"、低毒而对环境友好的"绿色化工"以及提供健康和安全食物的"绿色农业"等技术都蓬勃发展。为了在竞争中获得优势，美、日和欧洲一些国家在绿色产业中应用生物技术、计算机技术和新材料，使其变成一个高科技行业。绿色技术中的"绿色设计"格外引人注目，它是指设计出的产品可以拆卸、分解，零部件可以翻新和重复利用的一种设计思维。这既保护了环境，也避免或减少了资源的浪费。这一新的设计理念正激发起世界上许多制造商们的热情，卡特彼勒拖拉机、施乐公司的复印机、伊士曼柯达公司的照相机、美国的个人计算机、日本的激光打印机、德国和加拿大的电话机等，都在采用这种"绿色设计"。

2. 绿色产品

　　绿色产品是指在生产、加工、运输、消费的全过程中对环境无污染或少污染的各种技术产品，有人称之为"环境友善产品"。据美国国际环保商业公司统计，1990 年新产品中仅有 5%的"绿色产品"，至 1997 年这个比重已提高 80%。近几年来，在计算机领域，美国率先开发了绿色电脑，美国环境保护署制订的"绿色电脑"标准和节电型电脑标志——"Energystar"正式实施，各大电脑厂商陆续推出具有高效率的机种，预计节电效果高达 75%。据估算，由于使用"绿色电脑"，美国联邦政府每年可减少电费支出 400 万美元。德国施奈德、格隆迪希等几家公司联合开发出了一种"绿色电视机"，该机所用材料是轻型钢板、铝制件、木料及塑料，而所用塑料可重新熔化，回收再用且性能不变。整机各个部件均可自行拆卸、拼装、更换，以保证适应环境保护要求的最新技术水平。除工业产品外，绿色产品还包括各种食品等许多类产品。

3. 绿色标识

　　绿色标识也称环境标志、生态标志，它不同于普通商品的商标，而是用来标明产品的生产、使用及处置过程中，全部符合环保要求，即对环境无害或危害最少的产品。世界上最先推行环境标识的是德国，1978 年，联邦德国首先在全球推行图案为"蓝色天使"（blue angel）的绿色标识。至今，德国批准使用的绿色标志已覆盖 60 多门类共 4 300 多种产品。绿色标识的使用已趋于国际化，并呈现区域一体化的发展趋势。表 9-1 是目前一些发达国家使用"绿色标识"的进展情况。绿色标识的实行和使用，对推进全球的环境保护有着重要的意义，它能培养消费者的环境意识，增加消费者关注环境问题和产品的环境影响。由于绿色标识的实行，使"绿色消费"越来越受到消费者的欢迎，甚至愿以高价购买有绿色标识的商品而抵制普通商品，致使绿色标识成为产品竞争的重要条件。因此，面对消费者绿色意识日益增强，许多有远识的企业家开展了"以产品对环境的影响"为中心的营销策略，使"绿色营销"应运而生，所谓"绿色营销"，就是通过树立企业的绿色形象，刺激顾客对其商品的购买欲望，达到产品销售目的的各种营销手段和方式。

表 9-1　世界一些国家环境标识的使用情况

国家	开始年代	环境标识使用情况
德国	1978	60 多门类约 4 000 种产品
加拿大	1988	18 类，主要是由再生材料、塑料、建筑材料和纸张制造的产品
丹麦、芬兰、冰岛、挪威和瑞典	1989	所有产品
日本	1989	4 类，主要是家用产品
奥地利	1991	纸张、油漆、层压木材、冷却器具
美国	1989—1991	2 种方案，一种覆盖所有产品，另一种是 5 类产品：灯泡、清洗设备、油漆、卫生纸、一次性薄纸
法国	1992	清漆、油漆和洗涤剂

4. 绿色包装

　　"绿色包装"是要求企业在产品设计及包装的使用和处理方面，既要降低商品包装费用，又应降低包装废弃物对环境的污染程度。目前，国际商界流行一种被称为"绿色包装"的纸包装，这种纸袋的成分易于被土壤微生物分解，能重新进入自然循环。有的专家还从仿生学角度，研究分析天然"包装"的巧妙性，企望能从诸如橘子的"缓冲式"包装、豆荚的"颗粒"包装、鸡蛋的气室防震功能和薄壳建筑式构造、贝壳中珍珠的养护与收藏等自然包装中，探索"绿色包装"的新路子。法国商场的食品货架上，已看不到塑料、玻璃等难以回收的包装材料，而绝大多数的奶制品、果汁和液体食品都采用无菌纸盒包装，无需冷藏就可保鲜 6 个月。而这些包装材料回收后又可加工成"彩乐板"制作家具、装饰材料、玩具等。"绿色包装"已成为世界液体食品包装的主流。

5. 绿色消费

人类与自然的关系，从根本上讲，就是人类消费行为、消费方式与对自然的开发、利用、破坏的关系。绿色消费正是基于对人类行为反思的基础上提出的，其内涵是鼓励人们的消费心理和销售行为向崇尚自然、追求健康方向转变。它主张和提倡人们再不要以大量消耗资源、能源来求得生活上的过于奢侈，而应正视人类发展面临的环境危机，在求得舒适的基础上，节约资源和能源，从而在世界范围内兴起了"绿色消费"的热潮，"绿色消费"已成为一种时代文明的新时尚。"绿色消费"是一种以简朴、方便和健康为目标的生活方式。据有关资料统计，77%的美国人表示，企业的绿色形象会影响他们的购买欲；94%的意大利人表示在选购商品时会考虑绿色因素；在欧洲市场上，40%的人更喜欢购买有"绿色标识"的商品；在德国和荷兰，67%~82%的消费者在超级市场购物时，都十分重视环保问题。

6. 绿色文化

我国著名文化学者田汝康认为："'文化'一词代表着三种不同的内容：一是指一个国家或民族长期积累下来的精神财富——实际指的就是思想史。二是指与物质文明相对的精神文明——简而言之也就是教养问题，包括语言、社会风气、道德规范等。三是指区别于经济、科技、教育的文化艺术活动。这三种内容常常被重叠交互使用。"由此来看，绿色文化所含范畴相当广泛，包括了上面所提到的内容。这里突出强调的是"绿色管理"和"绿色教育"。所谓"绿色管理"，就是把环境保护的思想观念融于企业的经营管理和生产营销活动之中。具体地说，就是把环保作为企业重要决策要素来确定企业的环境对策和环境保护措施。例如，世界上最大的化学工业公司杜邦公司，就是首先推行"绿色管理"的企业，该公司任命了专职的环保经理，从 1990 年开始，在全球化工行业率先回收氟利昂，并计划在 30 年内不断减少排放废弃物，成为真正的"绿色企业"。"绿色教育"是当今世界各国开展的各种形式的生态教育和环境教育的总称，主要是生态意识、生态道德和生态环境保护知识和技能的教育，这是"绿色文化"的基础。现在许多国家都把"环境知识"教育列入职工培训的重要内容。

7. 绿色壁垒和绿色保护

随着人们"绿色"意识的不断提高，许多国家加强了对进口商品的限制，产品质量是否符合环保要求成为了重要的控制标准，这就是所称的"绿色壁垒"，实质上就是国家间贸易保护的一种新形式和手段。许多国家的商品因此而不能进入国际市场或需要附加"绿色关税"，"绿色关税"又称"环境进口附加税"。这是 21 世纪国际间贸易必须高度重视的问题，它将给许多发展中国家的贸易带来困难。"绿包壁垒"对食品农药残留量、放射性残留和重金属含量的要求尤其严格。从保护环境和人体健康的意义上讲，"绿色壁垒"的积极意义是促进世界各国加强生态环境建设和保护的重要措施。所谓"绿色保护"，就是通过各种法律手段，促使各行各业加强对生态环境进行保护，使之达到食物天然化、环境绿色化和空气、水源纯净化的绿色要求。目前国际上已签订了150多个多边环保协定，其中有将近20个含有贸易条款，旨在通过贸易手段达到执行环保法规的目的。近年来，人们对纺织品的环保要求也越来越严格，尤其对丝绸染料的化学成分有明确的规定和严格的检测手段，欧盟还提出要禁止进口含有所列举的51种化学物质的棉布。德国联邦健康委员会制订了保护消费者健康的"一揽子"计划，其中包括禁止一些可能致癌的偶氮染料纺织品进入德国市场。进口产品也波及了机电产品，要求越来越多的机电产品不能在生产和使用过程中对环境构成污染。这在很大程度上促进了ISO环境管理体系的推广，现在，全世界已有200多个国家和地区积极采用ISO14000。

绿色文明是以人与自然和谐统一为基础的文明。这个文明的核心是绿色价值观，生态伦理就是绿色价值观的核心内容之一。生态伦理观的实质，就是要超越狭隘的人类中心主义，把道德关怀的范围从人扩展到人之外的其他自然存在物，倡导人们用心灵去贴近大自然，热爱大自然，与自然融为一体，重新确认人类生活的价值根基。绿色文明兴起的意义，就是使人类重新评估了近代以来人类社会的发展模式、政治理念与经济结构，使人类文明实现了根本性的"范式"转型。指出了绿色生活方式是绿色文明最坚实的根基，只有选择绿色生活方式，人类社会才能真正走出目前的困境。

第三节　未来人类社会的发展观与可持续发展战略

一、关于未来人类社会两种发展观的争论

20世纪70年代，关于未来人类社会的发展前景问题，在西方国家的学者中曾展开过热烈的讨论，并形成了以 J. W. 福罗斯特（Forrester J W）和 D. L. 梅多斯（Meadows D L）为代表的"悲观派"与赫尔曼·卡恩和 J. 西蒙为代表的"乐观派"的激烈争论。

1. 悲观派的"世界末日"模型

福罗斯特发展了"系统动态学"分析方法，并把它应用于增长有限论方面，于1971年出版了《世界动态学》一书。梅多斯原是他的学生，1970年受罗马俱乐部的委托与他人合作，在1971年出版《增长的极限》一书。该书是罗马俱乐部的第一个报告，它在研究内容和分析方法方面，都是以福罗斯特的《世界动态学》为蓝本，而且，这两本书对于人类未来的结论也颇为一致。所以，西方经济学家常把他们的理论简称为福罗斯特-麦多斯模型。在他们提出的模型中，选取了人口增长、粮食供应、资本投资、环境污染和资源耗竭作为影响世界经济的 5 个主要因素。他们的研究结论认为，由于人口增长引起粮食需求的增长，经济增长引起不可再生资源耗竭速度的加快和环境污染程度的加深，都属于指数增长。因此，人类或迟或早必然出现"危机水平"。而且他们断言，在公元2100年到来以前，人类社会即将崩溃。

由于《增长的极限》所提出的观点涉及人类的前途与命运，而且得出的结论又令人可怕，

所以遭到了西方乃至世界多数学者的强烈批评和指责。有些学者认为，"增长极限论"是新形势下的马尔萨斯人口论的再版，是"带着计算机的马尔萨斯"（Cole，1973）。R. S. 索洛甚至提出"末日模型是一个坏科学，因此也是公共政策的坏导向"。面对如此激烈的指责，罗马俱乐部不得不于1974年又提出了题为《人类处于转折点》的第二份报告。该报告根据世界各地文化、环境、发展水平和资源分布的不同，把整个世界分成10个区，在此基础上，由计算机编制出"多水平世界模型"。与第一个报告相比，这个报告所得的结论有了明显改进。他们的结论是，在21世纪中叶以前，不同地区由于不同原因，在不同时局，可能发生区域性崩溃，必须进行全球的联合行动，否则，一个区域到一定时间就会发生崩溃。除联合行动外，另一种补充手段，就是把只是量的增加而无分化的增长，改变成像生物体的有机增长情况的均衡的、分化的增长。按照这种"分化增长"理论，在这10个区域内，自然是发达国家控制和指挥发展中的国家。因此这个理论并不受经济欠发达国家的认可和欢迎。1976年，罗马俱乐部又委托荷兰经济学家丁伯根（J. tinbergen）提出了名为《重建国际秩序》的第三份报告，这个报告大大地缓解了前两个报告的论点，认为有关自然资源即将枯竭的说法可能是夸大了。作者认为，适宜耕种的土地大部分都已耕种，人口的压力仍然存在，资源问题中，主要是能源问题。根据这种分析，他认为应该更有效地利用自然资源，发达国家和贫穷国家都必须发展自己有比较利益的工业，不要保护缺乏效益的工业，以便扩大国际贸易，进行资源交流。所谓发展有比较利益的工业就是扬长避短，加强国际市场的竞争力的工业。

2. 乐观派与"没有极限的增长"

1976年，美国德森研究所所长赫尔曼·卡恩发表了系统驳斥悲观论的《今后200年——美国和世界一幅远景》一书，阐述了乐观派的未来观，提出了"大过渡理论"。该理论认为，过去200年和今后200年是人类的过渡期，这个时期虽然有较多的困难，但人类必将摆脱各种困境，使所有的国家进入超工业社会和后工业社会，使自然环境和社会环境都充满活力。该理论强调科学技术的作用，在环境保护办法切实可行而又让人们得到好处的地方，处理好环境保护与经济增长的关系，环境问题将会随着时间的推移而得到解决，人类将会享受到美好的自然环境和人工环境。J. 西蒙作为乐观派的主要代表，以所发表的《没有极限的增长》为代表作，尖锐地指出了悲观派的缺陷所在，指出了"技术预测"和"工程预测"方法存在的片面性。他所得出的结论主要是：自然资源的供应在任何一种经济意义上说都是无限的；能源价格下跌的事例说明，多少世代都关心的问题，并没有出现不能逾越的严峻的形势；人口的增长代表了经济的成功和人类的进步，而不是社会的失败。乐观派奉劝人们，不要相信悲观派的论调，人类要生活、要进步，就需要不断奋斗和拼搏，但没有任何困难是不可克服的。

关于未来人类前途与命运预测的大辩论中，悲观派和乐观派的观点针锋相对。从积极意义看，悲观论者提出的结论，具有预警性分析和警告性预测的作用，把公众的注意力吸引到了关注环境与发展问题上来，改变了人们思考问题的方式和积极探索解决环境问题的对策。乐观派对"技术预测"的批评也有一定道理，使人们从"技术预测"过渡到综合性的"模糊预测"。但他们主张通过科学技术进步，所有的问题都将会获得解决的观点也是不可取的。历史的经验教训使人们变得更加聪明，现在，每一个重大行动之前，都预先进行影响评估，并确定采取措施把不良影响缩减到最小的限度，这是人们向可持续发展战略转变的实际行动。

二、可持续发展战略——未来人类社会的正确发展道路

1．可持续发展产生的背景和内涵

20世纪80年代，在对世界日益严重的人口、资源、环境等问题的产生与发展进行了重新审视和反思后，由挪威首相布伦特兰夫人任主席的世界环境与发展委员会（WCED），在1987年向联合国大会提交的研究报告《我们共同的未来》中，提出和系统阐述了"可持续发展"的概念和思想，并将其定义为："既满足当代人的需要，又对后代人满足其自身需求的能力不构成危害的发展"。后来也有新的定义不断提出，如可持续发展是"改进人类的生活质量，同时不超过支持发展的生态系统的负荷能力"（世界自然保护联盟，1991）；可持续发展是"保持和加强环境系统的生产和更新能力"（国际生态学联合会和国际生物科学联合会，1991）。但目前，人们普遍公认的是《我们共同的未来》报告中的定义。这个定义包含着三层意思，一是人类要发展，无论采取何种发展模式，都应以满足人类的需要为基本前提；二是发展不能以损害自然界支持当代人和后代人的生存能力为代价，发展必须遵循自然规律的制约作用，即必须以和谐观为指导；三是强调公平，包括当代人之间，特别是代际之间、人类与其他生物种群之间、不同国家和不同地区之间的公平。

2．可持续发展的基本思想和原则

可持续发展是一个综合概念，是人类社会的一种全新的发展观和发展模式，所以它涉及经济、社会、科技、文化和自然环境等诸多领域。它是以"人与自然和谐发展"为理论基石，以"一定环境条件具有相应承载力"和"资源可以永续利用"为两大理论支柱的社会发展观。具体地说，可持续发展的主要观点有：①可持续发展的系统观。即当代人类赖以生存的地球及局部区域，是由自然-社会-经济-文化等多种因素组成的复合系统，各种因素之间相互联系、相互制约。②可持续发展的效益观。也就是说，一个可持续发展的资源管理系统，所追求的效益应是系统的整体效益，是经济、社会和生态效益的高度统一。③可持续发展的人口观。主张实现社会的可持续发展，必须把人口保持在合理的增长水平上，特别是注意提高教育、文化水平，在控制人口数量的同时提高人口质量。④可持续发展的资源观。提出要高度重视保护和加强人类生存与发展所依靠的资源，尤其要重视非再生资源利用率和循环利用率，并能采取措施积极促进其再生能力。⑤可持续发展的经济观。即主张摈弃经济发展过程中使用的高投入、高消耗、高污染的传统生产模式，建立起发展经济与保持生态支持力的可持续发展模式。⑥可持续发展的技术观。即力图积极发展和推广有利于社会可持续发展的绿色科技，使现有的生产技术得到改造和完善，逐步转向有利于节约资源、保护环境和优质高效的生产模式，保证人类在地球上的长久生存。建立起调控社会生产、生活和生态功能，信息反馈灵敏、决策水平高的管理体制及绿色消费观，促进人与自然的协调发展。⑦可持续发展的全球观。即"新的全球伙伴关系"，建立起国家经济政策合作的新秩序。

上述观点集中体现了可持续发展的三个基本思想。首先，可持续发展鼓励经济增长，通过经济增长提高当代人的生活水平和社会财富。但可持续发展更追求经济增长的质量和方式，提倡依靠科技来提高经济增长的效益和质量。二是可持续发展的标志是资源的永续利用和良好的生态环境。强调经济发展是有限制条件的，没有限制就没有可持续发展，经济和社会发展不能超越资源和环境的承载能力。三是可持续发展的目标是谋求社会的全面进步。可持续

发展观认为世界各国的发展阶段和发展目标可以不同，但发展的本质应当包括改善人类生活质量，提高人类健康水平，创造良好的社会环境。可持续发展的这些思想可概括为："发展经济是基础，自然生态保护是条件，社会进步是目的"。这些思想又体现了以下三个基本原则：

（1）公平性原则。是指机会选择的平等性，一是本代人的公平，即代内之间的横向公平；二是代际之间即世代的纵向公平。

（2）持续性原则。资源和环境是制约可持续发展诸多因素中的主要限制因素。人类在经济、社会发展中，需要根据自然环境可提供的支撑能力，调整生活方式、确定消耗标准。

（3）共同性原则。要实现可持续发展的总目标，需要世界各国的共同努力，这是由生物圈的整体性和相互依存关系以及人类的共同利益所决定的。

3. 实施可持续发展战略的对策与行动

可持续发展战略已被世界各国所认同，为推动这一战略的实施，许多国家都结合本国的国情，采取了积极的措施和行动。

（1）加强国际合作，共同解决全球性环境问题。生态环境恶化和污染由区域性扩展为全球性的发展趋势，使世界各国都认识到，本国的生态安全与其他国家的生态安全是高度一致的。世界性环境问题的解决，如水污染、大气污染等均不受国界的限制，仅靠一个国家的力量已不足以保护地球生物多样性和全球生态系统的整体性。因此，致力于全球可持续发展，需要加强各国之间的合作，建立新的全球合作关系，包括国家之间直接合作，建立国际组织和订立国际公约、协定等，这方面的努力现在已发挥了积极作用并收到了明显效果。在联合国的积极努力下，成功地使绝大多数成员国批准并签署了《气候变化框架公约》《维也纳保护臭氧层公约》等国际公约。

（2）强化环境管理，建立经济发展与环境保护相协调的综合决策机制。实施"可持续发展"的重要条件之一，就是把对环境和资源的保护纳入国家的发展计划和政策中。因此，各国都加强了环境管理和资源利用的全面规划，以防止对资源的不合理或过度开发，防止生态环境质量的继续恶化；积极开展了可持续发展战略、政策、规划的制定，如我国就是世界上最早制定本国 21 世纪议程的国家。许多国家已初步建立了经济发展与环境保护的综合决策机制，协调经济发展与保护环境间的矛盾；许多国家还相当成功地运用市场价格机制，实现对资源的合理配置和对环境的有效管理。建立了资源核算、计价和有偿使用的制度，把生产过程的环境代价纳入生产成本。市场机制又激发了技术进步，提高了资源的使用效率，减少了不必要的浪费。世界各国还通过环境关税、废除或给予补贴等经济手段进行宏观调控，以促进对生态环境的保护。

（3）大力推进科技进步。科技进步是经济发展的动力，也是解决经济与环境协调发展的重要途径。进入 21 世纪后，世界各国都充分认识到这一点的重要性，大力推进科技进步，投入了更多的人力和财力，研究和开发无污染或少污染、节水、节能的新技术、新工艺，提高资源利用率；高新技术蓬勃发展，绿色产业方兴未艾。由于科学技术的迅速进步，在解决环境问题和实施可持续发展战略的进程中，出现了明显的四个转向，即环境治理从重视"末端"转向"全过程"的清洁生产；环境保护从单纯的污染防治转向重视资源、生态系统的保护；环境管理从单一部门转向多部门的配合；环境战略从片面地重视环境保护转向经济、社会、生态的全面可持续发展。这四个转向虽因各国经济发展水平不同而存在程度上的差异，但行动上的积极努力却是令人鼓舞的。

（4）完善法律和法规体系、保障可持续发展战略的实施。法律、法规的建设和完善，是实施可持续发展战略的重要保障条件。环境法规作为调节人与自然关系的手段，通过对行为主体的规范，预防或控制环境污染或生态破坏的发生，同时也是对以资源持续利用和良好生态环境为基础的可持续发展的具体化和制度化。依靠法律、法规和政策加强生态环境保护与建设，是实施可持续发展战略的重要手段。对此各国立法机构和政府都非常重视，如瑞典的《自然资源法》《水法》《环境保护法》《自然保护法》等环境保护法律就十分完善，详细地规定了资源、生态、环境的权属以及每个公民和社会组织的权力、义务。我国也非常重视环境立法工作，现制定并实施的环境法有 5 部、资源管理法 8 部，20 多项资源管理行政法规和近 300 项环境标准，初步形成了环境资源保护法律体系。

（5）重视环境教育，提高生态意识。实施可持续发展战略，不断提高人们的生态意识是最根本的。因此，提高全民族可持续发展的意识，培养实施可持续发展所需要的专业人才，是实现可持续发展战略目标的基本条件。正是基于这种认识，世界各国都高度重视对国民的环境教育。我国在加强环境保护和实施可持续发展战略的进程中，已初步建立了从中央到地方的环境宣传教育网络。全国有 23 个省级、100 多个地市级设有环境教育和宣传的专门机构。

（6）积极发展环保产业。实施可持续发展战略，执行严格的环境标准，推动了全球环保产业的形成与发展。环保产业是解决环境污染、改善生态环境、保护自然资源，提高人类生存环境质量的产业、产品和服务业的总称。主要包括，用于环境保护的设备制造、自然保护技术、环境工程建设、环境保护服务等方面的各种行业。在国际上，无论是发达国家还是发展中国家，环保产业都被视为经济的新增长点或振兴经济的重点支柱产业。目前，发达国家在世界环境贸易中仍处于领先地位，世界环保产业的中心也在发达国家。但可喜的是，随着发展中国家对可持续发展和环境保护的进一步重视，环保产业逐步成为产业结构的重点之一。

人类经过反思后，在思想观念、生产活动和生活方式等方面的重要转变对于实施可持续发展战略是极其重要的。经济全球化和生态环境问题的整体性，使世界各国之间相互依存的关系更加紧密。这种相互依存，一方面有利于各国利益的互补与联系，促成了国际合作；另一方面也引发了国际间的对抗和冲突，这种冲突在可持续发展领域也有明显反映。例如，温室气体排放问题、能源、工业生产、人民福利水准等甚至涉及国家的外交和主权。因此，实现全球可持续发展的目标仍然存在着错综复杂的利益之争，具体表现在发达国家与发展中国家的利益冲突、发达国家内部的矛盾冲突、发展中国家内部的矛盾冲突三个方面。但正如前面已指出的，可持续发展战略代表的是全人类的根本利益，符合宇宙中地球系统运动和变化的自然规律。所以，可持续发展战略的实施，是未来人类社会唯一的正确选择，是未来人类社会的光明所在。

思考题

1．你认为 21 世纪人类面临的主要生态环境问题是什么？

2．全球气候变化的主要原因有哪些？

3．结合自己的体会，简述你对人与自然协同进化的理解。

4．可持续发展的基本内涵是什么，你有何新见解？

参考文献

［1］蔡晓明. 生态系统生态学[M]. 北京：中国人民大学出版社，1990.

［2］陈怀满. 环境土壤学[M]. 北京：科学出版社，2004.

［3］陈灵芝，马克平. 生物多样性科学：原理与实践[M]. 上海：上海科学技术出版社，2001.

［4］陈仲新，张新时. 中国生态系统效益的价值[J]. 科学通报，2000，45（1）：17-22.

［5］陈玉成. 污染环境生物修复工程[M]. 北京：化学工业出版社，2003.

［6］程胜高，罗泽娇，曹克峰. 环境生态学[M]. 北京：化学工业出版社，2003.

［7］丁圣彦. 生态学：面向人类生存环境的科学价值观[M]. 北京：科学出版社，2004.

［8］方精云. 全球生态学：气候变化与生态响应[M]. 北京：高等教育出版社，斯普林格出版社，2000.

［9］顾德兴，张桂权. 普通生态学[M]. 北京：高等教育出版社，2000.

［10］韩良，宋涛，佟连军. 典型生态产业园区发展模式及其借鉴[J]. 地球科学，2006，26（2）：237-243.

［11］何增耀. 环境监测[M]. 北京：农业出版社，1990.

［12］黄玉瑶. 内陆水域污染生态学：原理与应用[M]. 北京：科学出版社，2001.

［13］姜汉侨，段昌群，杨树华，等. 植物生态学[M]. 北京：高等教育出版社，2004.

［14］李博. 生态学[M]. 北京：高等教育出版社，2002.

［15］李洪远，鞠美庭. 生态恢复的原理与实践[M]. 北京：化学工业出版社，2006.

［16］李金昌，姜文来，靳乐山，等. 生态价值论[M]. 重庆：重庆大学出版社，1999.

［17］李文华，欧阳志云，赵景柱. 生态系统服务功能的研究[M]. 北京：气象出版社，2002.

［18］刘云国，李小明. 环境生态学导论[M]. 长沙：湖南大学出版社，2000.

［19］柳劲松，王丽华，宋秀娟. 环境生态学基础[M]. 北京：化学工业出版社，2003.

［20］卢高升，吕军. 环境生态学[M]. 杭州：浙江大学出版社，2004.

［21］马光. 城市生态工程学[M]. 北京：化学工业出版社，2003.

［22］马世骏. 现代生态学透视[M]. 北京：科学出版社，1990.

［23］马世骏，丁岩钦，李典模，等. 东亚飞蝗中长期数量预测的研究[J]. 昆虫学报，1965，14（4）.

［24］钱易，唐孝炎. 环境保护与可持续发展[M]. 北京：高等教育出版社，2000.

［25］任海，彭少鳞. 恢复生态学导论[M]. 北京：科学出版社，2002.

［26］尚玉昌. 普通生态学[M]. 北京：北京大学出版社，2002.

［27］盛连喜，冯江，王娓. 环境生态学导论[M]. 北京：高等教育出版社，2002.

[28] 孙儒泳. 动物生态学原理[M]. 3 版. 北京：北京师范大学出版社，2001.

[29] 孙儒泳，李博，诸葛阳，等. 普通生态学[M]. 北京：高等教育出版社，1993.

[30] 孙儒泳. 生态学进展[M]. 北京：高等教育出版社，2008.

[31] 田慧颖，陈利顶，吕一河，等. 生态系统管理的多目标体系和方法[J]. 生态学杂志，2006，25（9）：1147-1152.

[32] 吴征镒. 中国植被[M]. 北京：科学出版社，1980.

[33] 谢高地，肖玉，鲁春霞. 生态系统服务：局限和基本范式[J]. 植物生态学报，2006，30（2）：191-199.

[34] 薛强，梁冰，刘晓丽. 有机污染物在土壤中的迁移转化研究进展[J]. 土壤与环境，2002，11（1）：90-93.

[35] 徐中民，张志强，程国栋. 生态经济学：理论方法与应用[M]. 郑州：黄河出版社，2003.

[36] 余作岳，彭少麟. 热带亚热带退化生态系统植被恢复生态学研究[M]. 广州：广东科技出版社，1996.

[37] 杨京平，卢剑波. 生态恢复工程技术[M]. 北京：化学工业出版社，2002.

[38] 杨京平. 生态系统管理与技术[M]. 北京：化学工业出版社，2004.

[39] 中国科学院生物多样性委员会. 生物多样性研究的原理方法[M]. 北京：中国科学技术出版社，1994.

[40] 叶平. 生态伦理学[M]. 哈尔滨：东北林业大学出版社，1994.

[41] 朱德海，严泰来，杨永侠. 土地管理信息系统[M]. 北京：中国农业大学出版社，2000.

[42] 朱宛华. 水环境污染的植物修复技术[J]. 地学前沿，2001，8（1）：33-35.

[43] 朱玉贤，李毅. 现代分子生物学[M]. 2 版. 北京：高等教育出版社，2002.

[44] 郑师章，吴千红，王海波，等. 普通生态学：原理、方法和应用[M]. 上海：复旦大学出版社，1994.

[45] WILKINSON D M. Fundamental processes in ecology: an earth system approach[M]. Oxford: Oxford University Press, 2006.

[46] NEWMAN E I. Applied ecology and environmental management. 2nd ed. Oxford: Blackwell Science Ltd., 2006.

[47] BOONS F, GRENVILLE J H. The social embedded ness of industrial [M]. Cheltenham: Edward Elgar Publishing Ltd., 2009.

[48] MCPHERSON G R, DESTEFANO S. Applied ecology and natural resource management[M]. Cambridge: Cambridge University Press, 2003.

[49] BIRKELAND J. Design for sustainability:a source book of integrated ecological solutions[M]. London: Earthscan Publications Ltd., 2002.

[50] GUREVITCH J, SCHEINER S M, FOX G A. The Ecology of Plants[M]. Sunderland, MA: Sinauer Associates, Inc., Publisher, 2002.

[51] SANDERSON J, HARRIS L D. Landscape ecology: a top-down approach[M]. Boca Raton, FL: Lewis Publishers, 2000.

[52] WALKER L R, MORAL R D. Primary succession and ecosystem rehabilitation[M]. Cambridge: Cambridge University Press, 2003.

[53] BUSH M B. Ecology of a changing planet[M]. 3rd ed. Upper Saddle River, NJ: Prentice Hall, Inc., 2003.

[54] BEGON M, TOWNSEND C R, HARPER J L. Ecology: from individuals to ecosystems [M]. 4th ed. Oxford: Blackwell Publishing Ltd., 2006.

[55] KANGAS P C. Ecology engineering: principles and practice[M].Boca Raton, FL: Lewis Publishers, 2003.